Chrissi Schranz

Nur Mut!

Starthilfe für ängstliche Welpen

Konrad-Zuse-Straße 3, D-54552 Nerdlen / Daun
Telefon: 06592 957389-0
Telefax: 06592 957389-20
www.kynos-verlag.de

Grafik & Layout: Kynos Verlag
Gedruckt in Lettland

ISBN 978-3-95464-130-7

Bildnachweis: Alle Bilder Olga Maderych (Gadabout Photography) außer Bilder mit Kurzhaarcollie-Welpen von Cordula Weiss.

Mit dem Kauf dieses Buches unterstützen Sie die
Kynos Stiftung Hunde helfen Menschen
www.kynos-stiftung.de

Inhaltsverzeichnis

Über die Autorin

Chrissi Schranz lebt und arbeitet als Hundetrainerin, Übersetzerin und Lektorin in Wien und Niederösterreich. Ihre größte Leidenschaft gilt dem Lösen von Verhaltensproblemen und dem Aufs-Leben-Vorbereiten von Welpen. Nach ihrem Literatur- und Linguistikstudium an der Universität Wien und dem Wellesley College (Massachusetts), einer Hundetrainerausbildung über Anne Lill Kvam und zahlreichen Fortbildungen im In- und Ausland gründete Chrissi die Hundeschule *Click for Joy!*, deren Schwerpunkt auf wissenschaftlich fundierten Trainingsansätzen, Fairness im Umgang mit dem Vierbeiner und dem Aufbau einer vertrauensvollen Mensch-Hund-Beziehung liegt.

Wenn sie nicht gerade am Computer sitzt und an einer Übersetzung zu Trainings- oder Clicker-Themen tüftelt, für das *Your Dog Magazin* schreibt oder mit vierbeinigen Klienten arbeitet, wandert sie mit ihren Hunden durch die Lobau, schreibt ein Buch oder bringt ihrem Pudel bei, Bierdosen zu apportieren, auf den Hinterbeinen zu gehen oder ihre Autoschlüssel zu finden. Und wenn neben all dem noch ein bisschen Zeit bleibt, reist sie gern oder diskutiert mit lieben Kollegen stundenlang über Trainingsthemen, während sie heißen Tee aus riesigen Tassen schlürft und es draußen Herbst wird.

Für meine Oma,
die immer für mich da war
und mir mit Snoopy einen Traum erfüllt hat.

Danksagung

Ich danke allen Zwei- und Vierbeinern, die an der Entstehung dieses Buches beteiligt waren – ganz besonders meiner Fotografin Olga Maderych, dem Kynos-Verlag und meiner Lektorin Gisela Rau sowie meiner vierbeinigen Assistentin Phoebe. Ein besonderes Dankeschön gilt auch Cordula Weiß und ihren „Kalalassie's" für die Möglichkeit, meine Leser über ihre Fotos einen Blick in eine vorbildliche Welpenstube voller Ausflüge, Besucher und Abenteuer erhaschen zu lassen! Das größte Dankeschön gilt meinen Klientinnen und Klienten mit ängstlichen Welpen, die einen riesigen Beitrag zur Entwicklung und Verfeinerung meiner Trainingsphilosophie geleistet haben. Danke – ohne euch wäre dieses Buch nicht entstanden!

„All dogs are different, but some dogs are more different than others.“

(frei nach George Orwell)

Einleitung

Dieses Buch ist all jenen Welpen gewidmet, die „more different" sind – jenen Welpen, die ganz einfach nicht so funktionieren wie erwartet. Wenn ich von einem ängstlichen Welpen spreche, meine ich einen, der schon im zarten Alter von acht Wochen, gerade erst im neuen Zuhause angekommen, Angst vor allem und jedem zeigt: Er wagt sich nicht unter der Couch hervor, wenn Sie ihn rufen, er zusammenzuckt, wenn Sie den Mixer anstellen oder klebt Ihnen am Bein wie der eigene Schatten. Wenn Sie, wie von guten Hundetrainern empfohlen, Ihren Liebling sozialisieren möchten und ihn befreundeten Zwei- und Vierbeinern vorstellen, versucht er, sich zu verstecken, drängt sich zitternd an Sie oder bellt, was das Zeug hält, und in der Welpenschule will er einfach nur zum Tor hinaus, während die anderen Hundekinder fröhlich miteinander spielen. Was ist hier falsch gelaufen, und wie können Sie Ihrem neuen Familienmitglied helfen?

In den folgenden Kapiteln beschäftigen wir uns damit, warum Ihr Hund anders ist als andere und sehen uns die Entwicklung eines typischen Hundekindes an. Auf das theoretische Grundlagenwissen folgt ein umfangreicher Praxisteil, der mit Übungsprotokollen, Tipps und Erfolgsrezepten dabei hilft, Ihrem Problemkind einen guten Start ins Leben zu ermöglichen.

Als ich Cashew kennen lernte, war er erst seit wenigen Tagen in seinem neuen Zuhause im geschäftigen siebten Wiener Gemeindebezirk. Er war dermaßen klein und hatte sich so gut versteckt, dass ich Tinas Hilfe brauchte, um den Chihuahua-Französische-Bulldogge-Mix im dunkelsten Winkel unter der Couch überhaupt ausmachen zu können, wo er bewegungslos kauerte.

Tina hatte über ein paar Ecken erfahren, dass eine „Züchterin" Mischlinge abzugeben hatte, und sich einen geholt. Das Rudel der „Züchterin" lebte ausschließlich in der kleinen Wohnung, wo in Katzenklos und auf Zeitungspapier gepinkelt wurde. Cashew war bis zum Alter von 11 Wochen in seiner Kinderstube geblieben. Nicht nur, dass er noch nie im Freien gewesen war; er hatte auch keinerlei Besuch bekommen und kannte niemanden außer der Frau selbst und ihrer Tochter. Tina jagte ihm Angst ein, und ich noch mehr. Um den winzigen Hund mit den riesigen Ohren breitete sich eine rasch größer werdende Lache Urin aus, als Tina die Hand unter die Couch streckte, um ihn hervorzuholen.

„Alle glücklichen Familien gleichen einander, jede unglückliche Familie ist auf ihre eigene Weise unglücklich."

(Leo Tolstoi – Anna Karenina)

Den ängstlichen Welpen erkennen

Was unterscheidet den übermäßig ängstlichen vom gesunden Welpen? Welpen machen verschiedene Entwicklungsphasen durch (siehe *Die Entwicklungsphasen des Welpen*). Vor dem Alter von ca. zwei Wochen zeigen Welpen keinerlei Angst – bis dahin funktionieren nur drei ihrer fünf Sinne, nämlich Geruchs-, Geschmacks- und Tastsinn, und selbst diese sind noch nicht vollständig entwickelt. Wenn sich zwischen zwei und dreieinhalb Wochen Ohren und Augen öffnen, hat die Welt bereits ein größeres Potenzial, einschüchternd zu wirken – allerdings ist auch die Neugierde umso größer! Welpen zögern vielleicht kurz, wenn ein neuer Gegenstand in ihrem Auslauf auftaucht, sollten die Dinge in ihrer Umgebung aber schon nach kurzer Zeit neugierig untersuchen wollen. Das können Sie testen, indem Sie Welpen in diesem Alter ein neues Spielzeug, eine Taschentuchpackung, eine Plastikflasche, Getränkedose oder ein anderes unbekanntes Objekt anbieten und ihre Reaktion beobachten.

In den ersten Lebenswochen sind Caniden nicht sonderlich mobil. Würden sie fern vom Menschen aufwachsen, würden sie in diesem Alter die Eltern, möglicherweise andere Mitglieder der Gruppe und die nächste Umgebung ihrer Geburtsstätte kennen lernen: den Boden, die Bäume, Gräser oder Objekte rund um die Höhle oder den Schlupfwinkel, in dem die Mutter geworfen hat, die Gerüche und visuellen Eindrücke der direkten Umgebung. Da es sich um einen sicheren Ort handelt, kann sich der Welpe hier in Ruhe und ohne Angst mit den wesentlichen Dingen, die den Alltag erwachsener Caniden ausmachen, arrangieren: ein von den erwachsenen Gruppenmitgliedern gerissenes Beutetier oder eine auf der Straße gefundene Fast-Food-Tüte beschnuppern und damit spielen, am Boden liegende Äste herumtragen, über den federnden Waldboden und durchs hohe Gras stolpern, Moos, Steine und Erdboden riechen, Vogelgesang und den plätschernden Bach ringsum hören, durch eine Pfütze tapsen etc. Die Dinge, die junge Caniden während der kritischen Sozialisierungsphase – eine Zeit, die im Alter von zwölf Wochen endet! – kennen lernen, sind ungefährlich, sofern die Mutter einen geeigneten Wurfort gewählt hat. Starke Neigung zu Angst und Nervosität ist noch nicht notwendig und würde das Kennenlernen der Eindrücke, die den Vierbeiner ein Leben lang begleiten werden, nur unnötig verzögern. Stattdessen ist die Neugier eine große Antriebskraft, die die Welpen dazu ermutigt, ihre Umgebung zu erkunden.

Welpen sind natürlich auch schon in diesem Alter zur Schreckreaktion fähig, allerdings sollten sie sich davon innerhalb kürzester Zeit erholen: Spannen Sie plötzlich einen Regenschirm vor einem vierwöchigen Welpen auf, darf dieser ruhig erschrecken, sollte dann aber sogleich darauf zulaufen, um den neuen Gegenstand zu untersuchen. Auch wenn Sie ein lautes Geräusch erzeugen, indem Sie etwa in die Hände klatschen oder eine Türe zufallen lassen, dürfen Welpen, die dies zum ersten Mal hören, selbstverständlich zusammenzucken, sollten dann aber gleich wieder auf den Beinen sein und sich im Erforschen der Umgebung nicht aufhalten lassen.

Wenn ein Welpe bereits im Alter von weniger als zwölf Wochen anhaltende Furcht zeigt, ist das ein Alarmzeichen: Aus irgendeinem Grund ist seine Angstreaktion stärker ausgeprägt, als sie bei gesunden Welpen seines Alters sein sollte. Das kann an genetischen Anlagen oder auch daran liegen, dass er nicht ausreichend sozialisiert wurde, ist aber nicht notwendigerweise ein Grund zur Panik – kompetente Züchter erkennen das und fördern diesen Welpen besonders, um ihn zu seinen Geschwistern aufholen zu lassen. Wird dem Welpen andererseits keine spezielle Förderung zuteil, ist es gut möglich, dass er immer noch ein ängstlicher Welpe ist, wenn er einige Wochen später bei Ihnen einzieht.

Haben Sie also die Möglichkeit, einen Wurf mehrmals zu besuchen, bietet es sich an, neue Gegenstände mitzubringen und in den Welpenauslauf zu legen: Laufen die Welpen sofort oder nach kurzem Zögern neugierig darauf zu? Gut! So soll es sein! Meiden sie den Gegenstand oder behält die Furcht vor Neuem die Überhand? Das ist ein Grund zur Vorsicht! Beobachten Sie auch, was passiert, wenn Sie laut in die Hände klatschen: Keine Reaktion oder ein kurzes Zusammenzucken und Umschauen, das dann gleich wieder vergessen ist, sind ein gutes Zeichen. Verstecken sich die Welpen und scheinen von dem lauten Geräusch dauerhaft aus dem Konzept gebracht, ist das ein Grund zur Sorge.

Soll der Welpe ein Zweithund werden, können Sie den Züchter Ihres Vertrauens auch bitten, Ihrem Hund den Welpen vorstellen zu dürfen. Bis zum Alter von zwölf Wochen sollten gut sozialisierte Welpen sowohl zu unbekannten Hunden wie unbekannten Menschen, ganz gleich ob Kinder oder Erwachsene, Kontakt aufnehmen wollen. Ein anfängliches Zögern ist kein Grund zur Sorge. Zeigt ein Hund bereits in diesem Alter anhaltende Angst (bellen, weglaufen, erstarren) vor fremden Artgenossen oder Menschen, ist das ein Alarmzeichen.

Schwieriger wird es, wenn Sie nicht die Möglichkeit haben, das Temperament Ihres Welpen auszutesten. Vielleicht ist nichts über seine Aufzuchtbedingungen bekannt, vielleicht lernen Sie ihn erst an dem Tag kennen, an dem Sie ihn abholen, oder vielleicht vermuten oder wissen Sie sogar, dass er aus schwierigen Verhältnissen kommt, haben sich aber trotzdem oder gerade deswegen für ihn entschieden. Zeigt sich ein mehr als drei Monate alter Welpe ängstlich, haben Sie eine schwierige Aufgabe vor sich: Die kritische Sozialisierungsphase ist bereits abgeschlossen. Auch in diesem Alter kann Ihr Welpe noch Vertrauen in die Welt fassen, doch dauert es länger und ist ein schwierigerer Prozess als bei einem jüngeren Tier.

Haben Sie Ihren Welpen im Alter von acht bis zwölf Wochen nach Hause geholt, gönnen Sie ihm den ersten Tag eine Ruhepause, um sich von der Anreise und der großen Menge an neuen Eindrücken zu erholen. Bereits am zweiten Tag im neuen Zuhause können Sie auch bei einem acht- bis zwölfwöchigen Hundekind, das Sie erst am Vortag kennen gelernt haben, ein paar Tests durchführen. Ein gesunder und gut sozialisierter Welpe ist in diesem Alter im Idealfall bereit, die Welt zu erobern – auch in seinem neuen Zuhause: Neue Menschen oder Ihre übrigen Hunde werden neugierig begrüßt. Katzen und Kleintiere, die bei Ihnen im Haushalt leben, werden je nach Rasse und Temperament vielleicht mal kurz angebellt, aber die Neugier sollte dann doch immer wieder siegen und der Welpe versuchen, sich etwas näher an seine tierischen Mitbewohner heranzupirschen. Kurze unbekannte, laute Geräusche (Türenknallen, Pendeluhr schlägt, Wecker rasselt, Zug, Donner und Ähnliches) dürfen den Welpen kurz zusammenzucken lassen, dann sollte er sich allerdings sogleich umsehen, um das Geräusch zu orten, und schließlich ohne einen weiteren Gedanken daran zu verschwenden wieder damit weitermachen, womit er sich zuvor beschäftigt hat. Auch wenn Sie aus dem Zimmer gehen, das er mittlerweile kennt, die Tür hinter sich schließen und dann sofort wieder öffnen, um zurück ins Zimmer zu kommen, sollte ein gesunder und gut aufs Leben vorbereiteter Welpe das ohne Drama verkraften – er sollte in dieser maximal einige Sekunden kurzen Zeitspanne nicht bereits an der Tür kratzen oder Ihnen nachwinseln. Die Geräusche von Haushaltsgeräten (Staubsauger, Mixer) hat ein gut sozialisierter Welpe ebenfalls bereits beim Züchter kennengelernt. Er darf sich also gern kurz verdutzt umsehen, um den Ursprung des Lärms zu finden, sollte aber weder weglaufen, sich verstecken wollen noch lauthals erregt bellen. Neugierige Welpen versuchen vielleicht, mit dem Staubsauger zu spielen oder ihn zu fangen. Führen Sie Ihren Welpen nach draußen, sollte er ohne zu zögern Oberflächen wie Gras, Asphalt, Beton, Laminatboden und so weiter betreten, als hätte er dies schon häufig gemacht. Ein Welpe, der sich nicht traut, auf diese Oberflächen zu steigen, ist durchaus ein Grund zur Sorge und ein Hinweis darauf, dass er entweder bei seinem Züchter nicht genug kennengelernt hat oder trotz bester Kinderstube zu einem überdurchschnittlichen Maß an Furcht neigt: Gut sozialisierte, gesunde Welpen sind mit den unterschiedlichsten Oberflächen vertraut und können auch schon über Glasplatten oder Gitterrost gehen. Auch die Geräusche eines gelegentlich vorbeifahrenden Autos sollten ihn interessieren, aber nicht irritieren oder verängstigen. Eine ruhige Straße, auf der hin und wieder Autos, Radfahrer oder Mopeds vorbeifahren, sollte kein Problem für den jungen Hund darstellen, und auch Spaziergänger mit Hunden oder Kinderwagen sollten sein Interesse wecken, nicht aber seine Sorgen.

Beschreibt das Ihren Hund? Neugierig, aufgeweckt und bereit für jedes Abenteuer? Wunderbar! Das Verhalten Ihres Welpen wirkt gesund und munter! Sind andererseits Ihre Sorgen mit jedem Satz, den Sie gelesen haben, gewachsen, halten Sie genau das richtige Buch in Händen: Ich schreibe es für alle Menschen, die ihr Zuhause mit einem Welpen teilen, auf den die obige Beschreibung der Idealsituation ganz und gar nicht zutrifft. Sie haben einen Welpen, der neue Menschen oder Hunde entweder lauthals verbellt (Kampfreaktion), wegläuft und sich versteckt (Fluchtreaktion) oder stocksteif stehen bleibt beziehungsweise sich nur noch im Zeitlupentempo zu bewegen wagt (Erstarren). Ebenso fällt die Reaktion auf im selben Haus lebende Katzen und Kleintiere aus, und statt im Laufe der Tage besser zu werden, eskaliert sie immer weiter. Laute Geräusche wie Händeklatschen, Türenknallen oder Hupen bringen Ihren neuen Mitbewohner völlig aus dem Konzept und führen dazu, dass er minutenlang nicht mehr ansprechbar ist. Noch schlimmer bei anhaltenden monotonen Geräuschen: Stellen Sie Staubsauger oder Mixer an, verkriecht sich Ihr Hund im hintersten Winkel, schlägt Alarm oder wird zu einem zitternden Häufchen Elend. Wenn Sie auch nur Anstalten machen, den Raum zu verlassen, kommt Panik in Ihrem Sorgenkind auf. Nehmen Sie es mit nach draußen, wächst die Anspannung und Nervosität: Ihr Welpe weigert sich, bestimmte Oberflächen wie Gras oder Asphalt zu betreten, und weder Locken noch gutes Zureden schaffen Abhilfe. Setzen Sie ihn auf die neue Oberfläche, bleibt er bewegungslos auf einem Fleck sitzen, bringt sich möglichst schnell wieder in Sicherheit oder versucht, sich an Ihrem Körper festzuklammern, um nur ja nicht abgesetzt zu werden. Auch die Geräusche vorbeifahrender Autos bringen Ihren Welpen aus dem Konzept: Er zuckt zusammen, versteckt sich hinter Ihnen, versucht, in Panik wegzulaufen, oder springt Alarm schlagend auf das Auto zu. Auf Passanten wie Radfahrer, Kinderwagen und Spaziergänger mit anderen Hunden reagiert er ebenfalls mit Kampf, Erstarren oder Flucht.

Beschreibt der letzte Absatz ganz oder teilweise Ihr neues Familienmitglied? Das ist okay. Ihre nächsten Wochen und Monate werden vielleicht schwieriger werden, als Sie erwartet haben, aber Sie sind bereits auf dem richtigen Weg: Lesen Sie einfach weiter. In den nächsten Kapiteln werde ich Ihnen helfen, Ihrem ängstlichen Welpen zu einem guten Start ins Leben zu verhelfen und trotz aller Schwierigkeiten nicht die Freude aus den Augen zu verlieren, die es bedeutet, sein Leben mit einem Hundekind zu teilen. Je früher Sie beginnen, die Selbstsicherheit Ihres Welpen aufzubauen, umso besser.

Wie Sie von diesem Buch profitieren

Dieses Buch hat mehrere Ziele: Einerseits möchte ich Ihnen Hintergrundwissen über die Entwicklungsphasen eines Welpen, die Faktoren, die Persönlichkeit und Temperament beeinflussen, rassetypische Unterschiede und die Gesetze des Lernens vermitteln. Mit diesem Wissen ausgestattet gelingt es Ihnen, einen Schritt zurückzutreten und Ihren Welpen objektiv einzuschätzen. Wenn wir Verhalten und Assoziationen ändern wollen, die ein Tier zu bestimmten Umweltreizen zeigt, müssen wir erst verstehen, welche Faktoren überhaupt beeinflussen, wie sich unser Hund seiner Umwelt gegenüber fühlt und verhält. Fundiertes Hintergrundwissen zu diesem Thema bewahrt uns davor, unseren Welpen mit Labels wie „stur", „aggressiv" oder „charakterschwach" abzustempeln. Stattdessen lernen wir, Verständnis zu zeigen, uns einzufühlen und zu verstehen, dass es alles andere als selbstverständlich ist, sich als Hund in einer menschengemachten Welt zurechtzufinden.

Der zweite große Teil führt in die Praxis. Ich greife konkrete Probleme auf, die sich bei ängstlichen Welpen immer wieder finden, und helfe Ihnen beim kleinschrittigen Aufbau von Alternativverhalten beziehungsweise beim Ändern der negativen Assoziationen, die Ihr Hund gegenüber seiner Umwelt zeigt.

Die Kombination von Theorie und Praxis sowie zahlreiche Denkanstöße dazu, wie sich die vorgestellten Sozialisierungsprotokolle für weitere Problemsituationen adaptieren lassen, helfen Ihnen, zu verstehen, was einen erfolgreichen Trainings- oder Gegenkonditionierungsplan ausmacht. Das unterstützt Sie dabei, auch Probleme zu lösen, die in diesem Buch nicht abgedeckt werden, und Trainingspläne zu entwerfen, die Ihren Hund zum Erfolg führen, ganz gleich, womit er Schwierigkeiten hat. Sie lernen, selbstständig Situationen einzuschätzen und Schwierigkeiten zu lösen.

Im dritten großen Teil geht es darum, wie Sie Ihren ängstlichen Welpen mit Selbstvertrauen fördernden Spielen zusätzlich unterstützen können. Auch stelle ich Managementideen vor, mit denen Sie sich selbst dann zu helfen wissen, wenn Sie außerhalb des Trainings, also quasi im echten Leben, Stressoren begegnen, für die Ihr Welpe noch nicht bereit ist.

Nach einem kurzen Ausflug in die Welt der Nahrungsergänzungsmittel, Medikamente und sonstiger Produkte, die unsichere Welpen unterstützen können, beschäftigen wir uns im vierten Teil schließlich mit der Zukunft Ihres Schützlings: Nur, weil er einen suboptimalen Start im Leben hatte, heißt das nicht, dass Sie keinen Spaß miteinander haben können! Es gibt mittlerweile einige Hundesportarten, die dem Aufbau von Selbstvertrauen zuträglich sind. Mit diesen wollen wir uns beschäftigen und Ihnen helfen, selbst dann Trainingsmöglichkeiten zu finden, wenn Ihr Hund noch nicht zur Arbeit in der Gruppe bereit ist.

Der Theorie und Praxis des ängstlichen Welpen stelle ich ein Kapitel voran, das mehr mit dem Menschen am anderen Ende der Leine als mit seinem Hund zu tun hat. Bei der Arbeit mit Klienten, die ihr Leben mit schwierigen Welpen teilen, begegnet mir immer wieder eine Konstante, die dem erfolgreichen Umlernen im Weg steht: die Schuldfrage. Viele Welpenhalter sind davon überzeugt, bereits in den ersten gemeinsamen Tagen nicht wiedergutzumachende Fehler begangen zu haben und die alleinige Schuld an der Angst ihres Welpen zu tragen. Das führt zu großen Selbstvorwürfen und kann es erschweren, einem Trainingsplan zu folgen. Andere Welpenhalter wiederum bringen große Wut auf Züchter oder Vorgeschichte des Welpen mit. Auch dieser immer wieder aufflammende Ärger, die ausgesprochenen oder gedachten Vorwürfe stehen einem lösungsorientierten Umgang mit Welpenproblemen eher im Weg, als ihnen zuträglich zu sein. Das Kapitel *Wer ist am Verhalten meines Welpen schuld?* hilft Ihnen, mit Ihren Emotionen umzugehen und Frieden mit dem Status quo zu schließen, bevor wir uns an die Arbeit machen.

Durch dieses Buch führen Sie einerseits Bilder von Trainingssessions und Welpenbesuchen, auf die mich meine Fotografin und Freundin Olga Maderych begleitet hat. Andererseits dürfen Sie im Laufe dieses Buches immer wieder einen Blick in die Welpenstube einer vorbildlichen Züchterin werfen: Cordula Weiß hat mir Fotos aus den ersten Lebenswochen der Welpen ihrer „Kalalassie's"-Zucht zur Verfügung gestellt. Wann immer ein Kurzhaarcollie-Welpe in die Kamera lacht, befinden wir uns also im Raum Stuttgart, wo Cordulas kleine Lausbuben und -mädchen mit zahlreichen Welpenabenteuern und Ausflügen bestens auf die Zukunft vorbereitet werden. Viel Spaß beim Schmökern und beim Verlieben in die vierbeinigen Fotomodels!

Sie können dieses Buch sowohl von vorne nach hinten lesen als auch in jenem Kapitel beginnen, das Sie besonders interessiert. Hören Sie immer wieder Vorwürfe, dass Sie den falschen Züchter gewählt haben, oder machen sich selbst Vorwürfe, weil Ihr Welpe nicht so ist, wie Sie ihn sich gewünscht hatten? Dann empfehle ich, direkt im nächsten Kapitel weiterzulesen. Hatten Sie sich einen Hundesportpartner gewünscht und fürchten nun, dass aufgrund der Ängste Ihres Welpen Turniererfolge in unerreichbare Ferne gerückt sind? Fangen Sie ganz hinten beim Kapitel *Hundesport* zu lesen an – Sie werden sich danach besser fühlen. Stellen Sie sich ständig die Frage „Wieso gerade mein Welpe?" empfehle ich, als Erstes zu den Entwicklungsphasen zu blättern und über den wissenschaftlichen Hintergrund zu lesen, um die eine oder andere Antwort zu finden. Hat Ihnen Ihr Tierarzt nahegelegt, die Ernährung Ihres Hundes zu überdenken, beginnen Sie bei den rezeptfreien Hilfsmitteln. Haben Sie jede Menge konkreter Probleme und wissen weder ein noch aus, schlagen Sie die Kapitel *Sozialisierung* und *Welpentraining* auf. Sollten Sie sich nicht zutrauen, selbst mit Ihrem Welpen fertigzuwerden, lege ich Ihnen den Abschnitt zum Finden kompetenter Trainer ans Herz.

Wichtig ist in jedem Fall, dass Sie, bevor Sie mit dem Training beginnen, erst Frieden mit den Problemen Ihres Welpen schließen und lösungsorientiert und zuversichtlich an die Sache herangehen. Wut, Enttäuschung oder Selbstvorwürfe stehen Ihnen im Training Ihres Welpen nur im Weg. Beschäftigen Sie sich mit den Theoriekapiteln, um negative

Emotionen hinter sich zu lassen, Ihren Welpen rational einzuschätzen und sein Verhalten aus wissenschaftlicher Perspektive zu betrachten. Ja, ängstliche Welpen sind eine große Herausforderung – aber Herausforderungen können etwas sehr Schönes sein. Wenn Ihr Welpe schwieriger ist als erwartet, werden Sie dank ihm viel mehr über Hunde lernen, als Sie das mit einem einfachen Welpen würden. Sie werden persönlich wachsen, viel lesen, Gleichgesinnte kennen lernen und, wenn Sie geduldig und kleinschrittig sozialisieren und trainieren, gemeinsam mit Ihrem Hund jede Menge Erfolge feiern. Geben Sie sich und Ihrem Vierbeiner die Chance, das beste Team zu werden, das Sie beide sein können!

„Chrissi!", rief die Dame auf der Parkbank und winkte mich heran. Als ich näher kam, wurde ich von einem fröhlichen blonden Hund begrüßt – Billy! Corina strahlte übers ganze Gesicht, während ihr vierbeiniger Begleiter sein unbeschwertes Spiel mit einem dreifarbigen Aussie-Welpen wieder aufnahm.

Als ich Billy vor über einem halben Jahr kennen gelernt hatte, war der Spitz-Retriever-Mischling gerade frisch von einer strohbedeckten Pferdebox am Bauernhof, seiner Hoppala-Geburtsstätte, nach Wien Meidling gezogen. Er war erst neun Wochen alt, doch konnte er weniger hundeaffinen Menschen durchaus schon Respekt einjagen, wenn er, sobald jemand in der Eingangstür auftauchte, zum wütend bellenden Monster mutierte. Gleich ob Hund oder Mensch – alle, denen er begegnete, versetzten ihn in höchste Alarmbereitschaft, und sein neues Zuhause war leider alles andere als ein ruhiger Bezirk – genauso wenig wie die Wohnung selbst, in der er meinte, sich vor Corinas dreijährigem Sohn schnappend und bellend verteidigen zu müssen.

Wer ist am Verhalten meines Welpen schuld?

Als Phoebe etwa ein halbes Jahr alt war, erzählte ich einer Gassi-Bekannten, dass ich mir vorgenommen hätte, in der nächsten Woche am Entspannen-Können in der Nähe von Kindern zu arbeiten. Ich erinnere mich noch gut an ihre Antwort: „Kein Wunder, dass sie immer so nervös ist. Das hättest du ihr viel früher beibringen müssen!"

„Entgegen der weit verbreiteten Meinung verlassen wir uns [im Hundetraining] nicht zu selten auf unseren gesunden Menschenverstand, sondern zu oft."

(frei nach Aubrey C. Daniels)

Wenn Sie Kontakte zu anderen Hundehaltern pflegen, finden Sie sich als Besitzer eines sensiblen Welpen gelegentlich in ähnlichen Situationen. Besonders unter Hundesportlern und engagierten Hundehaltern ist es üblich, nicht mit der eigenen Meinung hinterm Berg zu halten, selbst wenn sie das Gegenüber verletzen könnte. Die aktuelle Hundesportkultur in Österreich, Deutschland und der Schweiz legt mehr Wert auf Redefreiheit als auf Respekt und Einfühlungsvermögen. Während es durchaus Situationen gibt, in denen es hilfreich ist, die eigene Meinung klar zu vertreten, verletzt diese Praxis im Umgang mit den Haltern schwieriger Welpen eher, als dass sie hilft. Wer einen ängstlichen Welpen durchs Leben führt, vergleicht sich sowieso häufig mit den fröhlich-selbstsicheren Welpen rund um ihn: mit den anderen tollpatschigen Vierbeinern in der Welpenspielgruppe, die miteinander balgen, während der eigene Hund zwischen den Beinen Zuflucht sucht. Mit den Wurfgeschwistern, deren Besitzer auf Facebook Bilder ihrer mutigen Vierbeinern im Spiel mit Papiertüten zeigen, die den eigenen Hund in Panik ausbrechen ließen. Mit der Literatur, die Welpen bis zu einem gewissen Alter als völlig furchtlos darstellt, und mit Videos und DVDs, in denen entspannte Welpenausflüge in der lauten Großstadt zelebriert werden. Die Frage „Warum ist mein Welpe anders?" ist allgegenwärtig.

Wenn dann auch noch Bekannte oder, was noch mehr schmerzt, Freunde oder der Trainer des Vertrauens die Stirn runzeln, fragen Sie sich, ob es tatsächlich Ihre Schuld ist, dass Ihr Welpe so ist, wie er ist. Haben Sie ihn am ersten Tag im neuen Zuhause mit zu vielen Eindrücken überfordert? Haben Sie ihn in der ersten Woche zu sehr in Watte gepackt und ein wichtiges Sozialisierungs-Zeitfenster verpasst? Hat ihn der Zusammenstoß mit dem Nachbarshund für immer traumatisiert? Sind Sie zu streng? Zu sanft? Haben Sie keine „Bindung" zu Ihrem Hund? Haben Sie sich für die falsche Rasse entschieden oder die eigene Welpen-Expertise überschätzt?

Fakt ist: Diese Fragen und Selbstvorwürfe helfen Ihnen nicht weiter, sondern stehen einer lösungsorientierten

Herangehensweise an die Schwierigkeiten Ihres Hundekindes höchstens im Weg. Mein erster Rat lautet daher, Ihre Freizeit mit solchen Hundebekanntschaften zu verbringen, die sich gemeinsam mit Ihnen an Ihrem Welpen freuen, Ihre gemeinsamen Erfolge feiern und Ihnen Verständnis entgegenbringen, wenn Sie berichten, dass mancherlei Dinge schwerer sind als erwartet. Gegenüber Menschen, die dazu neigen, Sie zu verurteilen, weil Ihr Hund nicht „perfekt" ist, ist es ratsam, gar nicht näher auf die Angstthematik einzugehen und stattdessen über neutrale Themen zu reden oder den Kontakt überhaupt zu meiden, bis Ihr Welpe seine Ängstlichkeit abgelegt hat – und das wird er. Versprochen. Brauchen Sie bis dahin hin und wieder ein paar aufmunternde Worte und wünschen sich Austausch mit Gleichgesinnten, lade ich Sie herzlich ein, der Facebook-Gruppe „Nur Mut! Community für Menschen mit schwierigen Welpen." beizutreten

Ähnlich unangenehm sind Gespräche mit Menschen, die die Schuld nicht Ihnen, sondern Ihrem Züchter in die Schuhe schieben: „Hast Du den Zwinger überhaupt gut recherchiert?" „Ich hätte dort ja keinen Hund gekauft …" Auch in dem Fall schwingt ein Urteil mit, ein Besserwissen, das Ihnen in der aktuellen Situation nicht weiterhilft. Egal, wie viel oder wenig Sie recherchiert haben, und ganz gleich, ob die Aufzuchtbedingungen ideal oder suboptimal waren – all das liegt in der Vergangenheit und lässt sich nicht ändern. Bei der Entscheidung für Züchter oder Tierschutzverein Ihrer Wahl haben Sie nach bestem Wissen und Gewissen gehandelt und die bestmögliche Entscheidung getroffen, die Sie zum damaligen Zeitpunkt haben treffen können. Vielleicht würden Sie heute anders entscheiden, vielleicht noch mal genauso – aber darauf kommt es nicht an. Das Einzige, was heute wichtig ist, ist, wie Sie Ihren Welpen bestmöglich auf die Zukunft vorbereiten können. Blicken Sie nach vorne, statt Energie in ein Gespräch über die Vergangenheit zu investieren und Ihre damalige Entscheidung zu rechtfertigen. Sie brauchen Ihre Energie, um Ihren Hund im Alltag zu unterstützen. Überlegen Sie sich eine Antwort für die Gewissensfrage nach dem Herkunftsort Ihres Welpen, die die Fragenden zufriedenstellt und das Thema beendet. Mögliche Antworten:

- „Ja, meine Züchterin macht das wirklich gut. Manche Welpen sind einfach ängstlicher als andere, genau wie manche Kinder schüchterner sind als ihre Geschwister. Apropos … Hast du eine Idee, was ich meiner Schwester zum Geburtstag schenken könnte?"

- „Rückwirkend betrachtet sind die Aufzuchtbedingungen dort nicht ideal. Aber das ist okay – so bin ich zu meinem Welpen gekommen, und ich würde ihn für nichts auf der Welt eintauschen. Oh, mir fällt gerade wieder ein, was ich dir erzählen wollte! Hast du schon gehört, dass die Leopoldstadt eine neue Hundeboutique bekommt?"

- „Ich habe mich bewusst für einen Welpen aus dem Tierschutz entschieden. Das ist natürlich ein Überraschungspaket; da weiß man nicht genau, wen man bekommt. Jeden Tag lerne ich etwas Neues von meinem Hund! Oh, es ist schon fünf! Ich muss mich leider verabschieden; ich habe noch einen Termin."

Viele Menschen hatten einfach noch nie einen nervösen oder besonders ängstlichen Welpen – sie hatten mit ihren bisherigen Hunden vom ersten Tag an selbstsichere, unkomplizierte Begleiter und gehen davon aus, dass Sie etwas falsch gemacht haben müssen, wenn Ihr Hund sich mit der Umwelt weniger leichttut als der ihrige. Entweder haben Sie ihn über- oder unterfordert, oder Sie haben den falschen Welpen vom falschen Züchter oder falschen Verein gewählt. Das ist schnell mal gedankenlos ausgesprochen und bald darauf wieder vergessen. Für Halter, die zum ersten Mal ihr Leben mit einem hochsensiblen Vierbeiner teilen, klingt der gefühlte Vorwurf hingegen noch lange nach: Sie haben sich bemüht, alles richtig zu machen, schon vor dem Einzug des Welpen alles gelesen, was Sie zum Thema Sozialisierung finden konnten; Sie haben sich die ersten beiden Wochen Urlaub genommen, um Ihrem Neuzugang die Umstellung zu erleichtern, sich für die Welpengruppe angemeldet ... Und doch scheint alles schiefzulaufen. Ihr Hundekind ist einfach nicht so, wie die Literatur es beschreibt: frech und selbstsicher, neugierig und verspielt. Haben Ihre Bekannten etwa Recht, wenn sie Sie mit verständnislosen Blicken ansehen, die zu sagen scheinen, dass Sie irgendetwas ganz gewaltig falsch gemacht haben? Haben Sie sich eine Herausforderung ins Haus geholt, der Sie nicht gewachsen sind? Hätten Sie eine andere Rasse wählen sollen, einen anderen Züchter, doch keinen Tierschutzverein? Ginge es Ihrem Hund anderswo besser? Hätte der Züchter seine Sache besser machen sollen? Sind Sie etwa über den Tisch gezogen worden? Sollten Sie sich ärgern, beschweren, rechtliche Schritte einleiten?

Die Antwort auf all diese Fragen ist einfach: Nein. Nein, Sie haben nichts falsch gemacht. Auch hier gilt: Sie haben nach bestem Wissen und Gewissen entschieden und die bestmögliche Entscheidung getroffen, die Sie zum damaligen Zeitpunkt treffen konnten. Sie sind zu jedem Zeitpunkt der bestmögliche Partner, der Sie für Ihren Hund sein können – und nur darauf kommt es an. Die Tatsache, dass Sie gerade dieses Buch lesen, zeigt, dass Sie mehr als einen Hund wollen, der im Garten sich selbst überlassen bleibt – Sie wünschen sich einen vierbeinigen Freund, der sich physisch und psychisch wohlfühlt. Sie haben, als Ihnen bewusst wurde, dass Ihr Welpe weniger unkompliziert ist als erwartet, zu diesem Buch gegriffen, um zu lernen, wie Sie ihm den Start ins Leben erleichtern können. Das zeugt von Ihrer Flexibilität und Ihrem Willen, das Beste aus der Situation zu machen. Nur ein kleiner Prozentsatz aller Hundehalter liest Literatur zum Thema Hund, hat vor, mit dem Hund Kurse zu besuchen und möchte ihn zu einem Freund in allen Lebenslagen erziehen. Weit größer ist die Anzahl von Hunden, die ihr Leben lang nicht aus dem eigenen Garten kommen und denen außer zur Fütterung kaum Aufmerksamkeit geschenkt wird. Viele dieser Hunde tun sich mit der großen weiten Welt ebenso schwer wie Ihrer, nur bemerkt es niemand; viele dieser Hunde sind reaktiv und fristen daher ein Leben im Zwinger. Sie sind anders – Sie möchten Ihrem

Hund zu einem richtig guten Leben verhelfen. Und das werden Sie auch. Bevor Sie damit beginnen, sollten Sie aber mit den nagenden Zweifeln, mit den Selbstvorwürfen oder der Wut auf Züchter oder Tierschutzverein Ihren Frieden schließen. Wenn wir entspannt und mit uns selbst im Reinen ans Hundetraining herangehen, schaffen wir eine angenehme Lernatmosphäre für unseren Hund und haben beide mehr Spaß an der Sache.

Ja, sagen Sie jetzt vielleicht, schon möglich, dass es leichter fällt, mit einem ängstlichen Hund zu arbeiten, wenn wir Groll und Selbstzweifel abwerfen. Aber brauchen Sie dazu nicht erst eine Antwort? Wer ist denn nun wirklich schuld am Verhalten Ihres Welpen?

Sie haben Recht; manchmal machen Antworten es leichter, nach vorne zu blicken. In diesem Fall muss ich Sie aber enttäuschen: Wir können immer nur Vermutungen anstellen, die Frage aber nicht mit Sicherheit beantworten. Die Faktoren, die für die Entwicklung des Hundes wichtig sind, sind zahlreich und komplex. Das, was uns als Welpenkäufer bekannt ist, ist meist nur ein Bruchteil all dessen, was die Entwicklung eines Hundekindes beeinflusst. Selbst die besten Züchter – und die besten Züchter wissen mehr über ideale Hunde(auf)zucht als die meisten Eltern über bestmögliche Kindererziehung! – können nur einige Elemente beeinflussen.

Zum derzeitigen Forschungsstand wird die Entwicklung eines Säugetieres von folgenden Elementen beeinflusst:

- Rassetypische Besonderheiten
- Temperament und Persönlichkeit der Elterntiere (Genetik)
- Stresslevel der Mutterhündin vor der Geburt
- gewisse Erlebnisse in den ersten Lebensstunden und -tagen
- Erfahrungen, die der Welpe in den ersten 16 Lebenswochen (nicht) sammelt

Und dennoch: Selbst wenn all diese Faktoren optimiert sind, gibt es immer wieder Fälle, in denen ein Welpe anders ist als seine Wurfgeschwister; schüchterner, vorsichtiger, ängstlicher. Wer jemals einen Wurf Welpen hat aufwachsen sehen, weiß auch, wie unterschiedlich die Charaktere innerhalb ein und desselben Wurfes ausfallen können: Meist lassen sich schon im Alter von etwa vier Wochen ein besonders frecher oder besonders vorsichtiger Welpe ausmachen; manchmal ändert sich dies allerdings in den nächsten Wochen erneut. Wer noch nie einen Wurf hat aufwachsen sehen, denke an seine eigenen Geschwister oder Kinder: Oft haben Kinder dieselben Eltern und wachsen ganz ähnlich auf, und doch entwickeln sie ganz unterschiedliche Interessen, Temperamente und Persönlichkeiten. Klar, sie haben immer auch einiges gemeinsam – schließlich sind sie Geschwister, und gewisse Charakterzüge und Ähnlichkeiten lassen sich feststellen. Mindestens ebenso groß sind aber häufig die Unterschiede – und das sogar bei Zwillingen. Und manchmal haben sogar die besten Eltern, die alles richtig gemacht haben, ein schwieriges Kind.

Mir gefallen die drei möglichen Erklärungen von Verhaltensproblemen, die die renommierte Trainerin, Züchterin und *Puppy-Culture*-Autorin Jane Killion vorschlägt. Angelehnt an ihre Theorie können wir sagen, dass bei einem „Problemhund" mit großer Wahrscheinlichkeit eines der folgenden Elemente oder eine Kombination davon zutrifft:

- Der Hund hat einen Knall – er ist ganz einfach „nicht normal". Das ist zwar selten der Fall, aber durchaus möglich.
- Das, was wir als Problemverhalten sehen, ist nichts weiter als der Ausdruck einer Eigenschaft, für die wir seit Hunderten oder gar Tausenden von Jahren in der Zucht selektieren. Nachdem wir den Hund nicht zu seiner ursprünglichen Verwendung (zum Beispiel Jagen, Hüten, Bewachen, Schlitten ziehen und so weiter) einsetzen, sondern erwarten, dass er ein unkompliziertes Haustier in einer Stadtwohnung ist, kommt so manche Veranlagung ungelegen. Ein Beispiel sind bellfreudige Hunderassen, deren ursprüngliche Aufgabe es war, bei unheimlichen Geräuschen Alarm zu schlagen, oder jagdfreudige Familienhunde.
- Der Hund hat in der kritischen Sozialisierungsphase einen oder mehrere wesentliche Lern- und Konditionierungserfahrungen verpasst. Was Sie als Verhaltensproblem sehen, ist der wahre Ausdruck seiner genetischen Veranlagung in Reinkultur: Der Hund springt an allem und jedem hoch, verteidigt seine Ressourcen, setzt im Spiel die Zähne ein ... Um einen Welpen zu erhalten, mit dem die meisten Hundebesitzer glücklich werden, ist zwischen der dritten und zwölften Lebenswoche jede Menge Arbeit notwendig! Leider ist das sowohl Züchtern als auch Haltern oft nicht bewusst, was dazu führt, dass die meisten der „Problemwelpen", mit denen ich im Einzeltraining arbeite, in diese dritte Kategorie fallen.

Pace war ein Border Collie aus den besten Linien. Ihre Züchter hatten die Elterntiere sorgfältig ausgewählt – beide waren freundlich und aufgeschlossen, konnten im Haus abschalten, waren aber auch arbeitsfreudig und brachten gute Hüteeigenschaften mit. Die Welpen wuchsen auf einer Schaffarm auf und lernten bis zum Alter von neun Wochen mehrere erwachsene Border Collies, Pyrenäenberghunde und Shelties kennen, die ebenfalls zur Familie gehörten. Sie sahen und rochen Schafe, Hühner, Pferde und Katzen aus sicherem Abstand und lernten in den ersten Lebenswochen circa 50 unterschiedliche Menschen – Frauen und Männer, Kinder und Erwachsene – kennen. Sie durften auf der Wiese tollen und die Scheune erforschen, hörten Alltagsgeräusche in Haus und Küche, kannten Fliesenboden, Teppich, Holzböden, Beton und Gras. Sie hatten Spielzeug zur Verfügung, wurden gesund ernährt und auf zwei kurze Autofahrten mitgenommen, bevor sie im Alter von neun Wochen in ihre neuen Familien ziehen durften.

Vier der jungen Border Collies entwickelten sich prächtig. Sie waren selbstsicher, frech und fröhlich, ganz gleich, was ihnen begegnete. Pace war anders. Immer schon war sie die Ruhigste und Zurückhaltendste des Wurfes gewesen. Gerade aufgrund ihres scheinbar besonders unkomplizierten Wesens empfahl die Züchterin Pace der jungen Studentin, die später meine Klientin werden sollte: Pace war ihr Ersthund, und sie freute sich bereits darauf, gemeinsam mit der Kleinen Agility zu erlernen.

Bis dahin sollte es allerdings noch ein langer Weg sein: Schnell stellte sich heraus, dass Pace vor vielem Neuen Angst hatte: Beim Anblick fremder Hunde erstarrte sie oder versteckte sich. Beim Anblick laufender Kinder und bei näherkommenden Motorengeräuschen nahm sie in Panik Reißaus. Wurde sie im Freien auf den Boden gesetzt, blieb sie einfach sitzen, statt sich zu bewegen und die Umgebung zu erforschen. Baustellenlärm in der Ferne versetze sie in höchste Alarmbereitschaft, und Gartenzwerge, Plastiktüten und ähnliche Dinge waren ein Grund, lauthals zu bellen und sich nicht vorbeizutrauen oder sogar in Panik zu urinieren. Pace war ein ängstlicher Welpe. Die frischgebackene Hundemama lernte bald, dass ihr neuer Schützling in den ersten gemeinsamen Wochen und Monaten mehr Unterstützung brauchen würde als erwartet.

Bevor wir uns mit den Problemkindern unter den Welpen auseinandersetzen, wollen wir uns allerdings ansehen, wie ideale Aufzuchtbedingungen aussehen. Die Zeilen, die Sie gerade über Border-Collie-Hündin Pace gelesen haben, entsprechen dem, was sich die meisten Menschen unter guten Aufzuchtbedingungen vorstellen. Für einen Welpen mit großartigen Anlagen mögen sie auch durchaus ausreichen – nicht aber für Welpen wie Pace. Um die kritische Sozialisierungsphase optimal zu nutzen, ist wesentlich mehr notwendig, als der sogenannte gesunde Hausverstand empfiehlt – und selbst das ist kein Garant für den perfekten Vierbeiner. Dennoch maximiert es die Chance, einen selbstbewussten, ausgeglichenen Gefährten heranzuziehen, der selbst mit Paces Grundveranlagung bereits mit neun Wochen wesentlich selbstsicherer ist. Lesen Sie dieses Buch, um beim nächsten Welpen eine informierte Entscheidung zu treffen, oder als Trainer, der zukünftige Welpenbesitzer bei der Kaufentscheidung beraten möchte, so finden Sie im nächsten Kapitel zahlreiche Anregungen, worauf es sich bei der Auswahl eines Züchters oder Welpen zu achten lohnt. Teilen Sie Ihr Leben bereits mit einem Welpen wie Pace, lernen Sie, besser zu verstehen, was in ihm vorgeht.

Rassetypische Unterschiede

Die Ursprünge des heutigen domestizierten Hundes liegen im Dunkeln. Allerdings finden sich genetische Hinweise darauf, dass der Hund sich bereits vor etwa dreißig- bis vierzigtausend Jahren vom Wolf abgespalten hat – zu einer Zeit, in der der Mensch noch Jäger und Sammler war. Die gezielte Zucht unterschiedlicher Hunderassen ist wahrscheinlich erst später anzusetzen, doch auch deren Ursprünge liegen bei den meisten Rassen Hunderte von Jahren zurück. So kommt es, dass die Variation in Verhalten und Aussehen beim heutigen Hund größer als bei jedem anderen Landsäugetier ist.

Gerade im Umgang mit unerwünschten Verhaltensweisen ist es unumgänglich, sich in erster Linie mit dem Individuum Hund auseinanderzusetzen, nicht mit der Rasse oder gar Spezies. Dennoch gibt es rassespezifische Verhaltenstendenzen, die uns helfen können, zu verstehen, warum ein ängstlicher Welpe mit ähnlichen Vorerfahrungen mehr Nachholbedarf hat als der nächste. Dazu wollen wir uns kurz mit der ursprünglichen Verwendung der einzelnen Rassen auseinandersetzen.

Zu den unkompliziertesten Begleitern zählen häufig Hunde jener Rassen, deren Hauptaufgabe seit langer Zeit ist, dem Menschen Gesellschaft zu leisten: Malteser, Havaneser und Cavalier King Charles Spaniel sind drei beliebte Rassen, die in diese Kategorie fallen. Sind die wichtigsten Sozialisierungs-Voraussetzungen erfüllt, gehen sie meist freundlich auf neue Menschen zu und verstehen sich problemlos mit Mensch und Hund. Ebenfalls tendenziell unkompliziert und freundlich zu Mensch und Hund sind jene Jagdhunderassen, die häufig in großen Gruppen von oftmals unbekannten Menschen und Hunden miteinander arbeiten mussten oder in der Meute zur Jagd eingesetzt wurden: Labrador und Golden Retriever und auch viele Windhundrassen fallen daher ebenfalls in die grundsätzlich aufgeschlossene und neuen Menschen und Hunden gegenüber freundliche Kategorie.

Bei jenen Rassen, die auf eine lange Geschichte als Wachhund zurückblicken, sieht es hingegen anders aus. Diese Tiere können dazu neigen, Neuem, Unbekanntem sowie fremden Menschen und Hunden erst einmal skeptisch gegenüberzustehen und dieser Skepsis durch Zurückhaltung oder Gebell Ausdruck zu verleihen. Deutsche Schäferhunde, Dobermänner und Schweizer Sennenhunde sind beliebte Hunde aus dieser Kategorie, aber auch so manche kleine Rasse wie etwa der Chihuahuas oder der Pinscher gehören zu den wachsamen Rassen. Hier ist eine wohl durchdachte Sozialisation gegenüber allem Neuen und vor allem überraschenden Geräuschen ganz besonders wichtig.

Weiters gibt es Rassen, die in der Vergangenheit in Hundekämpfen eingesetzt wurden: Pitbull und American Staffordshire Terrier etwa wurden über lange Zeit hinweg darauf selektiert, eine niedrige Reizschwelle gegenüber Artgenossen, aber eine ausgesprochen hohe Reizschwelle gegenüber Menschen zu haben. Das heißt, dass für diese Rassen eine frühzeitige Sozialisation mit anderen Hunden besonders wichtig ist. Menschen gegenüber zeigen sie sich hingegen meistens ausgesprochen freundlich – schließlich musste es möglich sein, die erregten Hunde in der Hitze des Gefechts aus dem Kampfring zu holen, ohne dass sie nach dem Arm des Hundeführers schnappten.

Einige Rassen haben sich in den letzten Jahrzehnten in eine Arbeits- und eine Showlinie gespalten, was ebenfalls zu unterschiedlichen Wesenszügen führt. So sind bei Rassen wie dem Border Collie, dem Kelpie, dem Deutschen Schäferhund, dem Labrador und dem Golden Retriever oftmals große Unterschiede im Temperament der Arbeits- und Showlinien festzustellen. Bei den Arbeitslinien erfolgt die Selektion primär nach Leistung, Arbeitseifer und körperlicher Fitness, bei Showlinien stehen hingegen Aussehen und Familientauglichkeit im Vordergrund. Laut einer Studie aus dem Jahr 2015 ist etwa die Impulsivität von Arbeitslinien bei Labrador Retrievern und Border Collies wesentlich größer als bei den Showlinien dieser Rassen. Und nicht nur das: Arbeitende Border Collies und Labrador Retriever einerseits und Show-Border-Collies und Show-Labrador-Retriever andererseits können mehr miteinander gemeinsam haben als zwei Vertreter derselben Rasse, von denen einer aus der Show- und der andere aus der Arbeitslinie stammt. Die Spaltung in Show- und Arbeitslinie und die Veränderungen, die damit einhergehen, sind noch nicht ausreichend erforscht, um definitive Aussagen zu machen. Es zeichnet sich aber bereits etwas ab, was auch Trainer häufig beobachten: Es kommt vor, dass Hunde aus einer Leistungszucht mit Hunden derselben Rasse aus einer Showzucht kaum etwas gemeinsam haben. Daher ist nicht nur die Rasse interessant, sondern auch die sogenannte Linie und in weiterer Folge besonders die direkten Vorfahren des eigenen Hundes: Worauf legt Ihr Züchter Wert?

Border Collie Elsa ist eine regelmäßige Teilnehmerin in meinen Trick- und Schnüffelworkshops. Sie ist eine freundliche und ausgesprochen verschmuste Hündin und die Ruhe in Person. In den Pausen der Workshops schläft sie zu Erichs Füßen oder geht von einem Teilnehmer zum anderen, um sich Streicheleinheiten zu holen. Elsa ist eine von mehreren Hündinnen aus Erichs eigener Zucht, die in der tiergestützten Therapie eingesetzt werden, wo sie mit körperlich behinderten Kindern arbeiten und eine riesige Portion Ruhe und Geduld beweisen. Sie sind Hunde der Showlinie, die wichtige Arbeit leisten – eine Arbeit, die sich mit der Aufgabe eines hütenden Border Collies natürlich nicht vergleichen lässt. An Hunde der Arbeits- und Showlinie werden heute ganz andere Ansprüche gestellt!

Diese Border-Collie-Hündin hilft ihren Menschen bei der täglichen Arbeit auf der Farm. Auch ihre Welpen werden ausschließlich an Landwirte und Hütesportler vergeben, die ihnen ein arbeitsreiches Zuhause bieten können.

Die Spaltung einzelner Rassen in zwei Linien weist uns auf einen weiteren Faktor hin, der nicht unerwähnt bleiben soll und meiner persönlichen Erfahrung nach besonders hilfreich beim Einschätzen des Temperaments sein kann: Wesenszüge existieren nicht im Vakuum, und Verhaltenstendenzen treten in bestimmten Clustern auf. So neigen Hunde mit sehr viel Arbeitsleidenschaft („Trieb") häufig zu Nervosität, drehen schnell hoch, regen sich leicht auf und können sich so sehr in die Arbeit hineinsteigern, dass sie alles rund um sich – und dazu gehört auch der Mensch am anderen Ende der Leine – vergessen. Das führt dazu, dass viele der Hunde, die Höchstleistungen im Hundesport bringen, nicht besonders familien- und alltagstauglich sind, da sie mit einem turbulenten Haushalt und einem Mangel an Struktur und Vorhersehbarkeit überfordert sein können. Andere Hunde wiederum, die immer und überall entspannen können, erst denken und dann handeln und sich durch nichts und niemanden aus der Ruhe bringen lassen, sind meist ausgezeichnete Familienhunde, die überall hin mitgenommen werden können, neigen aber dazu, Agility-Parcours und Ähnliches weniger schnell zu laufen und beim Fuß-Gehen während der Prüfung eher ein wenig hinter dem Hundeführer zu gehen, statt voller Begeisterung die Vorderbeine hochzuwerfen wie ein Dressurpferd im Spanischen Schritt.

Wichtig ist, dass ich hier nicht von Intelligenz spreche, sondern von einem Grundtemperament, wie es auch unter Menschen vorkommt: Es gibt einerseits ruhige Zeitgenossen, andererseits solche, die ständig in Bewegung sind. Beide können ausgesprochen erfolgreich sein, aber ihre jeweiligen Stärken und Schwierigkeiten liegen auf unterschiedlichen Gebieten.

Rasse- und linienspezifische Tendenzen sowie das grundlegende Energielevel eines Hundes bestimmen, wie wichtig eine optimale Sozialisation in der kritischen Phase zwischen drei und zwölf Wochen ist. Eine optimale Sozialisierung ist natürlich immer erstrebenswert, und nur sie ermöglicht es dem Hund, sein volles Potenzial auszuschöpfen. Allerdings ist es bei manchen Rassen, Linien und Temperamentstypen noch wesentlich wichtiger als bei anderen, möglichst früh ein gutes Fundament zu legen, da ihre spätere Rehabilitation tendenziell schwieriger ist und mehr Zeit und Geduld fordert. Ein spannendes Beispiel hierfür stellen die Galgos und Greyhounds dar, die häufig in ihren ersten Lebensjahren nichts als ihre Box, den Einsatz auf der Jagd beziehungsweise der Rennbahn und andere Hunde

Flash, der Malinois einer Freundin und Kollegin, wird im Sporthüten ausgebildet. Sein Trieb ist allerdings so stark, dass Angela die ersten Lebensjahre kaum am Schaf arbeiten konnte und stattdessen viele Stunden geduldig übte, an der lockeren Leine auf die Tiere zuzugehen, sich zu entspannen und wieder wegzugehen. Flashs Leidenschaft für die Hütearbeit war so groß, dass er nicht in der Lage war, Angela überhaupt noch wahrzunehmen, wenn sich Schafe in der Nähe befanden. Erst nach etwa drei Jahren geduldigen Impulskontroll-Trainings konnte er tatsächlich am Schaf eingesetzt werden – und machte sich dann auch hervorragend!

derselben Rasse kennen lernen. Dennoch werden zahlreiche dieser Hunde später als Haustiere und Familienhunde vermittelt und lernen innerhalb kürzester Zeit, Menschen zu vertrauen und mit anderen Haustieren auszukommen. Trotz mangelnder Sozialisation sind Windhunde meist ausgesprochen anpassungsfähig. Bei den Langsitzern im Tierheim handelt es sich andererseits oft um Rassen wie Terrier, Schäferhunde, Dobermänner und Rottweiler. Hier gestaltet sich das Aufholen versäumter Welpen-Erfahrungen zumeist schwieriger und viele dieser Hunde, die rassebedingt zur Skepsis neigen, kommen später nicht mit Artgenossen zurecht oder neigen zu angstbedingter Aggression oder Scheu gegenüber Fremden – sie können nur an erfahrene Halter vermittelt werden, was ihre Chancen, ein geeignetes Zuhause zu finden, reduziert.

Bevor wir dieses Kapitel abschließen und uns mit den Entwicklungsphasen beschäftigen, die alle Welpen – ganz gleich welcher Rasse oder Konstitution – durchmachen, ein Wort zur Warnung: Sich mit den unterschiedlichen Rassen zu beschäftigen ist vor allem vor dem Kauf eines Hundes eine gute Idee. Haben Sie sich erst für eine Rasse entschieden, sollte nicht der erstbeste Züchter gewählt werden, sondern es empfiehlt sich, die unterschiedlichen Linien innerhalb der Rasse näher kennen zu lernen. Ideal ist es, wenn Sie die Elterntiere oder frühere Welpen aus derselben Verpaarung treffen können, nachdem Sie einen potenziell interessanten Wurf gefunden haben. Nach der Geburt treten Rasse- und Linieneigenschaften in den Hintergrund: Jeder Hund ist ein Individuum, und selbst wenn wir uns manchmal gern den Traumhund aus einem Versandkatalog aussuchen würden, lebt niemand mit einem durchschnittlichen Vertreter seiner Rasse. Wir alle haben Hunde, die dem Durchschnitt, dem Prototyp ihrer Rasse, zu einem gewissen Grad ähneln – manche mehr, manche weniger. Der Hund, mit dem wir zusammenleben, ist in erster Linie das Individuum Lassie, nicht die Rasse Collie, oder das Individuum Marley, nicht die Rasse Labrador. Gerade, wenn Verhaltensprobleme auftreten oder unser Welpe nicht dem Wunschbild entspricht, ist es wichtig, Vorurteile beiseitezuschieben und uns mit dem Hund zu beschäftigen, der heute, hier und jetzt vor uns sitzt und den Briefträger verbellt – nicht mit dem Hund, der er laut Rassebeschreibung sein sollte, und nicht mit dem erwachsenen Hund, von dem wir uns wünschen, ihn eines Tages zu haben.

Die Entwicklungsphasen des Welpen und die Rolle des Züchters

Die Neugeborenenphase: 0–14 Tage

Im Gegensatz zu frisch geschlüpften Hühner- und Entenküken oder jungen Huftieren wie Rehkitzen, Fohlen oder Kälbern, die sofort nach der Geburt mobil sind, zählen unsere Hunde – so wie auch der Mensch – zu den Nesthockern: Sie sind in den ersten Tagen (im Falle des Menschen sogar Wochen und Monate) nach der Geburt hilflos, können weder flüchten noch kämpfen und sind ganz und gar auf Schutz und Pflege der Elterntiere angewiesen.

Nestflüchter werden geboren und finden sich im nächsten Moment schon mitten im Leben wieder – sie müssen einerseits in der Lage sein, ihre Mutter zu erkennen und ihr zu folgen, andererseits auch, Feinde zu erspähen, um rechtzeitig flüchten zu können. Bei Nestflüchtern ist aus diesem Grund die Prägephase – jenes Zeitfenster vor Einsetzen der Angstreaktion, innerhalb dessen sie Artgenossen bzw. andere Tiere als ungefährlich abspeichern – ausgesprochen kurz. So werden, wie Konrad Lorenz erkannte, Gänseküken etwa auf das geprägt, was sie nach dem Schlüpfen als Erstes sehen – ganz gleich, ob das die Mutter, ein Mensch oder ein Fußball ist –, und laufen dem entsprechenden Lebewesen oder Gegenstand von da an nach. Auch andere Gänse oder Menschen – je nachdem, wem die Küken zuerst begegnet sind – werden aufgrund des vertrauten Umrisses als ungefährlich eingestuft. Dingen und Lebewesen, die sie erst Tage später zum ersten Mal sehen, bringen sie hingegen eine gehörige Portion Skepsis entgegen: Es könnte ja ein Fressfeind sein! Wer sich also eine Gans als Haustier halten möchte, hat nur wenig Zeit, um sie auf sich zu prägen – Konrad Lorenz kann zahlreiche Geschichten davon erzählen. Bei Nesthockern wie unseren Hunden oder auch Katzen sieht die Sache praktischerweise etwas anders aus: Nachdem ein neugeborener Welpe nicht weglaufen kann, würde es überlebenstechnisch keinen Sinn machen, wenn er bereits Angst empfinden könnte. Die Natur konnte den Caniden daher eine längere und wesentlich flexiblere Phase mitgeben, innerhalb derer sie furchtlos neue soziale Bindungen eingehen und Dinge, Lebewesen und Umweltreize als ungefährlich abspeichern können. Im Gegensatz zu der sehr kurzen Prägungsphase bei Nestflüchtern sprechen wir bei Nesthockern von einer längeren Sozialisierungsphase. Anders als ihre wild lebenden Verwandten bewahren domestizierte Tiere wie der Hund eine gewisse Flexibilität sogar ihr ganzes Leben lang.

Trotzdem darf nicht übersehen werden, dass auch Nesthocker eine kritische Sozialisierungsphase durchlaufen, die endet, sobald ihre Fähigkeit, zu flüchten bzw. sich gegen Gefahren zu verteidigen, vollständig entwickelt ist – die Dinge, die der Welpe in diesem kritischen Zeitfenster verpasst, kann er später nie mehr in diesem Grade nachholen.

Wie sieht so ein neugeborener Welpe also aus, und wie können wir ihn bestmöglich aufs Leben vorbereiten? Welpen kommen taub und blind zur Welt. Sie sind noch nicht in der Lage, ihre Körpertemperatur zu regulieren, und zeigen ausschließlich et-epimeletisches Verhalten, das heißt Pflegeverlangen, indem sie um Futter betteln oder die Mutter durch leises Wimmern zu sich rufen.

Und dennoch: Bereits jetzt setzen kompetente Züchter Schritte, um ihre Welpen bestmöglich auf die Zukunft vorzubereiten: Die Neugeborenenphase ist die Zeit, die sich für frühzeitige neurologische Stimulation (FNS) eignet. Das US-amerikanische Militär experimentierte als Erstes mit der neurologischen Stimulation von Welpen, um herauszufinden, ob diese später besonders geeignete Arbeitshunde würden. Züchterin und Autorin Carmen L. Baltaglia entwickelte auf Basis dieser Experimente ein FNS-Protokoll, das heute weltweit von Züchtern eingesetzt wird. Dazu werden Welpen im Alter zwischen drei und sechzehn Tagen zum Beispiel täglich mithilfe eines Wattestäbchens zwischen den Zehen gekitzelt, mehrere Sekunden lang in bestimmten Positionen gehalten, die sie sonst in diesem Alter nicht einnehmen würden – etwa mit dem Kopf nach unten – und auf ein kühles, feuchtes Tuch gesetzt.

Studien zu Battaglias FNS-Protokoll zeigen, dass Welpen, die in den ersten beiden Lebenswochen neurologisch stimuliert werden, der nicht neurologisch stimulierten Kontrollgruppe in fünf physiologischen und zwei Verhaltensaspekten überlegen sind: Die stimulierten Welpen haben ein stärkeres Herz-Kreislauf-System, einen kräftigeren Herzschlag, funktionstüchtigere Nebennieren, eine höhere Stresstoleranz sowie größere Widerstandskraft gegen Krankheiten. Zudem schneiden sie in Lerntests besser ab als nicht stimulierte Welpen und zeigen sich aktiver und neugieriger.

Diese Züchterin praktiziert FNS mit ihren Welpen, um Gesundheit und Widerstandskaft zu fördern.

In Problemlöse-Experimenten, in denen ein Weg durch einen Irrgarten gefunden werden muss, zeigen sich stimulierte Welpen ruhiger, machen weniger Fehler und winseln seltener als die übermäßig erregte, nicht-stimulierte Kontrollgruppe.

Erzählt Ihnen Ihr Züchter also, dass sie oder er FNS-Protokolle einsetzt, ist das ein ausgesprochen gutes Zeichen: Es bedeutet, dass die Welpen schon von den ersten Lebenstagen an gut auf die Zukunft vorbereitet werden, und auch, dass Ihr Züchter die Aufzuchtbedingungen nicht auf den häufig überschätzten „gesunden Menschenverstand", sondern auf wissenschaftliche Erkenntnisse stützt.

Übertrieben werden sollte die neurologische Stimulation natürlich nicht. Während ein Mangel an Stimulation verhindert, dass die Welpen ihr volles Potenzial ausschöpfen, kann auch übermäßiger Stress in diesem Alter zu späteren Problemen führen. Es ist also wichtig, dass Züchter sich an wissenschaftlich erprobte FNS-Protokolle halten und ihre neugeborenen Welpen nicht bloß entsprechend dem eigenen Bauchgefühl stimulieren.

Die Übergangsphase: 14–21 Tage

Die drei Wochen alten Border-Collie-Welpen erkunden neugierig die Umwelt.

In der dritten Lebenswoche wird aus dem blinden, tauben und hilflosen Geschöpf ein „richtiger" Welpe, der sehen, hören, rumkugeln und spielen kann! Die Welpen zeigen erstmals Interesse an ihren Geschwistern und am Futter der Mutter; bald beginnen sie auch, Flüssigkeiten aufzuschlecken. Die Kommunikationsmöglichkeiten werden facettenreicher und umfassen nun auch Bell- und Knurrlaute sowie Schwanzwedeln. Aus den hilflosen Bündeln werden kleine Individuen, die bereit für das Abenteuer Sozialisierung sind!

Die kritische Sozialisierungsphase: 3–12 Wochen

Im Alter von 3 bis 12 Wochen sind Welpen unglaublich flexibel, und es ist ein Kinderspiel, sie zu sozialisieren. Das Verhalten und die Emotionen des Hundekindes lassen sich leicht formen und häufig reicht ein einmaliger Kontakt aus, um anhaltende positive Assoziationen zu einem neuen Gegenstand, Untergrund, Geräusch oder Lebewesen zu schaffen. Je älter der Welpe wird, desto länger dauert es, ein solches positives Resultat zu erreichen. Ist Ihr Welpe erst einmal fünf Monate alt, kann es monatelang dauern, an einen Punkt zu gelangen, den Sie im Alter von unter 12 Wochen bereits mit wenigen Kontakten erreicht hätten. Während domestizierte Hunde ein Leben lang lernen können, lässt sich manches im jungen Alter Versäumte kaum oder nur unter größtem Aufwand einigermaßen nachholen.

In dieser höchst kritischen Zeit, die der Welpe in der Regel bei der Mutter verbringt, haben Züchter die Möglichkeit, einen bleibenden Eindruck zu hinterlassen und den Grundstein für die emotionale Intelligenz des Welpen zu legen. Züchter, die mit wissenschaftlich basierten Sozialisierungsprogrammen wie *Puppy Culture* oder *Avidog* arbeiten, vermitteln ihren Welpen im Alter von drei bis zwölf Wochen Schlüsselkompetenzen emotionaler Intelligenz:

- die Fähigkeit, mit Menschen und Hunden zu kommunizieren
- Stress- und Frustrationstoleranz sowie die Fähigkeit, sich schnell von Schreckerlebnissen zu erholen
- Förderung einer „Na und?“-Reaktion auf Neues durch Bekanntmachen mit der größtmöglichen Anzahl an Dingen, Geräuschen, Untergründen, Lebewesen etc.
- Förderung der Einstellung, dass Unbekanntes und Herausforderungen spannend und erforschenswert sind, jedoch keinen Grund darstellen, gefürchtet oder gemieden zu werden
- Förderung des körperlichen Wohlbefindens, von Motorik und Körperbewusstsein
- das Lernen einfacher Verhaltensweisen, die dem Welpen helfen, sich in menschlicher Gesellschaft angemessen zu verhalten.
- ein Vermitteln des Wunsches, auf Hunde und Menschen zuzugehen und positive emotionale Erfahrungen von Zwei- und Vierbeinern zu erwarten

Sie sehen: Bereits in diesem jungen Alter macht es einen gewaltigen Unterschied, ob Hundebabys nicht beachtet in einem Hinterzimmer oder im Stall aufwachsen oder in den Alltag der Züchterfamilie integriert werden und zahlreiche Gelegenheiten haben, Neues kennenzulernen, Besuch zu empfangen und Dinge auszuprobieren.

Auch für die kritische Sozialisierungsphase gibt es mittlerweile erprobte Trainings- und Bereicherungsprotokolle (bekannte Beispiele sind *Puppy Culture* und *Avidog*), denen Züchter weltweit folgen.

Ist Ihnen bekannt, welche Erfahrungen Ihr Welpe in diesem Alter sammeln durfte oder verpasst hat? Erkundigungen zu seiner Kinderstube einzuholen hilft Ihnen, die Reaktionen Ihres Welpen auf seine Umwelt besser zu verstehen.

Im Alter von 12 Wochen verändert sich die Gehirnchemie des heranwachsenden Welpen. Dinge, neue Umgebungen und Lebewesen, denen der Hund zum ersten Mal begegnet, werden jetzt nicht mehr mit Begeisterung und Neugier akzeptiert, sondern können Angst auslösen. Darum sprechen wir genau genommen nur bis zum Alter von zwölf, manche sagen auch 16, Wochen von Sozialisierung. Danach ist der Prozess des Etwas-für-ungefährlich-Einstufens aufgrund der veränderten Gehirnchemie ein anderer, deutlich längerer. Ab dem Alter von zwölf beziehungsweise 16 Wochen sollten wir genaugenommen von Desensibilisierung und Gegenkonditionierung sprechen, wenn wir einen Welpen mit etwas Neuem vertraut machen. Da Sozialisierung auch für ältere Welpen ein gängiger Begriff ist, wende ich ihn in diesem Buch auch freier bis zum Junghundalter an.

Drei Wochen

Im zarten Alter von drei Wochen ist es an der Zeit, so richtig mit dem Sozialisieren loszulegen! Hunde, die in stimulierenden Umgebungen aufwachsen, entwickeln ein größeres Gehirn und mehr Neuronenverbindungen als Hunde, deren Kinderstube wenig Abwechslung beinhaltet. Konkret profitieren die Gehirnareale für Lernfähigkeit, Gedächtnisleistung und emotionale Reaktion von einer abwechslungsreich gestalteten Welpenstube. Frühgeförderte Welpen lernen schneller und sind emotional stabiler als ihre Artgenossen, und das bis an ihr Lebensende!

Durfte Ihr Welpe ab dem Alter von drei Wochen unter abwechslungsreichen Bedingungen aufwachsen?

Was macht also ein kompetenter Züchter in diesem Alter? Jede Menge! Die Welpen beginnen, Interesse an Menschen zu zeigen. Es ist also an der Zeit, ihnen so viele Menschen wie möglich vorzustellen. Zu diesem Zeitpunkt gibt es keine gesundheitlichen Bedenken, Besuch zu empfangen, da die Welpen über das Kolostrum – die Milch, die die Mutterhündin in den ersten Stunden nach der Geburt gibt – Antikörper von der Mutter erhalten haben und dadurch in den ersten Lebenswochen von all jenen Krankheiten geschützt sind, gegen die die Mutter geimpft wurde. Engagierte Züchter laden ab dem Alter von drei Wochen zahlreiche Freunde ein und öffnen potenziellen Welpeninteressenten gern die Tür. Der renommierte Tierarzt und Verhaltenstrainer Ian

Dunbar empfiehlt, Welpen in den ersten acht Lebenswochen Kontakt zu mindestens hundert Menschen zu ermöglichen, um sie optimal zu sozialisieren. Züchter, die unter diversen Vorwänden Besuch in diesem Alter verbieten, sind mit Vorsicht zu genießen: Tatsächlich hat viel Menschenkontakt in diesem Alter nur Vorteile und keinerlei Nachteile. Ein Züchter, der dies anders sieht, ist entweder nicht auf dem aktuellen Stand der Wissenschaft, hat etwas zu verbergen (Welpenfabriken) oder mit einer nicht geimpften Mutterhündin gezüchtet. All das sind Alarmzeichen.

In diesem Alter sind die Welpen auch bereit, täglich für kurze Zeit – wenige Minuten reichen völlig aus – von ihren Geschwistern getrennt zu werden. So werden die Welpen bereits jetzt in winzigen Schritten auf die spätere Trennung von ihren Geschwistern vorbereitet, was den Umzug ins neue Zuhause wesentlich stressfreier gestaltet. Durfte Ihr Welpe bereits in diesem Alter lernen, dass die Welt nicht untergeht, wenn er kurz alleine bleibt? Sollte das Alleinelassen über- oder untertrieben worden sein, haben Sie mit großer Wahrscheinlichkeit einen Welpen mit Trennungsangst. Im Kapitel *Struktur und Vorhersehbarkeit* finden Sie ein Protokoll, das Ihnen dabei hilft, in den ersten Lebenswochen Versäumtes wiedergutzumachen.

Mit drei Wochen ist es nicht nur an der Zeit, den Welpen an Menschen heranzuführen und kurze Zeit Einzelkind sein zu lassen – jetzt, wo die Kleinen hören können, sind sie auch bereit, potenziell unheimliche Geräusche kennenzulernen.

Diese Welpen wachsen in einer abwechslungsreich gestalteten Welpenstube auf.

Die Autorin ist einer von vielen Menschen, die dieser junge Rüde ab der dritten Lebenswoche kennenlernt.

Diese Lebenswoche ist ein idealer Zeitpunkt, um die Schreckreaktion auszulösen. Die Schreckreaktion?! Ja, Sie haben richtig gelesen! Je öfter ein Welpe im Alter zwischen drei und vier Wochen kurz erschrickt (und sich gleich darauf wieder erholt, was ganz automatisch passiert), desto emotional widerstandfähiger wird er als erwachsener Hund und desto schneller und besser erholt er sich auch später im Leben nach einem Schreck. Wir quälen unsere Welpen, die in diesem Alter nach einem kurzen Schreck sofort wieder gut drauf sind, damit nicht, sondern bereiten sie darauf vor, auch als ausgewachsene Hunde mit Schreckreizen, die im Alltag immer mal wieder auftreten, bestmöglich umzugehen.

Züchter, denen die Entwicklungsphasen bekannt sind, konfrontieren ihre Welpen in dieser Woche mit lauten Geräuschen: Der Mixer wird eingeschaltet, ein metallener Futternapf fallengelassen, Türen knallen, der Staubsauger heult los, Bücher fallen vom Tisch ... Manche Züchter setzen auch spezielle Geräusch-CDs ein, auf denen die Welpen in kurzen Sequenzen Gewitterdonnern, startende Motorräder, Baustellenlärm, Feuerwerk, Schüsse und vieles mehr hören können.

Auch plötzlich auftauchende visuelle Reize können als Welpenschreck eingesetzt werden, indem Regenschirme aufgespannt werden, Gymnastikbälle vorbeirollen oder andere Gegenstände plötzlich und völlig unerwartet in nächster Nähe auftauchen.

Die dreiwöchigen Border-Collie-Welpen werden mit einem Regenschirm erschreckt. Kurz darauf kommen sie neugierig näher und untersuchen den neuen Gegenstand furchtlos.

In diesem Alter zeigen gesunde Welpen nur eine Schreck- aber noch keine wirkliche Angstreaktion. Sie erholen sich in kürzester Zeit und sind kaum aus der Ruhe zu bringen! Bald ändert sich das; darum ist es wichtig, sich dieses Zeitfenster zunutze zu machen.

Haben Sie bereits einen sehr geräuschempfindlichen Welpen, können Sie davon ausgehen, dass er in der dritten Lebenswoche keine oder zu wenige Geräusche kennen lernen durfte. Das Kapitel *Alltagsgeräusche* im Sozialisierungsteil hilft Ihnen weiter.

Diese Border-Collie-Welpen werden ganz bewusst mit dem Staubsauger erschreckt. Sie erholen sich sogleich vom Schreck und folgen dem Geräusch.

Vier Wochen

Vier Wochen alte Welpen sind bewegungshungrig und neugierig. Die Wurfkiste wird zu klein und die Welpen brauchen die Möglichkeit, sich jederzeit frei bewegen zu können. Das heißt natürlich nicht, dass sie unbeaufsichtigt das Züchterwohnzimmer erobern sollen – das wäre sowohl für die Welpen als auch für das Wohnzimmer gefährlich! –, sondern dass der Auslauf vergrößert werden muss. Hatten Sie die Möglichkeit, Ihren vier Wochen alten Welpen zu besuchen, sollten Sie im Idealfall also gesehen haben, dass er und seine Geschwister sich in einem ausreichend großen Auslauf befinden.

Täglich erhalten die Löwchen von ihrer Züchterin ein neues Spielzeug.

Im Alter von vier Wochen steuern Welpen alles Neue wedelnd an und interagieren damit. Sie kennen noch keine richtige Angstreaktion. Erwachsene Hunde hingegen neigen dazu, alles Neue instinktiv erst einmal mit Misstrauen oder sogar Angst und Aggression zu betrachten. Jetzt haben Züchter die Möglichkeit, eine von diesen negativen Emotionen gekennzeichnete Zukunft zu verhindern und den Welpen stattdessen beizubringen, Neues und Herausforderungen freudig anzunehmen.

Wie kann ein Züchter dafür sorgen, dass seine Welpen auch im erwachsenen Alter noch neugierig auf alles Neue zugehen? Ganz einfach: Täglich sollten neue Elemente und Dinge in den Welpenauslauf gelegt werden. Das ist allerdings nicht so einfach, wie es auf den ersten Blick vielleicht klingt. Um von einer stimulierenden Umgebung maximal zu profitieren, reicht es nicht, einfach nur neue Dinge anzubieten. Lern- und Problemlösemöglichkeiten sind das A und O. Welpen, deren Umgebung bewusst so gestaltet wird, dass sie Möglichkeiten zum Erlernen neuer Fähigkeiten und zum selbstständigen Problemlösen haben, entwickeln sich zu ausgeglicheneren, weniger stressanfälligen und selbstsichereren Erwachsenen als Kontrollgruppen, deren Umgebung dieselben Spielzeuge und Gegenstände enthält, ohne dass damit bewusst Gelegenheiten zum Lernen und Lösen von Problemen geschaffen werden. Die Problemlöser sind im erwachsenen Alter außerdem schnellere Lerner und erzielten bessere Gedächtnisleistungen als die Kontrollgruppe. Ist Ihr Welpe mit der Möglichkeit aufgewachsen, seinem Alter angemessene Herausforderungen zu meistern? Haben Sie einen unsicheren Welpen bei sich aufgenommen, der vor neuen Gegenständen zurückschreckt, ist das ein Zeichen, dass er im Alter von vier Wochen keine Probleme lösen durfte und möglicherweise in einer wenig stimulierenden Umgebung aufgewachsen ist. Die Trainingsmethode des freien Formens, Intelligenzspielzeuge und Welpenparcours können Ihrem ängstlichen Welpen dabei helfen, Selbstvertrauen aufzubauen, Selbstwirksamkeit zu erfahren, Problemlöse-Kompetenz und Kreativität zu entwickeln. Im Kapitel *Welpentraining* finden Sie zahlreiche Tipps und Ideen zu diesem Thema.

Der vier Wochen alte Löwchenwelpe wird hinter eine Barriere gesetzt und findet selbstständig heraus, wie er diese überwinden kann, um zurück zu seiner Mutter und den Geschwistern zu kommen!

Außerdem ist jetzt der richtige Zeitpunkt gekommen, dem Wurf ruhige und freundliche vierbeinige Familienmitglieder vorzustellen. Hatte Ihr Welpen die Möglichkeit, bereits im Alter von vier Wochen erwachsene Artgenossen kennenzulernen?

Züchter, die dem *Puppy-Culture*-Protokoll folgen, geben ihren vier Wochen alten Welpen in diesem Alter außerdem eine Reihe wichtiger Kommunikationswerkzeuge mit auf den Weg:

- Die Welpen lernen einen Marker (zum Beispiel Clicker) kennen.
- Die Welpen lernen, selbstständig Verhalten anzubieten (freies Formen/Shaping).
- Die Welpen lernen, höflich um Aufmerksamkeit zu bitten, indem sie sich vor den Menschen hinsetzen.

Haben Züchter oder Pflegestelle Ihrer Welpen auch Wert auf das eine oder andere dieser Kommunikationswerkzeuge gelegt? Kannte Ihr Welpe bereits einen Clicker oder ein Markerwort, als er bei Ihnen eingezogen ist? Falls nicht, besorgen Sie sich einen Clicker und jede Menge kleiner, weicher Leckerlis und lesen im Kapitel *Welpentraining* weiter!

Der Löwchen-Wurf lernt im Alter von vier Wochen den Clicker kennen.

Fünf Wochen

Im Alter von etwa fünf Wochen entwickelt sich die tatsächliche Angstreaktion, die die Welpen bisher nicht kannten. Viele Welpen durchlaufen in diesem Alter eine leichte Angstphase, daher sind kompetente Züchter in diesem Alter vorsichtiger als bisher, wenn sie die Hundekinder an neue Dinge heranführen. In einer Angstphase kann eine einzige unheimliche Erfahrung dazu führen, dass der Welpe für den Rest seines Lebens Angst vor dem entsprechenden Gegenstand, Lebewesen, Geräusch oder Untergrund hat! Die Expertenmeinungen, wann der Welpe nun tatsächlich eine Angstphase durchläuft, gehen auseinander. In meiner Erfahrung als Trainerin und im Kontakt zu befreundeten Züchtern kann ich sagen, dass sich hier keine absoluten Aussagen treffen lassen und die Angstphasen von unterschiedlichen Rassen, unterschiedlichen Würfen und sogar unterschiedlichen Individuen jeweils anders ausfallen können. Manche scheinen auch gar keine merkliche Angstphase zu durchlaufen.

Ein guter Richtwert ist es aber, im Alter zwischen fünf und sechs Wochen und erneut im Alter von acht bis zehn Wochen besonders gut aufzupassen, dass die Welpen keine negativen Erfahrungen machen. Es bietet sich an, in diesem Alter lieber einmal zu vorsichtig zu sein als später ein Leben lang an einem Angstproblem arbeiten zu müssen. Im Alter von etwa zehn Wochen schließlich pendelt sich das Angstempfinden auf jenes Maß ein, das der Hund auch als Erwachsener haben wird.

Auch wenn wir eine leichte Angstphase beobachten können, lieben fünfwöchige Welpen nach wie vor jede Art der sozialen Interaktion und sollten auch jede Menge Möglichkeiten dazu bekommen! Dabei lassen verantwortungsbewusste Züchter gerade in dieser Phase nur Menschen, die gut mit Hunden umgehen können, zu den Welpen, und verhindern beispielsweise, dass Kinder grob mit den Kleinen spielen – gerade jetzt könnte das bleibende Schäden verursachen! Mehr ist also nicht automatisch besser, und in dieser Woche gilt: Qualität der Interaktionen vor Quantität! Kurze Schreckmomente sind nach wie vor gut geeignet, um die Welpen gegen Ängstlichkeit im erwachsenen Alter immun zu machen. Längere und schwerere Angstreaktionen sollten aber unbedingt vermieden werden.

Wie hat der Alltag Ihres Hundes in diesem jungen Alter ausgesehen? Gibt es Dinge, die regelrechte Panik in Ihrem sensiblen Schützling auslösen? Im Sozialisierungskapitel lernen Sie, wie Sie Ihren ängstlichen Welpen kleinschrittig mit Autos, Hunden, fremden Menschen und anderen potenziell unheimlichen Dingen vertraut machen können.

Sechs bis acht Wochen

Sechs Wochen alte Welpen erreichen den Höhepunkt ihrer Sozialisierungsphase! Sie können mittlerweile zwar auch Angst empfinden, haben aber die erste Angstphase in der Regel bereits hinter sich gebracht. Ihr Angstempfinden fällt jetzt wieder wesentlich milder aus als das von erwachsenen Hunden. Bei verhaltenstechnisch gesunden Welpen überwiegt spätestens nach kurzem Zögern die Neugier gegenüber allem Neuen. Neue emotionale Verbindungen zu bestimmten Erfahrungen werden ebenso schnell gebildet wie bei erwachsenen Hunden, aber die kognitiven Fähigkeiten sind einem erwachsenen Hund noch weit unterlegen.

Jetzt ist es an der Zeit, die neugierigen und aufgeschlossenen Welpen so vielen geeigneten Menschen wie möglich vorzustellen! Kompetente Züchter freuen sich über Besuch und veranstalten vielleicht sogar eine Welpenparty, im Zuge derer die Welpen lernen, ihre Kommunikationswerkzeuge zu generalisieren: Sie sitzen höflich, um bitte zu sagen, lernen, für unterschiedliche Besucher selbstständig Verhalten anzubieten (freies Formen/Shaping) und werden von verschiedenen Gästen unter Anleitung des Züchters mit dem Marker trainiert.

Hatte Ihr Welpe im Alter von sechs bis acht Wochen die Möglichkeit, seine Problemlöse- und Kommunikationskompetenz mit verschiedenen Menschen zu erproben? Wenn er Ihre Freunde und Besucher nicht fröhlich wedelnd ansteuert, war das vermutlich nicht der Fall. Verständlicherweise schüchtern ihn neue Menschen und scheinbar unlösbare Probleme ein! Die Abschnitte *Kinder, Ungewohnte Outfits und Bewegungsmuster* sowie *Shaping und Intelligenzspielzeug* schaffen Abhilfe!

Außerdem wächst das Bedürfnis nach Bewegungsfreiheit ab dem Alter von sechs Wochen rapide, und die Welpen sollten abermals in einen größeren Auslauf umgesiedelt werden. Wissen Sie, wie groß die Bewegungsfreiheit Ihres Welpen in diesem Alter war? Welpen, die in diesem Alter nicht die Möglichkeit hatten, auch Wiesen und Gärten zu erkunden, sind nach dem Umzug ins neue Zuhause häufig von der großen weiten Welt überwältigt. Das Kapitel *Neue Orte* im Sozialisierungsteil hilft Ihnen, Ihrem Welpen Mut zu machen.

In diesem Alter ist es ebenfalls eine gute Idee, Tauschgeschäfte mit jedem einzelnen Welpen zu üben: „Ich nehme dein Spielzeug weg und gebe dir dafür ein köstliches Leckerli. Ich nehme deinen Knochen und dafür bekommst du etwas noch Besseres und gleich darauf deinen Knochen zurück." Ganz ähnlich lässt sich mit Möbelstücken und Hundebetten vorgehen. Welpen, die in diesem Alter lernen, dass das Wegnehmen von Dingen etwas Positives ist, entwickeln später kein Ressourcen-Verteidigungsverhalten gegenüber Menschen. So lassen sich Bissvorfälle und Konflikte vermeiden – besonders in Haushalten, in denen Kinder leben, ist das ausgesprochen wichtig. Hat Ihr

Züchter mit den Welpen in diesem Alter Tauschen geübt?

Hat Ihr Welpe nicht gelernt, zu tauschen, finden Sie im Kapitel *Struktur und Vorhersehbarkeit* ein Protokoll zum Vermeiden und Kurieren von Ressourcen-Verteidigungsverhalten.

Australian Shepherd Zoey begann im Alter von 13 Wochen – erst kurz war sie bei Denise und Rudolf –, ihren Futternapf und Kauknochen zu verteidigen. Die frischgebackenen Hundehalter wussten sich nicht anders zu helfen, als Zoey die begehrten Gegenstände erst recht wegzunehmen. Zoey sollte lernen, dass dies völlig normal war; schließlich wollten Denise und Rudolf nicht, dass ihr Welpe auf ihre Tochter losging, wenn diese Zoey im Spiel einmal etwas wegnahm! Das Verhalten eskalierte, und anstatt sich daran zu gewöhnen, lernte Zoey, lauter zu knurren und nach den Menschenhänden zu schnappen, die daraufhin zurückzuckten. Als Zoey und ihre Familie zwei Monate später zu mir ins Training kamen, hatten wir einen langen Trainingsweg vor uns, der Geduld und Management erforderte.

Anne tauscht den Kauknochen des achtwöchigen Henry gegen ein Leckerchen.

Acht bis zehn Wochen

Häufig durchlaufen Welpen im Alter von acht Wochen eine starke Angstphase, die im Alter von neun Wochen wieder überwunden ist. Anders als häufig angenommen sind acht Wochen also kein ideales Abgabealter! Da viele Zuchtverbände verbieten, Welpen unter acht Wochen abzugeben, empfiehlt es sich, einen neuen Welpen frühestens mit neun Wochen abzuholen, um traumatische Erfahrungen während einer eventuellen Angstphase zu vermeiden. Wie alt ist Ihr Welpe aktuell, und wann ist er bei Ihnen eingezogen?

Mit acht Wochen ist der kleine Hund immer noch höchst emotional flexibel. Die große Empfänglichkeit für positive Eindrücke bedeutet aber auch, dass er in dieser Woche ebenso empfänglich für das dauerhafte Abspeichern negativer Erfahrungen ist. Züchter, die ihre Welpen gut kennen, wissen, ob ein Wurf oder manche Welpen in einem Wurf eine Angstphase durchlaufen und sind, sollte das der Fall sein, in diesen Tagen besonders vorsichtig, um negative Erfahrungen zu vermeiden.

Cordulas „Kalalassie's" machen in den ersten acht Lebenswochen circa zwanzig kleine Ausflüge, die eine Grundlage für Selbstvertrauen in jeder Lebenslage bilden.

Zeigen die Welpen allerdings keine Angstphase beziehungsweise haben diese bereits überwunden, ist es jetzt an der Zeit, sie auf all jene Erfahrungen und Umgebungen vorzubereiten, die später zu ihrem Alltag gehören werden. Je nach Situation kann es sein, dass diese Arbeit noch vom Züchter oder bereits vom zukünftigen Halter im neuen Zuhause durchgeführt wird.

Der spätere Alltag sieht je nach der für den Hund angedachten Zukunft ganz unterschiedlich aus: Zukünftige Sporthunde einer bekannten Züchterin dürfen in diesem Alter einen Ausflug in eine befreundete Hundeschule machen, aus der Ferne den einen oder anderen erwachsenen Hund bei der Arbeit beobachten und den Welpenspielplatz und die Agility-Geräte beschnüffeln. Eine andere mir bekannte Züchterin schickt viele ihrer Nachzuchthunde in die Therapiearbeit und besucht daher mit jedem Wurf in diesem Alter den örtlichen Kindergarten. Da geht es laut und lustig zu! Natürlich wird dafür gesorgt, dass sowohl Welpen als auch Kinder immer sicher bleiben. Auch das Seniorenheim wird besucht, sodass die Welpen Menschen mit Krücken und Rollatoren oder in Rollstühlen kennen lernen können. Die Hundekinder lernen: Auch hier gilt die Regel, dass man als Welpe Aufmerksamkeit und vielleicht den ein oder anderen Keks bekommt, wenn man sich höflich hinsetzt. Hochspringen hingegen führt nicht zum Ziel. Meine Freundin Cordula wiederum wünscht sich, dass ihre Kurzhaarcollies bestens sozialisierte Familienhunde werden, die überall hin mitgenommen werden können. Sie veranstaltet regelmäßig Welpenpicknicks: Gemeinsam mit Freunden und deren gut sozialisierten erwachsenen Hunden werden kurze Ausflüge an den Bahnhof, an die Autobahnraststation oder sogar ins Einkaufszentrum oder auf einen Bauernhof unternommen! Immer sind genügend hundeerfahrene Erwachsene mit von der Partie, um die Welpen und deren Umgebung sicher zu gestalten und individuell auf die einzelnen Hundekinder einzugehen. Bei den Ausflügen geht es nicht laut und turbulent her, sondern die Welpen dürfen in sicherem Rahmen beobachten, schnüffeln, lauschen und erforschen, lernen aber auch, in den unterschiedlichsten Umgebungen auf der mitgebrachten Picknickdecke zu entspannen.

Ist der Welpe schon beim neuen Besitzer, sollte er je nach späteren Plänen bereits jetzt mit ins Büro kommen, in der U-Bahn fahren, Sie zum Einkaufen in den

Baumarkt und Zoobedarfsladen begleiten und viele kurze Autofahrten unternehmen.

Ganz gleich ob bei Züchter oder zukünftigem Halter, jetzt ist es auch Zeit für die ersten Übungen: Arbeiten Sie am Rückruf, gewöhnen Sie den Welpen an seine Box (wichtig für Autofahrten und nützlich für Ausstellungs- oder Seminarbesuche), gewöhnen Sie ihn daran, Geschirr oder Halsband zu tragen und an der lockeren Leine zu gehen, und arbeiten Sie weiter konsequent daran, Ihrem Welpen seine Wünsche nur dann zu erfüllen, wenn er höflich Bitte sagt, indem er sich hinsetzt.

Haben Sie einen ängstlichen Welpen von einem Vorbesitzer, einer Pflegestelle, aus dem Tierheim oder erst später vom Züchter übernommen, empfiehlt es sich, genau nachzufragen, wie sein Alltag im Alter von acht bis zehn Wochen ausgesehen hat. So lässt sich besser einschätzen, welche Schwierigkeiten in der nächsten Zeit auf Sie und Ihr neues Familienmitglied zukommen könnten. Sind Autofahrten und Stadtausflüge etwas völlig Neues für Ihren sensiblen Schützling, helfen Ihnen die entsprechenden Kapitel im Sozialisierungsteil weiter.

Zehn bis zwölf Wochen

Immer noch saugen die Welpen neue Erfahrungen auf wie ein Schwamm und sind emotional flexibel. Noch zwei Wochen haben Züchter oder Halter die Möglichkeit, sich die kritische Sozialisierungsphase zunutze zu machen!

Die Welpen sind bereit, neuen freundlichen Hunden aller Größen und Formen in der Öffentlichkeit zu begegnen: Möpse und Doggen, Mastiffs und Chihuahuas, langhaarige und kurzhaarige, stehohrige und schlappohrige, jene mit langen und jene ohne Ruten, mit langen und kurzen Nasen, junge und alte, Rüden und Hündinnen, kastrierte und unkastrierte Tiere. Gesunde Welpen, deren Aufzucht bisher gut verlaufen ist, sollten schnell in der Lage sein, auf neue Artgenossen zuzugehen und positive Erfahrungen zu sammeln, von denen sie für den Rest ihres Lebens zehren können. Laden Sie Freunde und Familienmitglieder mit deren Hunden zu sich nach Hause ein, treffen Sie

Welpen profitieren vom Kontakt zu gut sozialisierten erwachsenen Hunden.

einander im Park oder besuchen einen gut geleiteten Welpenkurs!

Zudem sollten die Welpen mit weiteren neuen Gegenständen, Oberflächen und Ähnlichem konfrontiert werden, um ihr Körperbewusstsein zu schulen und ihr Selbstbewusstsein zu steigern. Auch Generalisieren lässt sich in diesem Alter üben, indem hundeaffine Freunde eingeladen werden, die mit dem Welpen clickern, sein Verhalten formen (Shaping) und gemeinsam mit dem Welpen am Überwinden von Wackelbrettern, Welpenschaukeln, am Balancieren über einen niedrigen Steg und an Pfotentargets arbeiten: Die Welpen lernen zugleich körperliche Geschicklichkeit und mit neuen Menschen zu kommunizieren und zu arbeiten! Wessen Welpe kann am schnellsten allein mit dem Clicker lernen, ein Hütchen zu umrunden? Wessen Welpe wagt es als Erster, einen am Boden liegenden Spiegel oder Gitterrost zu betreten oder über eine durchsichtige Plexiglasbrücke zu gehen? Derartige Übungen strengen nicht nur den Körper, sondern in erster Linie auch das Welpengehirn an, während der junge Schüler versucht, herauszufinden, was der Mensch von ihm will. Nach kurzen Trainingseinheiten schläft er gut, was den zusätzlichen Vorteil hat, dass Sie als Mensch endlich Zeit finden, Ihren Kaffee zu trinken und die Zeitung zu lesen.

Rush lernt mittels freiem Formen mit dem Clicker und strategisch platzierten Keksen, um ein Hütchen zu laufen.

Welpen, die die *Avidog-* oder *Puppy-Culture-*Protokolle durchlaufen, dürfen in diesem Alter, wenn sie noch beim Züchter sind, sogar auf Seminare mitkommen, wo die unterschiedlichsten Trainer und Züchter mit ihnen üben – eine bereichernde Erfahrung für Mensch und Hund!

Lebt Ihr Welpe in diesem Alter bereits bei Ihnen, ist es Ihre Aufgabe, für derartige Erfahrungen zu sorgen, sofern er dazu bereits bereit ist – kommt er aus idealen Aufzuchtbedingungen, sollte er das sein. Wenn nicht, dann helfen Ihnen die nächsten Kapitel weiter. Haben Sie Ihren Welpen erst im Alter von zwölf Wochen nach Hause geholt – auch das ist bei manchen Rassen und Züchtern üblich – sollten Sie unbedingt in Erfahrung bringen, wie seine letzten beiden Lebenswochen ausgesehen haben. So wissen Sie, was auf Sie zukommt: ein selbstsicherer Welpe oder einer, bei dem Sie viel nachholen müssen.

Auch wenn sich das kritische Sozialisierungsfenster im Alter von zwölf Wochen für immer schließt, ist es dennoch wichtig, jungen Hunden bis zum Alter von zumindest 18 Monaten zahlreiche stimulierende Erfahrungen zu bieten. Ian Dunbar empfiehlt, einem Welpen allein zwischen der achten und zwölften Lebenswochen zudem weitere hundert neue Menschen vorzustellen, um ihn bestmöglich auf ein Leben in unserer Menschenwelt vorzubereiten. Viele und vor allem mittelgroße und große Rassen erreichen überhaupt erst im Alter von etwa drei Jahren ihre ausgereifte erwachsene Persönlichkeit und emotionale Stabilität und sollten bis dahin regelmäßig neuen Menschen, Orten, Geräuschen und Untergründen ausgesetzt werden.

Fuse balanciert auf einem Wackelbrett.

Für selbstsichere Welpen aus ausgezeichneten Kinderstuben lassen sich die Empfehlungen aus dem letzten Absatz leicht umsetzen: Sie steuern jede neue Erfahrung an, als hätten sie die Situation schon hunderte Male erlebt. Der Alltag mit ängstlichen Welpen sieht hingegen anders aus. Jede neue Erfahrung hat das Potenzial, sie aus dem Konzept zu bringen, zu verstören und den Stresshormonpegel in die Höhe zu treiben. Selbst wenn Sie einen Welpen haben, den Sie nicht überallhin mitnehmen können, weil ihn die Welt überfordert, halte ich es für ausgesprochen wichtig, sich dessen bewusst zu sein, wie sein Alltag im Idealfall aussehen würde: Das hilft, die Wichtigkeit der Sozialisierung zu illustrieren, und motiviert, darauf hinzuarbeiten, das irgendwann doch zu können! Doch bevor wir mit unserem ängstlichen Welpen praktisch zu üben beginnen, wollen wir uns mit seiner Körpersprache beschäftigen. Sie müssen diese deuten können, um zu wissen, ob er sich in einer Sozialisierungssituation, die Sie für ihn eingerichtet haben, wohlfühlt oder ob es an der Zeit ist, die Einheit abzubrechen und ihm eine Pause zu gönnen.

Die Körpersprache des ängstlichen Welpen deuten

Bevor wir uns mit der praktischen Trainings- und Sozialisierungsaufgabe auseinandersetzen, wollen wir uns mit den Grundlagen der körpersprachlichen Kommunikation unserer Vierbeiner auseinandersetzen. Um Ihren sensiblen Welpen zu einem selbstsicheren Hund zu machen, ist es unumgänglich, dafür zu sorgen, dass er in den Übungseinheiten stets entspannt ist. Unsicherheit verzögert den Lernprozess, und ausgewachsene Angst oder Panik verhindert Lernen sogar vollständig. Sie sollten beim Training also immer ein Auge auf die Körpersprache Ihres Welpen haben. Sobald Sie Zeichen von Unsicherheit erkennen, ist es an der Zeit, den Abstand zum Trigger zu vergrößern. Ich erkläre meinen Klienten die körpersprachlichen Angst-Signale ihres Hundes zum Thema Angst am liebsten anhand der sogenannten Eskalationsleiter:

Die Eskalationsleiter des Hundes nach Kendal Shepherd

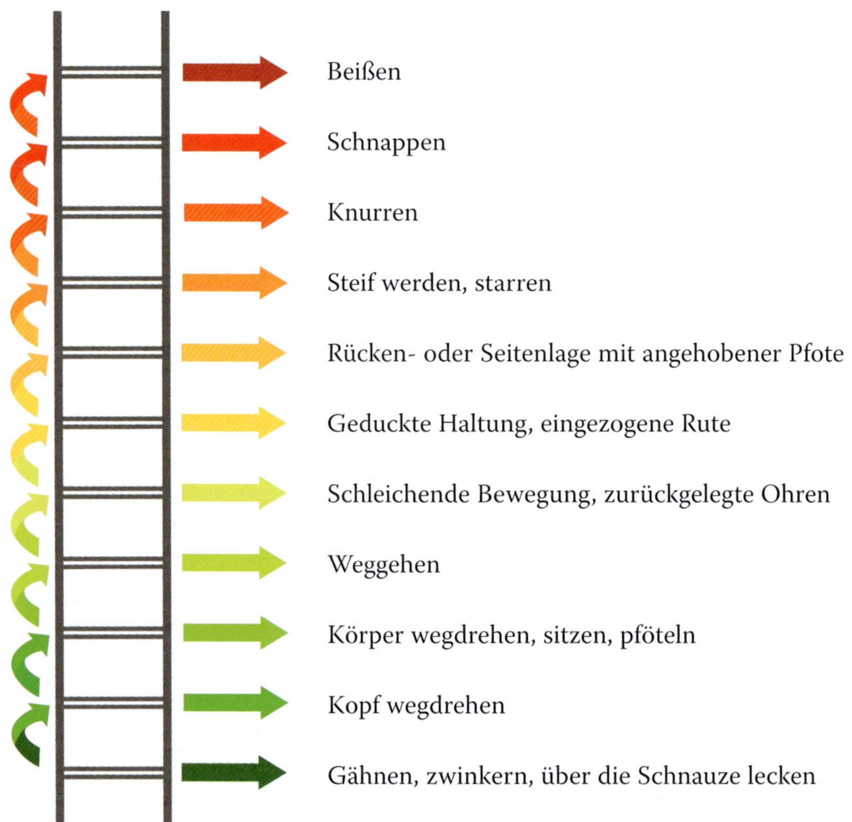

Wie Hunde auf Stress oder Bedrohungen reagieren

Quelle: BSAVA Manual of Canine and Feline Behavioural Medicine, 2nd edition © BSAVA.

Das Bild der Eskalationsleiter stammt von der britischen Veterinärmedizinerin und Verhaltenstrainerin Kendal Shepherd. Findet ein Hund etwas bedrohlich, zeigt er erst die Verhaltensweisen auf den untersten Stufen der Leiter. Steigt die Bedrohung, werden seine Signale ignoriert oder hat er keine Möglichkeit zum Rückzug, eskaliert das Verhalten immer weiter nach oben in Richtung des roten Bereichs.

Was heißt das für die Arbeit mit unseren ängstlichen Welpen? In welchen Bereichen der Eskalationsleiter sollten wir uns beim Üben bewegen? In gar keinen! Sobald Sie die Verhaltensweisen im grünen Bereich an Ihrem Welpen beobachten – zum Beispiel gähnen, obwohl der Welpe nicht müde ist, blinzeln, über die Schnauze schlecken, obwohl der Welpe nichts gefressen hat; den Kopf wegdrehen; den Körper wegdrehen – wissen Sie, dass der Stresslevel bereits grenzwertig ist. Gehen Sie keinesfalls näher an den Stressor heran; locken Sie Ihren Welpen nicht weiter! Verschwinden die Verhaltensweisen nicht innerhalb von fünf Sekunden und werden von Neugier und Selbstsicherheit abgelöst, entspannen Sie die Situation, indem Sie das unheimliche Ding entfernen, etwaige Helfer bitten, weiter wegzugehen oder Ihren Welpen aus der Situation nehmen, indem Sie ihn zu sich rufen und gemeinsam mit ihm weggehen.

Der Welpe legt die Ohren zurück, schleckt sich über die Schnauze und wendet sich ab. Die Umarmung der Passantinnen ist ihm unangenehm.

Der Körper dieses Welpen ist steif und er starrt den fremden Hund in der Ferne an. Die Situation ist ihm nicht geheuer!

Erkennen Sie Verhaltensweisen aus dem gelben oder orangen Bereich der Aggressionsleiter, zögern Sie nicht, Ihren Welpen in die andere Richtung wegzurufen, wegzuführen oder ihn, wenn er es nicht wagt, der Bedrohung den Rücken zu kehren, hochzuheben und wegzutragen. Wenn Ihr ohnehin schon ängstlicher Welpe sich duckt, die Ohren zurücklegt, die Rute einzieht, aus Unsicherheit eine Pfote hebt wie ein Vorstehhund, sich flach auf den Boden drückt oder steif wird und auf das vermeintliche Monster starrt, ist es höchste Zeit, zu handeln. Der Welpe ist vermutlich nicht mehr in der Lage, sich selbstständig zu beruhigen und braucht Ihre Hilfe. Vergrößern Sie den Abstand und lassen ihn die Situation im entspannten Zustand und aus sicherer Entfernung beobachten.

Die Körpersprache der vierzehn Wochen alte Labradorhündin zeigt Skepsis (Ohren zurückgelegt, Starren), wachsende Beunruhigung (Vorderpfote angehoben, Muskeln angespannt, Gewicht nach hinten verlagert) und schließlich Flucht. Je nach Situation, früheren Erfahrungen und genetischer Veranlagung reagieren Hunde mit Kampf, Flucht oder Erstarren auf das plötzliche Auftauchen eines vermeintlichen Monsters.

„Pavlov sitzt immer auf deiner Schulter."

(Bob Bailey)

Die Gesetze des Lernens

Der Welpe ist zwischen zehn und zwölf Wochen alt und in seinem neuen Zuhause eingezogen – es ist Zeit, ihm Neues beizubringen! Während gesunde Hundekinder, die sich bisher ausgezeichnet entwickelt haben, an den unterschiedlichsten Tricks und Signalen arbeiten, ist es Ihre primäre Aufgabe als Halter eines ängstlichen Welpen, Ihrem neuen Mitbewohner, ein Gefühl von Sicherheit zu vermitteln. Ganz gleich, ob ein konkreter Welpe am Grundgehorsam arbeitet oder ein Verhaltensmodifikationsprogramm durchläuft, orientieren sich moderne Hundetrainer an den wissenschaftlich fundierten Gesetzen des Lernens, die für alle Lebewesen gleichermaßen gelten. Besonders als Besitzer eines ängstlichen Welpen sollten auch Sie als Halter die Grundlagen dieser Gesetze kennen, um Ihren Welpen im Alltag bestmöglich unterstützen zu können. Nachdem diese Gesetze ausgesprochen wenig mit „Intuition" oder „Bauchgefühl" zu tun haben, möchte ich Sie kurz in die Thematik einführen.

Klassisches Lernen

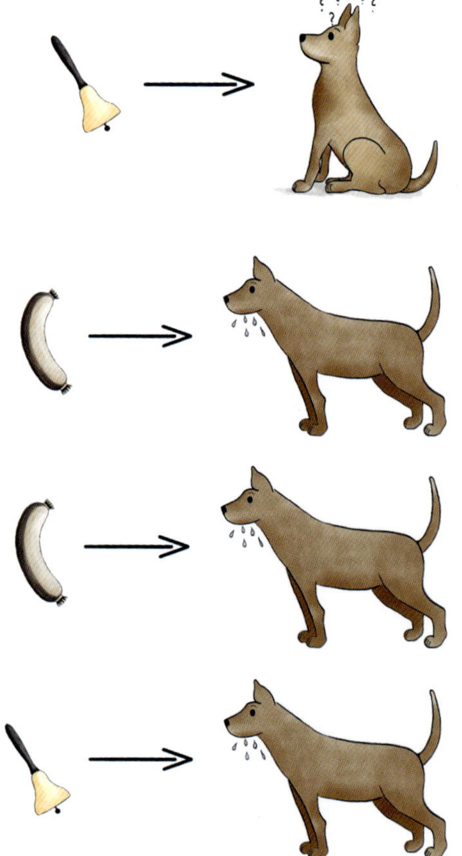

Klassisches Lernen ist jene Form der Konditionierung, für die Ivan Pavlov berühmt wurde: In seinem wohl bekanntesten Experiment entdeckte er, dass Hunde nicht nur speicheln, wenn man ihnen Futter vor die Nase stellt, sondern auch dann, wenn sie einen Glockenton hören, der zuvor regelmäßig mit dem Futter gepaart wurde.

In Pavlovs Beispiel und der Grafik wird ein konditionierter Reiz – der Anblick und Geruch des Futters, der eine nicht vom Lernenden steuerbare, automatische, das heißt eine sogenannte unkonditionierte Reaktion auslöst – mit einem ursprünglich neutralen Reiz – dem Glockenton, der vor der Konditionierung keinerlei Reaktion auslöste – verbunden, in dem erst der Glockenton ertönt und unmittelbar darauf das Futter auftaucht. Nach einigen Wiederholungen bildet sich eine neue Verbindung im Hirn des Lernenden: Der Glockenton kündigt Futter an und löst daher in Zukunft ebenfalls Speichelfluss aus.

Auch Sie selbst haben mit Sicherheit die eine oder andere klassisch konditionierte Reaktion im Zusammenhang mit Essen: Läuft Ihnen das Wasser im Mund zusammen, wenn Sie im Supermarkt durch den Süßigkeitenkorridor schlendern oder wenn die Mikrowelle piepst, um Ihnen mitzuteilen, dass das Essen warm ist?

Klassisches Lernen muss dem Lernenden keineswegs bewusst sein, um stattzufinden, und der Lernende kann sich auch nicht dagegen wehren. Erlernt wird also kein konkretes Verhalten, sondern eine neue Verbindung zwischen einem ursprünglich neutralen, jetzt aber konditionierten Reiz und einer konditionierten Reaktion – also einer Reaktion, die abläuft, ganz gleich, ob wir das wollen oder nicht.

Pavlovs Beispiel ist zwar das bekannteste, aber bei Weitem nicht das einzige. Klassisches Lernen umgibt uns ständig und in allen möglichen Variationen, die nichts mit Futter bzw. Essen zu tun haben müssen. Ein weiteres Beispiel für eine angenehme klassisch konditionierte Reaktion ist die freudige Erwartung, die mich jedes Mal überkommt, wenn ich mein E-Mail-Programm öffne und sehe, dass eine neue Nachricht über das Kontaktformular meiner Website eingegangen ist: Das bedeutet, dass ein neues Hund-Mensch-Team den Kontakt zu mir sucht und ich gleich eine spannende Geschichte lesen werde, in der es darum geht, wie ich den beiden helfen kann! Die Begeisterung, die manch ein Hund zeigt, sobald Sie zur Leine greifen, ist ebenfalls klassisch konditioniert: Der Hund hat eine Assoziation zwischen dem ursprünglich neutralen Reiz (langer Gurt mit Karabiner am Ende) und einer unkonditionierten Reaktion (die Welt erforschen macht Spaß) hergestellt, da Sie die Leine immer wieder mit Spaziergängen gepaart haben. Nun ist die Leine selbst ein konditionierter Reiz, dessen Anblick in Ihren Händen allein ausreicht, um Ihren Hund in freudige Erregung zu versetzen. Auch Markersignale wie der Clicker, ein beliebtes Trainingswerkzeug, funktionieren über klassische Konditionierung: Nachdem auf jeden Click unmittelbar ein Leckerli – ein primärer Verstärker, also etwas, das jedes Tier von Geburt an als belohnend empfindet – folgt, wird der Click selbst zu einem sekundären Verstärker und damit für den Hund zum Synonym für eine Belohnung. Die physiologische Reaktion bei Einsatz eines konditionierten Reizes ist der Reaktion auf einen unkonditionierten Reiz zum Verwechseln ähnlich. Das ist vor allem dann wichtig, wenn wir uns mit den weniger angenehmen klassischen Lernerfahrungen befassen.

Bisher habe ich ausschließlich von schönen klassisch konditionierten Dingen gesprochen. Leider gibt es aber ebenso oft das Gegenteil: Auch Angstreaktionen können klassisch erlernt werden, und im Gegensatz zu operanten Verhaltensweisen reicht gerade bei Angstreaktionen oft eine einzige negative Erfahrung aus. Ein Beispiel dafür bietet ein populärer TV-Hundetrainer, dessen Trainingsmethoden leider nicht dem aktuellen Stand der Wissenschaft entsprechen. Er konnotiert einen Zischlaut negativ, indem er ihn wiederholt mit einem Schlag oder Tritt in die Nierengegend des Hundes verbindet. Der Schlag oder Tritt in die Seite ist ein unkonditionierter Reiz, der Angst und Meideverhalten auslöst. Nachdem der Zischlaut den Schmerzreiz unmittelbar ankündigt, wird er zu einem konditionierten Reiz, der dieselbe Reaktion auslöst wie der physische Tritt oder Hieb – und zwar ohne dass der Trainer den Hund berühren müsste. Hunde, die von diesem Trainer lernen, sieht man zusammenzucken oder zur Seite springen, wann immer sie den Zischlaut hören. Dabei handelt es sich keinesfalls um eine humane Methode, Strafe anzuwenden. Nachdem die physiologische Reaktion auf den konditionierten Reiz der Reaktion auf einen unkonditionierten Reiz gleicht, leidet der Hund unter dem Zischlaut ebenso wie unter einer tatsächlichen physischen Einwirkung des Trainers und sein Körper setzt dieselben Stresshormonzyklen in Gang.

Auch die sogenannten „Fisher Discs" oder „Wurfdiscs", die eine Zeitlang recht populär waren und immer noch im Zoofachhandel erhältlich sind, arbeiten mit klassischer Konditionierung. Das Ziel ist es, dass allein das Klappern mit fünf an einem Band befestigten Metallscheiben das Verhalten des Hundes unterbricht und er sich uns zuwendet. Konditioniert wird der Schreckreiz, indem die Scheiben dem ahnungslosen Hund vor die Schnauze geworfen werden. Auch hierbei handelt es sich, genau wie bei mit Steinchen gefüllten Wurf- und Schepperflaschen Marke Eigenbau, nicht um humane Trainingswerkzeuge. Sie funktionieren aufgrund einer konditionierten Schreckreaktion. Würden sie keine Schreckreaktion auslösen, würden sie beim Menschen unerwünschtes, für den Hund aber ausgesprochen attraktives Verhalten auch nicht wirksam unterbrechen können.

Genau wie bei den angenehmen emotionalen Reaktionen kommt es auch bei den unangenehmen nicht nur zu bewusst vom Trainer oder Halter gesetzten Assoziationen, sondern im Alltag auch zu zahlreichen unbewusst auftretenden. Erschrickt ein Hund in einer bestimmten Umgebung heftig, kann es sein, dass er in Zukunft diese Umgebung meidet oder sie nur ungern betritt. Macht ein Hund negative Erfahrungen mit einem Mann mit Baseballmütze, ist es gut möglich, dass Männer mit Baseballmützen in Zukunft Unbehagen auslösen und gemieden werden. Ob der Hund will oder nicht – sein Körper reagiert auf eine ganz bestimmte Art, schüttet Stresshormone aus und lässt den Blutdruck ansteigen. Er reagiert nicht bewusst, sondern wird von den automatisch ablaufenden Vorgängen in seinem Körper gesteuert.

Klassische Konditionierung tritt für den Hund auch im Zusammenhang mit den

ı und Rush spielen und haben Spaß mit-
ıder. So entsteht eine starke Beziehung
hen Mensch und Hund.

Nur kurz hatte Eva ihren Welpen allein im Garten gelassen, um sich ein Glas Wasser zu holen. Merlin hörte, dass die Nachbarn ihre Hunde in den Garten ließen, und lief neugierig zum Zaun. Als Eva wieder in den Garten trat, sah sie, wie der Nachbarshund bellend gegen den Zaun sprang, Merlin zurückzuckte, einen Satz nach hinten machte und sich dann zitternd an den Boden presste. Es würde ein langer Weg werden, bis Merlin wieder in der Lage war, unbeeindruckt an fremden Hunden vorbeizugehen.

zweibeinigen Mitgliedern des Haushalts auf. Jedes Mal, wenn wir mit unserem Hund interagieren, verbindet uns der Hund entweder mit lustigen, sicheren, positiven Erfahrungen oder mit unberechenbaren, furchteinflößenden, negativen. Um eine starke Beziehung zu unserem Hund aufzubauen und sein Vertrauen zu gewinnen, gilt daher dasselbe wie für die moderne Kindererziehung:

- Seien Sie ein Ort der Sicherheit für Ihren Hund, indem Sie ihn vor Dingen schützen, die ihm Angst machen, statt ihn zu zwingen, sich damit selbst auseinanderzusetzen. Hat Ihr Hund etwa Angst vor fremden Hunden, halten Sie diese außerhalb von Trainingseinheiten von ihm fern! Er wird lernen, dass Sie ihn beschützen und er die Sache nicht etwa durch Aggression oder Flucht selbst regeln muss.

- Gestalten Sie gemeinsames Training und Verhaltensmodifikation positiv und so, dass Ihr Hund gar nicht genug davon bekommen kann! Setzen Sie positive Verstärkung ein, indem Sie mit Leckerchen und Spielzeug belohnen und Ihren Hund loben. Vermeiden Sie die Anwendung positiver Strafe und richten Sie die Umgebung für den Welpen so ein, dass es unwahrscheinlich ist, dass er Fehler macht, indem Sie beispielsweise Schuhe in den Schuhkasten räumen und immer Kauspielzeuge bereithalten.

- Ertappen Sie Ihren Hund immer wieder dabei, etwas richtig zu machen, und freuen sich mit ihm darüber, statt nach Fehlern zu suchen, für die Sie ihn strafen können.

Diese Strategien führen zu einer starken Mensch-Hund-Beziehung und bauen Vertrauen auf. Gerade für die Verhaltensmodifikation ängstlicher Welpen ist Vertrauen in den Halter eine Grundvoraussetzung. Bevor Sie mit konkreten Desensibilisierungsschritten beginnen, sollten Sie eine gute und stabile Beziehung aufbauen – ein klassisch konditioniertes Vertrauensverhältnis.

Operantes Lernen

Im Gegensatz zum klassischen Lernen, das unbewusst passiert und das Erlernen einer neuen emotionalen Verbindung zwischen Reiz und Reaktion beschreibt, geht es beim operanten Lernen um konkrete Verhaltensweisen. Anders als die klassisch konditionierten Emotionen, die uns ganz unbewusst überfallen, ob wir nun wollen oder nicht, können wir Verhaltensweisen nicht nur unbewusst, sondern auch bewusst setzen. Das Zeigen eines bestimmten Verhaltens wird dadurch bestimmt, was unmittelbar danach passiert: Ein Hund setzt sich nicht deshalb hin, weil Sie ihm das Signal dazu gegeben haben, sondern weil das Sitzen in der Vergangenheit zu angenehmen Konsequenzen geführt hat – zum Beispiel dazu, dass ihm ein Keks vor die Nase gehalten wurde.

Tiere – Hunde wie Menschen – verhalten sich nicht im Vakuum, sondern immer zielgerichtet: Sie tun Dinge, die sich für sie auszahlen. Das sichert einerseits das Überleben und Gedeihen von Individuen, andererseits das Fortbestehen der Spezies. Hat ein Wolf Jagderfolg, wird er dieselbe Jagdtechnik auch beim nächsten Mal wieder anwenden: Er ist satt geworden, und das Fressen des Beutetiers hat sein Jagdverhalten verstärkt. Entkommt das Beutetier, wird er aus dieser Erfahrung lernen und sein Jagdverhalten beim

Wird der Welpe fürs Sitzen belohnt, wird er dieses Verhalten in Zukunft öfter zeigen.

nächsten Versuch ein wenig variieren – es macht keinen Sinn, Verhaltensweisen, die nicht zum Erfolg führen, immer wieder zu zeigen. Auch wir selbst lernen aus Konsequenzen: Je mehr ich meinem Partner meine Freude darüber zeige, dass er Abendessen gekocht hat, desto wahrscheinlicher ist es, dass er mich bald wieder mit einem leckeren Menü verwöhnt – meine Freude, mein Lob und meine Küsse haben sein Verhalten verstärkt.

Und unsere Hunde? Auch sie lernen aus Konsequenzen, welche Verhaltensweisen sich auszahlen und welche nicht – und das nicht nur innerhalb klar definierter Trainingseinheiten, sondern ununterbrochen. Das Beispiel des sitzenden Hundes habe ich bereits erwähnt: Je öfter wir sein Sitzen mit Aufmerksamkeit und Keksen bestätigen, desto größer die Wahrscheinlichkeit, dass er sich in Zukunft öfter hinsetzt, um unsere Aufmerksamkeit oder einen Keks zu erhalten. Das können wir uns ganz einfach zunutze machen, indem wir ständig die Augen offen halten und das erwünschte Verhalten (Sitzen) einfangen, wann immer wir es sehen: Wir markieren mit Click oder Markerwort, loben, streicheln, schenken Aufmerksamkeit und Kekse. Ganz nebenbei erhalten wir so einen Hund, der sich höflich setzt, wenn er etwas von uns will.

Wem die Bedeutung von Konsequenzen für Verhalten nicht bewusst ist, der verstärkt nur allzu leicht aus Versehen unerwünschte Verhaltensweisen seines Hundes. Das liegt daran, dass wir dazu tendieren, eher auf Unerwünschtes als auf Erwünschtes zu achten. Haben wir uns nicht bewusst gemacht, dass wir unseren Hund beim Bravsein ertappen wollen, fällt uns häufig gar nicht auf, dass er höflich und ruhig vor uns sitzt, um unsere Aufmerksamkeit einzufordern. Nachdem wir dieses Verhalten ignorieren, probiert der Hund eine andere Strategie: Er bellt oder springt an uns hoch. Jetzt erinnern wir uns wieder an unseren vierbeinigen Freund; wir drehen uns zu ihm und schimpfen ein wenig oder nehmen die Vorderpfoten, setzen sie zurück auf den Boden und erklären unserem Hund, dass wir nicht mögen, wenn er an uns hochspringt.

Was hat der Hund dabei gelernt? Hochspringen und Bellen sind der direkte Weg zu Aufmerksamkeit! Er versteht kein Deutsch, also ist der Inhalt unserer Worte völlig unwichtig. Was wir ihm vermittelt haben, ist: Unhöfliches Verhalten führt ans Ziel; damit werde ich von meinem Menschen beachtet! Ich sollte in Zukunft öfter hochspringen und bellen, wenn ich etwas von meinem Menschen will.

Als Jack-Russel-Mix Benji im stolzen Alter von 11 Jahren das Tierheim verlassen durfte, wurde er von seiner neuen Familie erst mal nach Strich und Faden verwöhnt. Er hatte lang genug im Tierheim gesessen, und seinem treuherzigen Blick konnte keiner widerstehen. Er schien ein unkomplizierter älterer Herr zu sein – bis sich nach etwa einem halben Jahr die ersten Probleme einzuschleichen begannen. Anita rief mich an; ich solle ihr helfen, da Benji mittlerweile jeden Besucher anbelle, sobald man am Wohnzimmertisch Platz genommen habe. Früher habe er das nicht gemacht, und von Mal zu Mal werde es schlimmer.

Beim Beobachten des Baseline-Verhaltens, also des Grundverhaltens, stellte ich fest, dass Benji immer dann zu bellen begann, wenn er für drei oder mehr Minuten keine Aufmerksamkeit erhalten hatte. Sobald Anita sich dann zu ihm beugte, ihm sagte, dass alles okay sei, ihn kraulte oder kurz hochnahm, verstummte Benji – so lange, bis die nächsten drei Minuten ohne Aufmerksamkeit vergangen waren.

Benjis Geschichte illustriert sehr gut etwas, das mir bei Trainingsterminen immer wieder begegnet: Selbst mit den besten Intentionen verstärken wir als Hundehalter nur allzu häufig unerwünschte Verhaltensweisen – und wundern uns dann, wie es dazu kam, oder missinterpretieren, was sich vor unseren Augen abspielt. Benjis Besitzerin verstärkte sein Bellen immer weiter durch Aufmerksamkeit und tröstenden Worten, weil sie dachte, es handle sich um ein Zeichen von Angst vor ihrem Besuch. Tatsächlich ging es in diesem Fall aber nicht um klassisch konditionierte Angst, sondern um ein operantes Verhalten zum Erlangen ihrer Aufmerksamkeit.

Derartige Fallstricke lassen sich aber durchaus vermeiden, wenn wir die Gesetze des Lernens im Hinterkopf bewahren und, bevor wir voreilige Schlüsse ziehen, erst genau beobachten, welchem Zweck das Verhalten unseres Hundes in einer bestimmten Situation dienen könnte. Durch gezielte Manipulation der Konsequenzen können wir dann Verhalten in unserem Sinne manipulieren. Aber wie können mögliche Konsequenzen überhaupt aussehen?

Die Quadranten der operanten Konditionierung

Im Training wollen wir in der Regel entweder, dass ein Verhalten öfter auftritt (wir wollen es verstärken) oder dass es seltener auftritt (wir wollen es strafen bzw. verhindern, dass es unbeabsichtigt verstärkt wird). Die folgende Tabelle zeigt die vier Möglichkeiten, ein Verhalten zu belohnen (verstärken) bzw. zu strafen, anhand des Beispiels Gehen an lockerer Leine.

In diesem Beispiel: Das verstärkte Verhalten ist das Laufen an lockerer Leine, das bestrafte Verhalten das Ziehen an der Leine.

Positive Verstärkung

Etwas (Angenehmes) wird hinzugefügt, um die Wahrscheinlichkeit zu erhöhen, dass der Hund das Verhalten in Zukunft öfter zeigt.

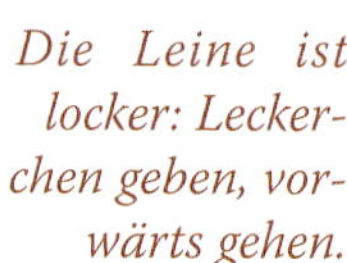

Die Leine ist locker: Leckerchen geben, vorwärts gehen.

Positive Strafe

Etwas (Unangenehmes) wird hinzugefügt, um die Wahrscheinlichkeit zu erhöhen, dass der Hund das Verhalten in Zukunft öfter zeigt.

Der Hund zieht: Leinenruck.

Negative Strafe

Etwas (Angenehmes) wird weggenommen, um die Wahrscheinlichkeit zu erhöhen, dass der Hund das Verhalten in Zukunft seltener zeigt.

Der Hund zieht: stehen bleiben (Dem Hund wird die Möglichkeit zum Vorwärtsgehen genommen.)

Negative Verstärkung

Etwas (Unangenehmes) wird weggenommen, um die Wahrscheinlichkeit zu erhöhen, dass der Hund das Verhalten in Zukunft öfter zeigt.

Der Hund lockert die Leine: Druck am Halsband wegnehmen; die erzwungene Pause beenden.

Als Konsequenz auf ein Verhalten können wir entweder etwas zu der Situation hinzufügen – wie beim Addieren in der Mathematik bezeichnen wir das dann als „positiv" – oder etwas aus der Situation wegnehmen – wie in der Mathematik beim Subtrahieren bezeichnen wir dies dann als „negativ". Die Adjektive positiv und negativ können anfangs etwas verwirrend sein, weil wir eher dazu tendieren, sie ihrer emotionalen Bedeutung nach zu interpretieren als ihrer mathematischen. „Positiv" im Sinne der Lerngesetze sagt aber nichts darüber aus, ob eine Sache gut oder angenehm ist – es bedeutet ganz einfach, dass etwas hinzugefügt wurde wie in einer Plusrechnung. Dementsprechend bedeutet auch „negativ" nicht, dass etwas schlecht oder unangenehm ist, sondern ganz einfach, dass etwas weggenommen – subtrahiert – wurde wie in einer Minusrechnung.

Was können wir also als Konsequenz auf eine Verhaltensweise unseres Hundes hinzufügen oder wegnehmen, um die Wahrscheinlichkeit, dass er dieses Verhalten in Zukunft wieder zeigt, zu erhöhen oder zu verringern?

Sowohl für positive als auch für negative Konsequenzen gibt es jeweils zwei Möglichkeiten: Einerseits können wir Dinge, die unser Hund als angenehm empfindet, hinzufügen oder wegnehmen – zum Beispiel Futter oder Aufmerksamkeit. Andererseits können wir Dinge, die unser Hund als unangenehm empfindet, hinzufügen oder wegnehmen – zum Beispiel einen Schmerzreiz, ein lautes Geräusch oder etwas, wovor der Hund Angst hat.

Wenn das, was unmittelbar auf ein Verhalten folgt, dazu führt, dass der Hund das Verhalten in Zukunft öfter zeigt, sprechen wir von Verstärkung des Verhaltens. Führt das, was unmittelbar auf ein Verhalten folgt, andererseits dazu, dass unser Hund das entsprechende Verhalten in Zukunft weniger häufig zeigt, lautet der Fachbegriff Strafe. Somit erhalten wir insgesamt vier Möglichkeiten: positive Verstärkung, negative Verstärkung, positive Strafe und negative Strafe.

Positive Verstärkung

Wenn unser Hund ein Verhalten zeigt und wir eine Konsequenz setzen, die ihm angenehm ist und Freude bereitet, wird der Hund das Verhalten in Zukunft öfter zeigen. In diesem Fall sprechen wir von positiver Verstärkung. Positiv bedeutet, dass wir etwas hinzugefügt haben, und Verstärkung bezieht sich darauf, dass das Verhalten in Zukunft häufiger auftritt.

Ein gutes Beispiel für positive Verstärkung haben wir schon weiter oben in diesem Kapitel erwähnt: Wenn Sie Ihren Welpen jedes Mal, wenn er sich setzt, mit seiner Leibspeise oder dem Lieblingsspielzeug belohnen, wird er sich in Zukunft öfter setzen – Sie haben das Sitzen positiv verstärkt. Das Schöne an wissenschaftlich fundiertem Training ist, dass Sie mittels positiver Verstärkung jedes erdenkliche Verhalten, zu dem der Hund physisch in der Lage ist, trainieren können – es kommt einzig und allein darauf an, eine Belohnung (einen Verstärker) zu finden, für die Ihr Hund gern arbeitet! Diese

Belohnung muss nicht notwendigerweise ein Keks sein – Sie können wirklich alles, was Ihrem Hund in einer konkreten Situation wichtig ist und womit Sie ihn motivieren können, als Verstärker einsetzen. Wirklich alles? Ja, wirklich alles! Seien Sie kreativ!

Als meine Hündin Phoebe ein Welpe war, tat sie nichts lieber, als Tauben zu jagen. Wer Wien kennt, weiß, dass es im Stadtzentrum unglaublich viele dieser Vögel gibt. Phoebe war also ständig abgelenkt und auf der Jagd. Das machte ich mir zunutze, indem ich das gemeinsame Tauben-Nachlaufen als Belohnung für alle möglichen Verhaltensweisen einsetzte: Blickkontakt auf Signal – Markerwort – zur Belohnung gemeinsam auf die Taubenschar zulaufen! Ein Rückruf vom Ende der Leine zu mir – Markerwort – zur Belohnung Tauben hochscheuchen! Platz mitten am Stephansplatz – Markerwort – gemeinsam Richtung Vögel sprinten! Nicht nur, dass Phoebe und ich jede Menge Spaß miteinander hatten – ihre Lernkurve fiel bei Verhaltensweisen, auf die diese Superbelohnung folgte, besonders steil aus. Ich honorierte ihren Gehorsam in dieser Situation genau damit, was sie sich wünschte. Phoebe lernte, dass sich Kooperation mit mir auszahlt und dass der Weg zur Erfüllung ihrer Wünsche über die Erfüllung meiner Wünsche führt. Eine Win-Win-Situation.

Auch in meinen Rückruf-Workshops haben wir schon mit den unterschiedlichsten Umweltbelohnungen gearbeitet: In den See springen dürfen, nach Mäusen buddeln oder sich in Pferdeäpfeln wälzen! Erlaubt ist alles, was Spaß macht und für alle Beteiligten ungefährlich ist. Dabei kommt es immer darauf an, etwas zu finden, was der individuelle Hund so richtig gern hat: Es ist immer der Lernende, der bestimmt, was ein geeigneter Verstärker ist, nicht der Lehrende. Tritt das Wunschverhalten in Zukunft häufiger auf, haben Sie einen geeigneten Verstärker eingesetzt. Ist das nicht der Fall, haben Sie das Verhalten auch nicht verstärkt. Positive Verstärkung definiert sich über die Wahrscheinlichkeit, mit der ein Verhalten in Zukunft auftritt, nicht über die Intention des Trainers!

Für motivationsbasierte, gewaltfreie Trainer und Halter ist positive Verstärkung die Trainingsmethode der Wahl. Ihr Einsatz führt dazu, dass Hund und Halter miteinander Spaß haben, zu einer steilen Lernkurve und zur Entwicklung einer starken, auf Respekt und Vertrauen basierenden Beziehung. Im Hintergrund des Trainings einer operanten Verhaltensweise läuft nämlich immer auch klassische Konditionierung ab. Wenn Sie positiv verstärken, assoziieren Sie sich ganz nebenbei immer wieder mit vielen tollen Dingen – und Ihr Hund lernt nicht nur, Ihren Signalen zu folgen, sondern liebt auch die gemeinsam verbrachte Zeit.

Positive Strafe

Wenn unser Hund ein Verhalten zeigt und wir eine Konsequenz hinzufügen, die ihm unangenehm ist oder Schmerzen bereitet, wird er das entsprechende Verhalten in Zukunft seltener oder nicht mehr zeigen. In diesem Fall sprechen wir von positiver Strafe. Erinnern Sie sich – positiv bedeutet nicht „gut“, sondern hat die mathematische Bedeutung von „etwas hinzufügen“ – in diesem Fall zum Beispiel einen Schmerzreiz. Von Strafe sprechen wir darum, weil das Verhalten beim nächsten Mal weniger stark, weniger häufig oder gar nicht mehr auftritt.

Im Idealfall lernt der Hund nach einem einmaligen Einsatz der Strafe, das zuvor gezeigte Verhalten in Zukunft zu unterlassen, und das Problem ist gelöst. Dieser Idealfall ist aber gar nicht so wahrscheinlich, wie er auf den ersten Blick vielleicht scheinen mag: Positive Strafe wirkt nur dann, wenn sie im exakt richtigen Moment eingesetzt wird – und gutes Timing ist verdammt schwierig, wenn sich ein Hund im Spiel schnell bewegt und die unterschiedlichsten Verhaltensweisen dicht aufeinanderfolgen! Es erfordert nicht nur ein geübtes Auge, das Laien selten haben, sondern auch Erfahrung. Wird der Strafreiz im falschen Moment gesetzt, kann Ihr Hund ihn nicht mit dem Verhalten in Verbindung bringen, das Sie eigentlich strafen wollten, und selbst wenn Sie im richtigen Moment treten, schreien oder mit einem Gegenstand nach dem Hund werfen, kann es leicht vorkommen, dass er die Strafe mit einem anderen gleichzeitig ablaufenden Verhalten verknüpft. Es kann sogar vorkommen, dass Ihr Hund den Strafreiz mit keiner konkreten Verhaltensweise verknüpft, aber eine neue klassisch konditionierte Angstreaktion lernt – im schlimmsten Fall gegenüber Ihnen selbst. In diesem Fall hätten Sie mit einem kurzen Daumendruck auf den Auslöser des Sprühhalsbandes Ihre Beziehung zerstört.

Langer Rede, kurzer Sinn: Ich glaube, es ist klar, dass positive Strafe nicht nur ausgesprochen riskant, sondern auch ethisch bedenklich ist. Modern und wissenschaftlich fundiert arbeitende Trainer vermeiden positive Strafe völlig. So ist es in meiner Laufbahn als Hundetrainerin selbst bei schwierigen Fällen in der Verhaltensmodifikation kaum notwendig, positive Strafe einzusetzen. Das Geheimnis eines wohlerzogenen, höflichen Hundes liegt darin, sich kreative und wohldurchdachte Trainingsstrategien einfallen zu lassen – niemals darin, zu aversiven Techniken zu greifen.

Nun gut, sagen Sie jetzt vielleicht, ich will meinem Hund natürlich keine Schmerzen zufügen. Aber was ist mit milder positiver Strafe? Mit der Art Strafe, die dem Hund nur ein kleines bisschen unangenehm ist? Darf ich zumindest an der Leine rucken, wenn der Hund zieht, oder ihn anschreien, wenn er mein Signal nicht ausführt?

Auch beim Einsatz von „milder Strafe“ begegnen uns unerwartete Probleme: Etwas, das dem Hund nur ein klein wenig unangenehm ist, wirkt höchstwahrscheinlich nicht als Strafe. Erinnern Sie sich an unsere Definition? Strafe ist eine Konsequenz, die dazu führt, dass der Hund das Verhalten in Zukunft weniger oft zeigt.

Hunde verhalten sich nicht im Vakuum, sondern um ein konkretes Ziel zu erreichen. Ein Hund, der an der Leine zieht, tut dies zum Beispiel, um möglichst schnell den Hydranten am Ende der Straße zu erreichen, um diesen einer gründlichen Untersuchung zu unterziehen und dann vielleicht das Bein zu heben. Er ist höchst motiviert, denn der Hydrant riecht unglaublich spannend. Rucken Sie nun im Gehen leicht an der Leine, sobald der Hund zu ziehen beginnt, empfinden viele Hunde den plötzlichen Druck an Halsband oder Geschirr zwar als störend, ordnen ihn aber keinem konkreten Verhalten zu, da es ja weiterhin vorwärtsgeht und der Hydrant lockt. Viele Hunde gewöhnen sich an gelegentliche Leinenrucks als unvorhersehbares, aber offenbar notwendiges Übel am Spaziergang. Haben Sie kein Verhalten reduziert, haben Sie technisch gesehen auch nicht gestraft – Ihr Ruck an der Leine ist also vollkommen umsonst und führt höchstens dazu, dass der Hund dagegen abgehärtet wird und potenziell gesundheitsschädigenden Druck auf Kehlkopf und Schilddrüse erfährt. Wenn Sie sich dabei ertappen, immer wieder an der Leine rucken zu müssen, ohne dass sich die Spaziergangsmanieren Ihres Hundes bessern, ist das, was Sie für Strafe halten, nicht wirksam. Fangen Sie am besten gar nicht damit an oder hören Sie noch heute damit auf. Wir sehen uns etwas weiter unten weitaus effektivere und humanere Methoden an, Ihren Hund zum Gehen an der lockeren Leine zu bewegen.

Mit dem Anschreien des Hundes, der einen Fehler gemacht hat, verhält es sich ähnlich: Die einen nehmen den schreienden Besitzer nicht sonderlich ernst und lernen im Laufe der Zeit, ihn auszublenden. Sensiblere Hunde fahren zusammen, zeigen Beschwichtigungssignale, ziehen die Rute ein – zeigen aber trotzdem kein erwünschtes Verhalten. Die Strafe ist durchaus angekommen, doch hat der Hund keine Ahnung, wie er sich stattdessen verhalten sollte. Zugleich ist aufgrund der Strafe sein Stresspegel gestiegen, sodass er, selbst wenn er Ihrem Signal unter anderen Umständen gern folgen würde, nun nicht mehr klar denken kann.

Positive Strafe bringt also mehr Schaden als Nutzen, und wir wollen Sie daher nach Möglichkeit vermeiden. Das gilt für alle Hunde, aber ganz besonders für ängstliche und sensible Vierbeiner. Positive Strafe macht das Vertrauen kaputt, das so wichtig ist, um die Selbstsicherheit Ihres Hundes zu steigern!

Negative Strafe

Wenn unser Hund ein Verhalten zeigt und wir als Konsequenz etwas wegnehmen, das er mag und das ihm wichtig ist, sprechen wir von negativer Strafe. Negativ bedeutet, dass wir ihm etwas wegnehmen, und von Strafe sprechen wir deshalb, weil der Hund das entsprechende Verhalten in Zukunft seltener oder nicht mehr zeigen wird.

Dröhnt Ihnen schon der Kopf von all den Strafen und Verstärkern, dem „Negativen“ und dem „Positiven“, das im mathematischen, nicht im emotionalen Sinne zu verstehen ist? Keine Angst – ein konkretes

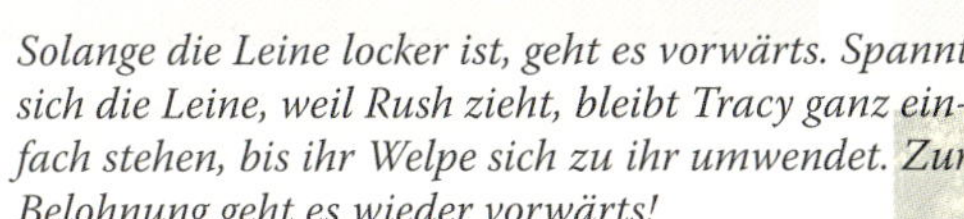

Solange die Leine locker ist, geht es vorwärts. Spannt sich die Leine, weil Rush zieht, bleibt Tracy ganz einfach stehen, bis ihr Welpe sich zu ihr umwendet. Zur Belohnung geht es wieder vorwärts!

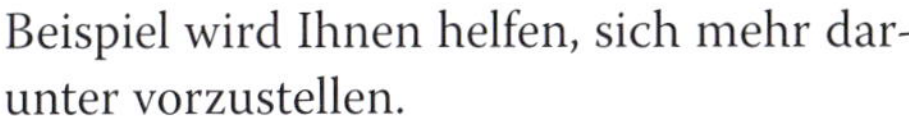

Beispiel wird Ihnen helfen, sich mehr darunter vorzustellen.

Im Beispiel mit dem Welpen, der an der Leine zieht, führt negative Strafe (in Kombination mit einer Umweltbelohnung) ans Ziel. Erinnern Sie sich daran, welches Ziel der Hund mit dem Ziehen verfolgt? Richtig, er möchte möglichst schnell den Hydranten erreichen. Was verstärkt also sein Zugverhalten? Wieder richtig – die Tatsache, dass es vorwärtsgeht und er dem Objekt seiner Begierde näher kommt! Was können wir ihm also wegnehmen, damit das Ziehen in Zukunft seltener auftritt? Richtig: die Vorwärtsbewegung! Indem wir einfach stocksteif stehen bleiben, haben wir das Ziehen negativ gestraft. Statt schneller ans Ziel zu kommen, geht es gar nicht mehr weiter. In Zukunft wird der Hund seltener ziehen. Abgesehen davon, dass wir unerwünschtes Verhalten negativ strafen, wollen wir natürlich in erster Linie erwünschtes Verhalten positiv verstärken. In der Lernphase bekommt der Leinenzieher daher jede Menge Kekse,

Lob und Leckereien, wann immer er an der lockeren Leine neben uns geht. Später reicht in der Regel die Umweltbelohnung aus, um die Leinenmanieren aufrechtzuerhalten: Solange die Leine locker ist, geht es vorwärts und der Hund kommt seinem Ziel näher. Wer es an der lockeren Leine zum Hydranten schafft, darf diesen selbstverständlich ausgiebig beschnüffeln.

Negative Verstärkung

Von negativer Verstärkung sprechen wir dann, wenn unser Hund ein bestimmtes Verhalten zeigt und wir in unmittelbarer Konsequenz darauf etwas, das ihm unangenehm ist, entfernen, woraufhin er das entsprechende Verhalten in Zukunft öfter zeigt. Es ist darum negativ, weil wir etwas weggenommen haben, und darum Verstärkung, weil das Verhalten in Zukunft häufiger auftritt.

Wenn ich über negative Verstärkung nachdenke, ist das erste Beispiel, das mir einfällt, immer ein menschliches: Ich war beim Autofahren bis vor etwa einem Jahr eine chronische Nicht-Anschnallerin. Zwar ist mir durchaus bekannt, dass die Verletzungsgefahr im Falle eines Unfalls statistisch gesehen geringer ist, wenn man einen Sicherheitsgurt trägt – aber aus irgendeinem Grunde fand ich Sicherheitsgurte immer schon einschränkend. Ich mochte den leichten Druck nicht, den sie auf Bauch und Brust ausüben, und nachdem weder Anschnallen noch Nicht-Anschnallen irgendwelche Konsequenzen hatte, fuhr ich eben ohne Gurt. Vor etwa einem halben Jahr allerdings kaufte ich ein neues Auto, und dieses erzog mich innerhalb weniger Fahrten zu einer verlässlichen Anschnallerin: Mein neues Auto begann ausgesprochen laut und schrill zu piepsen, sobald ich mich in den Fahrersitz sinken ließ, und hörte erst dann damit auf, wenn der Gurt eingerastet war. Negative Verstärkung – das Verstummen des Störgeräusches, das mir Erleichterung verschaffte – kurierte mich innerhalb kürzester Zeit vom Fahren ohne Gurt, und mittlerweile ist es mir zur Gewohnheit geworden, mich selbst dann anzuschnallen, wenn ich in einem Auto sitze, das keine negative Verstärkung in Form von Piepstönen einsetzt.

Und im Hundetraining? Ein gutes Beispiel ist die früher gängige und auf so manchem traditionellen Hundesportplatz noch heute praktizierte Methode, den Hunden das Sitz-Signal beizubringen, indem der Mensch mit der Hand auf die Kruppe des Hundes drückt. Der unangenehme Druck hört erst auf, wenn der Hund sich setzt – ähnlich wie ich gelernt hatte, mich öfter anzuschnallen, lernt der Hund, sich öfter hinzusetzen.

Ist es eine gute Idee, negative Verstärkung einzusetzen? Nein. Diese Methode mag zwar weniger aversiv sein als positive Strafe, beruht aber darauf, den Hund in Situationen zu bringen, die ihm unangenehm sind – und das wollen wir so weit wie möglich vermeiden. Schließlich geht es uns nicht nur darum, konkrete Verhaltensweisen zu lehren, sondern vor allem auch darum, eine gute Mensch-Hund-Beziehung zu schaffen. Wann immer wir mit Elementen arbeiten, die unserem Hund Unbehagen bereiten, untergraben wir diese Beziehung. Sensible Hunde und vor allem Welpen können durch den Einsatz negativer Verstärkung, ganz ähnlich wie bei positiver Strafe, ganz schnell den Spaß am Training verlieren. Zudem ist das Verhalten, das wir mithilfe von positiver Verstärkung erhalten, meist viel enthusiastischer als jenes, das wir mit negativer Verstärkung bekommen würden!

Beim Erstgespräch mit Gerhard erfuhr ich, dass sein Hund keinerlei Freude am gemeinsamen Üben hätte. Er bemühe sich sehr, lobe viel und arbeite immer mit Käse oder Wurst zur Belohnung, und dennoch wirke Max völlig freudlos, sobald es zum Üben in den Garten ginge. Gerhard wusste nicht mehr weiter: Er hatte sich so darauf gefreut, Max jede Menge Tricks beizubringen, doch Max schien kein Interesse am Lernen zu haben.

Ich bat Gerhard und seinen struwweligen Mischling, der auf den ersten Blick sehr fröhlich auf mich wirkte, mir zu zeigen, wie sie bisher miteinander geübt hatten. Sobald Gerhard zum Futterbeutel griff und Max in den Garten rief, veränderte sich die fröhliche Körperhaltung des Hundes. Geduckt schlich er nach draußen. „Sitz!", befahl Gerhard und drückte auf die Kruppe seines Hundes. Max setzte sich und bekam ein Stück Käse. „Platz!", rief Gerhard, und Max begann, langsam mit den Pfoten nach vorne zu rücken. Dabei ließ er seinen Menschen keinen Augenblick aus den Augen. Diesem ging die Bewegung zu langsam; er nahm Max' Vorderpfoten und zog sie nach vorne, sodass Max am Boden lag. Daraufhin gab es wiederum ein Stück Käse, das Max erst lustlos ansah, bevor er es schließlich nahm.

Rush lernt, sich freudig hinzulegen, indem Tracy sie mit einem Keks ins Platz lockt.

Max war ein sensibler Hund mit unbekannter Vorgeschichte. Seinem Aussehen nach zu urteilen gab es bestimmt Hütehunde unter seinen Vorfahren; vielleicht einen Bearded Collie – eine Rasse, die dafür bekannt ist, sehr gerne und schnell zu lernen. Aufgrund seiner sensiblen Natur nahm ihm die Technik der negativen Verstärkung, die sein Halter einsetzte, aber schnell jede Freude am Training. Ich zeigte ihm, wie er Leckerlis einsetzen konnte, um Max in die gewünschte Position zu locken, anstatt seinen Körper mit den Händen zu manipulieren. Bereits einige Einheiten später war eine deutliche Veränderung in Max' Körperhaltung zu sehen, wenn die beiden gemeinsam trainierten, und mittlerweile gehört das Training zu seinen Lieblingsbeschäftigungen. Die beiden haben sogar ein Trick-Zertifikat erworben!

Sozialisierung

„Sinn und Zweck der Welpensozialisierung ist es, dem Hund ein grundsätzlich optimistisches Weltbild zu vermitteln."

(Pat Miller)

Wenn ein neuer Welpe einzieht, sollte Sozialisierung ganz oben auf der Liste Ihrer Prioritäten stehen: Manieren, Tricks und Gehorsamsübungen sind wichtig, aber die Erfahrung, dass die Welt ein sicherer Ort und Menschen, Hunde und Überraschungen nicht nur ungefährlich, sondern eine Quelle von Spaß, Spiel und herrlichen Abenteuern sind, ist wichtiger: Die meisten Hunde, die aus Privathand im Tierheim landen, tun dies aufgrund von Angst und Aggression – und Angst und Aggression wiederum sind nicht immer, aber im Großteil der Fälle auf mangelnde Sozialisierung in den ersten Lebenswochen und -monaten zurückzuführen. Unsicherheit ausdrückende Körperhaltung und ängstliches Verhalten, die für den Laien den Eindruck erwecken, der Hund sei misshandelt worden, sind in den meisten Fällen tatsächlich auf ein Sozialisierungsdefizit zurückzuführen.

Weiter oben haben wir erwähnt, dass sich das kritische Sozialisierungsfenster im Alter von zwölf Wochen schließt. Das ist durchaus der Fall, allerdings haben wir einen weiteren Monat Zeit, in dem unser Welpe zwar nicht mehr ganz so empfänglich und optimistisch ist wie in den ersten zwölf Lebenswochen, sich aber immer noch leichter an Neues gewöhnt als ein

Neue Eindrücke und Abenteuer, bei denen sich der Welpe sicher fühlt, legen den Grundstein für Selbstbewusstsein und Nervenstärke.

Hund, der über 16 Wochen alt ist. Selbst wenn Ihr Welpe also nicht im Alter von acht oder neun, sondern erst im Alter von zwölf bis vierzehn Wochen bei Ihnen eingezogen ist, ist es wichtig, das Hauptaugenmerk auf seine Sozialisierung zu legen. Dabei gilt allerdings: Je älter der Welpe, desto stärker entwickelt ist sein Potenzial, Angst zu empfinden, und desto vorsichtiger und kleinschrittiger müssen Sie beim Sozialisieren vorgehen! Schließlich soll unser Welpe lernen, dass die Welt ein toller Ort ist, der ihn zwar heraus-, aber nicht überfordert!

Was das bedeutet, hängt wiederum von Ihrem individuellen Welpen ab. Ein selbstsicherer Labrador, den nichts aus der Ruhe bringen kann und der alles wedelnd ansteuert, verträgt mehr Action als ein zurückhaltendes Windspiel, das Neues erst einmal aus der Ferne betrachten muss, bevor es sich näher heranwagt. Das Geheimnis erfolgreicher Sozialisierung liegt darin, dem Welpen stets ein Gefühl der Sicherheit und Kontrolle über seine Umgebung zu vermitteln. Sicherheit und Kontrolle bedeuten, dass wir Flooding, auch unter dem Begriff Reizüberflutung bekannt, unbedingt vermeiden sollten. In der Humanpsychologie wie auch in der Arbeit mit Haustieren wie Hunden wurde Flooding früher sehr gerne in der Konfrontationstherapie eingesetzt. Konkret heißt das, dass etwa ein Mensch, der eine Schlangenphobie hatte, in direkten Kontakt mit einer Schlange gebracht wurde – dem angstauslösenden Reiz in seinem höchsten Grad – und dort verweilen musste, bis seine Panik abgeebbt war. Mittlerweile ist diese Form der Konfrontationstherapie eher unüblich, da sie statt zum gewünschten Erfolg auch zu erlernter Hilflosigkeit – dem Aufgeben des Patienten in einer ausweglosen Situation – führen kann.

Während also der Labradorwelpe, den nichts aus der Ruhe bringt, problemlos am ersten Tag bei seiner neuen Familie in ein turbulentes Einkaufszentrum mitgenommen werden kann, könnte eine solche Erfahrung das schüchterne Windspiel nachhaltig verstören oder traumatisieren. Gerade für den schüchternen Welpen ist Sozialisierung aber unglaublich wichtig – dabei kommt es aber auf das richtige Maß an. Aus diesem Grund enthält das Sozialisierungskapitel einerseits Empfehlungen für Durchschnittswelpen – das sind jene Ratschläge, die sie auch von Freunden und Trainern immer wieder hören werden – und andererseits Ratschläge speziell für ängstliche Tiere.

Kontakt zu Männern und Frauen, Kindern und Erwachsenen ist wichtig. Dabei sollten ängstliche Welpen aber nicht überfordert werden!

In jedem Fall aber sollten Sie Ihren Welpen zumindest bis zum Alter von einem halben Jahr nur solchen sozialen Situationen – gleich ob mit Menschen oder Artgenossen – aussetzen, die Sie kontrollieren können. Selbst der robuste Labrador kann ansonsten Probleme entwickeln, wenn er etwa in der Hundezone von einem unbeaufsichtigten Artgenossen gebissen wird oder sich in der falschen Gesellschaft selbst zum Mobber entwickeln. Nachdem unser Ziel ist, einen freundlichen, sozial kompetenten und emotional intelligenten Vierbeiner heranzuziehen, wollen wir beides unbedingt vermeiden.

Die Körperhaltung des Hundes auf der linken Seite lässt vermuten, dass er sich mit dieser Leinenbegegnung unwohl fühlt. Helfen Sie ihm, indem Sie den Abstand vergrößern!

Was alle Welpen lernen sollten

Das wichtigste Handout, das meine Klienten im *Click for Joy!* Welpentraining bekommen, ist die Sozialisierungs-Hausaufgabenliste. Sie enthält eine Reihe Situationen, denen meine Klienten ihre Welpen bis zur sechzehnten Lebenswoche mindestens einmal wöchentlich aussetzen sollen. Auf der Liste können Datum und Lebenswoche eingetragen werden, und das Ziel ist, jede Situation mindestens einmal wöchentlich abhaken zu können.

Sozialisierungs-Checkliste für: ____________________

Lebenswoche, Datum: ________________________

Situation	**Tag(e)**	**Kommentare**
Unbekannte freundliche (!) Hunde		
Kinder		
Menschen mit ungewohnten Outfits (Trenchcoat, Hut, Sonnenbrille) und Bewegungsmustern (Krücken, Rollstühle, Fahrrad, Inline Skates, Reiter, Skateboard, Jogger)		
Entspannen an neuen Orten: Wohnungen, Gärten, Restaurants, Parks, Cafés, Zoobedarfsladen, Baumarkt, Tierarzt-Wartezimmer, Einkaufszentrum, Reitstall, Hundesalon ...		
Alltagsgeräusche: Staubsauger, Mixer, Türglocke, Gewitter, Heavy Metal, Alarmanlage ...		
Gegenstände: Regenschirm, Kinderwagen, zu Boden fallende Gegenstände ...		
Fahrzeuge: Straßenbahn/U-Bahn/Auto/Bus/Fahrradkorb/Rolltreppe ...		
Berührungen am ganzen Körper: Krallenschere, Kamm, Bürste, Schermaschine, Zähneputzen ...		

In wöchentlichen Treffen besprechen wir die Situationen, die den frischgebackenen Welpeneltern begegnet sind, wie sich der Welpe verhalten hat und wie sich die Menschen dabei gefühlt haben. Ich gebe Feedback und passe die Hausaufgaben für die darauf folgende Woche individuell an. Ein Welpe, der zurückhaltend auf Artgenossen reagiert, aber freudig auf sämtliche Menschen zuläuft, bekommt die Aufgabe, in der folgenden Woche einen Schwerpunkt auf den Kontakt zu ruhigen, gut sozialisierten Hunden zu legen. Kennen die Halter keine geeigneten Hunde, stelle ich Kontakte her, empfehle Facebook-Gruppen zur gegenseitigen Hilfe im Hundetraining oder vereinbare eine Einzelstunde zur Sozialisierung mit einem meiner Hunde. Ein anderer Welpe, der vielleicht sämtliche sozialen Herausforderungen mit Bravour meistert, aber jedes Mal zusammenzuckt, wenn er ein lautes Geräusch hört, bekommt die Aufgabe, in der folgenden Woche mehrmals zum Baustellenlärm-Hören zu gehen oder ein Picknick nahe der Autobahn zu besuchen. Sind die Halter unsicher, wie sich die Hausaufgaben am besten umsetzen lassen, begleite ich sie im Rahmen einer Einzelstunde. Meist haben die Halter unproblematischer Welpen keinerlei Probleme dabei, alle Aufgaben selbstständig zu erfüllen, während die ängstlichen, schreckhaften Welpen mit ihren Menschen unter meiner Anleitung am Überwinden ihrer Ängste arbeiten. Ganz wichtig ist dabei, dass es sich hier niemals um einen Wettbewerb handelt. Es soll auch nicht darum gehen, das ängstliche Windspiel mit dem extrovertierten Labrador zu vergleichen. Allein schon rassetechnisch gesehen bringen die beiden ganz andere Veranlagungen mit, und auch die Erwartungen der Halter an ihre Hunde sind unterschiedlich. So soll der Labrador vielleicht in einer turbulenten sechsköpfigen Familie aufwachsen, wofür er Nerven wie Drahtseile braucht. Das Windspiel hingegen soll lernen, seine Besitzerin ins Büro zu begleiten; sein Leben ist wesentlich ruhiger. Beide Hunde sollen allerdings lernen, mit der U-Bahn zu fahren und sich nicht vor dem Stadtlärm zu fürchten. Beide Hunde können und werden das lernen, allerdings sieht der Weg zum Erfolg für jeden von ihnen etwas anders aus. Das ist okay; der Schwerpunkt einer Hundeschule mit guter zwischenmenschlicher Atmosphäre soll immer darauf liegen, sich gemeinsam an allen Erfolgen der Kursteilnehmer zu freuen. Bevor wir mit einer neuen Stunde beginnen, fordere ich meine Klienten auf, jeweils etwas Tolles zu berichten, das seit unserem letzten Treffen passiert ist. Und ganz gleich, ob Rover gelernt hat, Männchen zu machen, oder Luna sich inzwischen von Männern streicheln lässt – wir alle freuen uns mit. Sollte die Atmosphäre in Ihrer Hundeschule anders aussehen und Ihnen von Trainern oder Kollegen das Gefühl gegeben werden, Ihr Hund lerne zu langsam oder sei „schlechter“ als die anderen, dann sollten Sie darüber nachdenken, die Schule zu wechseln: Genau wie unsere Hunde lernen auch wir nicht nur operante Verhaltensweisen, sondern zugleich immer auch klassische Assoziationen. Und Lernen ist dann am effektivsten und konstruktivsten, wenn wir uns wohlfühlen und gerne im Klassenzimmer oder am Hundeplatz sind. Daher gilt: Wenn Sie nicht mit einem strahlenden Lächeln nachhause gehen, ist es Zeit, sich nach Alternativen umzusehen. Die Beziehung zu Ihrem Hund und Ihr eigenes Selbstbewusstsein werden es Ihnen danken. Das Kapitel *Einen kompetenten Trainer finden* hilft Ihnen bei der Suche.

Empfehlungen für unkomplizierte Welpen

Begegnungen mit Menschen und Artgenossen, Alltagsgeräuschen, Fahrzeugen und unterschiedlichsten Oberflächen angenehm zu finden, sollte jeder Welpe lernen. Für einen Welpen mit guter genetischer Konstitution, von einer tendenziell eher robusten Rasse und dessen Züchter schon gute Vorarbeit geleistet hat, ist es meist sehr einfach, die oben angeführte Sozialisierungs-Checkliste jede Woche in kurzer Zeit erfolgreich durchzuarbeiten: Im Idealfall freut sich ein Welpe über jede neue Herausforderung, vor die man ihn stellt.

Die meisten Welpengruppen sind auf Idealfall- beziehungsweise Durchschnitts-Welpen ausgerichtet – das heißt jene Welpen, deren Sozialisation oder genetische Disposition zwar hätte besser sein können, was aber von Persönlichkeit, Rasseeigenschaften oder anderen Faktoren wettgemacht wird, sodass sie nach kurzem Zögern selbstsicher auf alles Neue zugehen.

Für jene Welpen gilt, dass sie in die vielleicht etwas chaotische Welpengruppe kommen, sich vielleicht mal kurz erschrecken, aber dann zu spielen beginnen. Sie lassen sich, wie in vielen Welpengruppen üblich, mit Leckerlis schnell auf unterschiedlichste Körpergefühl-Parcours locken und auch dann nicht aus der Ruhe bringen, wenn ihre Menschen mal frustriert an der Leine rucken.

Zwei Welpen begegnen einander beim Warten auf den Kursbeginn. Was für selbstsichere Vierbeiner kein Problem ist, kann für ängstliche Welpen eine unangenehme Situation darstellen.

Sind chaotische Welpengruppen ideal? Nein, aber ein „Durchschnittswelpe“ wird zumindest keinerlei bleibende Schäden davontragen.

Auch das Sozialisieren zuhause und im Alltagsumfeld ist denkbar einfach. Ich empfehle meinen Klienten, an jeder der Sozialisierungsaufgaben auf der Liste maximal 30 Minuten am Stück zu arbeiten und dem Hund dann zumindest eine Stunde Pause zu gönnen, in der er entspannen und seine Eindrücke verarbeiten kann. Außerdem empfehle ich, mindestens eine und maximal drei solcher Einheiten pro Tag durchzuführen, um bis zum Alter von 16 Wochen einen ausgeglichenen und gut sozialisierten Welpen zu erhalten. Die Halter „einfacher“ Welpen bekommen nicht viel mehr Vorgaben als das – ihre Welpen sind robust und bringen bereits die Tendenz mit, Neues positiv aufzunehmen. Wenn mal ein Fehler passiert, der Welpe erschrickt oder der Halter ihn hin und wieder überfordert, ist das kein Drama. Hund und Mensch lernen trotzdem aus ihren Erfahrungen, und die Halter unkomplizierter Welpen dürfen durchaus selbst ausprobieren, was für sie und ihren Hund funktioniert und was nicht. Konkret erleben die Halter mit den einfachen Welpen die Aufgaben auf meiner Liste meist auf die unten beschriebene Art: Es ist kein Problem, mit dem selbstsicheren Welpen mehrmals die Woche Freunde und deren Hunde für ein

Zwei 15 Wochen alte Welpen erkunden gemeinsam einen neuen Garten.

dreißigminütiges Spiel auf einer Wiese oder in einem Garten zu treffen. Der Welpe kommt auf Anhieb mit dem neuen Hund klar, und die Menschen können in der Zwischenzeit einen Kaffee trinken und den Hunden beim Spielen zusehen, ohne viel eingreifen zu müssen.

Auch das wöchentliche Kinder-Element lässt sich problemlos von der Checkliste abhaken, indem der Welpe zur städtischen Volksschule gebracht wird und die Kinder, die aus haben, kennen lernen darf. Er wird vielleicht mal raufspringen und vor Freude ein wenig zu sehr hochdrehen, aber jedenfalls positive Erfahrungen machen, auch wenn rund um ihn Chaos herrscht.

Menschen mit ungewöhnlichen Outfits lassen sich im Park abfangen, und auch einem Besuch bei Opa im Seniorenheim, im Reitstall, im Skaterpark und am Radweg steht nichts im Wege. Ein selbstsicherer Welpe findet alles toll und würde gern spielen; solange er an der Leine hängt, sind alle Beteiligten sicher.

Alltagsgeräusche und -gegenstände bekommt der Welpe ganz automatisch dadurch mit, dass er im Haus lebt und in die Familie integriert wird sowie hin und wieder mit zum Einkaufen oder in den Park kommt, wo er Einkaufs- und Kinderwagen sehen kann. Auch das funktioniert mit einem selbstsicheren Welpen ganz nebenbei – selbst wenn der Mensch am anderen Ende der Leine mit den Gedanken woanders ist, kommt der Welpe gut zurecht und gewöhnt sich an all die Reize der seltsamen Menschenwelt, weil sie ganz einfach immer wieder rund um ihn herum auftreten. Selbst ohne Plan akzeptiert er irgendwann, dass man Radfahrer nicht jagt, keine Angst vor Motorrädern haben muss und nicht allen ballspielenden Kindern nachlaufen kann – ganz einfach dadurch, dass er an der Leine hängt und die Welt regelmäßig auf ihn einwirkt.

Er kann auf Alltagswege mitgenommen werden und dadurch öffentliche Transportmittel und Liftfahrten, Autofahrten, Läden und das Entspannen im Büro oder unterm Kaffeehaustisch lernen, und selbst wenn diese aufregenden Erfahrungen hin und wieder länger als die empfohlenen 30 Minuten am Stück dauern, steckt der Welpe das problemlos weg.

Bei ängstlichen Welpen sieht die Sache ganz anders aus. Aus diesem Grund sind traditionelle Gruppenkurse und Sozialisierungsempfehlungen auch nicht für sie geeignet. Aber keine Sorge – auch Ihr ängstlicher Welpe kann seine Sozialisierungsziele erreichen, und das nächste Kapitel hilft Ihnen dabei!

Frühförderungsprogramm für ängstliche Welpen

Die Sache mit dem Sozialisieren klingt schön und gut – aber für Ihren hochsensiblen Welpen ist sie so nicht umsetzbar. Ihr Welpe ist nun mal keiner von der unkomplizierten Sorte. Würden Sie ihn in ein Einkaufszentrum mitnehmen, würde er sich vor lauter Angst nur noch flach auf den Boden pressen können. Würden Sie gar eine Schar Kinder auf ihn loslassen, würde er in Panik um sich beißen, und würden Sie ihn mit auf den Bahnhof nehmen, um die einfahrenden Züge zu hören, würde er aus dem Halsband schlüpfen und Reißaus nehmen. Atmen Sie tief durch. All das ist okay. Ihr Welpe ist ein wunderschönes, flauschiges Hundekind mit treuherzigen Augen und unglaublich viel Potenzial. Da er der Welt wesentlich skeptischer gegenübersteht als erwartet, werden Sie gemeinsam mit ihm mehr über Hundetraining lernen, als Sie je zu träumen wagten, und dank Ihres Hundes neue Hundemenschen als Freunde gewinnen. Sind Sie bereit, sich auf Ihr neues Familienmitglied einzulassen und ein Trainingsabenteuer zu beginnen, das nicht nur das Leben und Weltbild Ihres Hundes, sondern auch Ihres verändern wird? Das Sie empathischer gegenüber allen Lebewesen und geschickter im Umgang mit Hunden und Menschen werden lässt? Dann lesen Sie weiter! Ich freue mich darauf, Sie auf den nächsten Schritten begleiten zu dürfen.

Behutsam, systematisch, kleinschrittig: Ist das wirklich nötig?

Beim Lesen der beschriebenen Sozialisierungsprotokolle werden Sie feststellen, dass ich niemals empfehle, ängstliche Welpen ins sprichwörtliche kalte Wasser zu werfen, sondern Situationen so inszeniere, dass der Welpe möglichst stressfrei lernen kann. Ist es wirklich notwendig, so langsam vorzugehen? In einem Wort: Ja. Ich möchte Ihnen erklären, wieso, damit es Ihnen leichter fällt, sich geduldig durch die Protokolle zu arbeiten und Ihren sensiblen Welpen nicht zu überfordern.

Was passiert im Körper?

Zwei wichtige Stresshormone sind Adrenalin und Kortisol. Wenn wir ein bisschen etwas über diese Hormone wissen, können wir die unwillkürlichen Verhaltensweisen unseres Hundes besser verstehen: Der Adrenalinpegel erreicht seinen Höhepunkt nicht etwa simultan mit dem Auftauchen eines Stressors, sondern erst 20 Minuten danach. Wenn wir also unterwegs zum Supermarkt sind und plötzlich ein Löwe vor uns steht, steigt der Adrenalinspiegel im Blut zwar sofort an – wir mobilisieren Kräfte zur Flucht! –, den höchsten Wert erreicht er aber erst zwanzig Minuten, nachdem wir den Löwen gesehen haben. Dasselbe gilt für Ihren Welpen, wenn er „seinem Löwen“ begegnen – egal, ob das nun tatsächlich ein Löwe, ein unheimlich aussehender Mann im Trenchcoat, ein fremder Hund oder sonst etwas ist, vor dem er Angst hat.

Der Adrenalinpegel im Körper steigt relativ schnell an, fällt dann aber auch wieder rasch ab, wenn die stressige Situation überstanden ist. Dennoch kann bis zu sieben Tage nach einem stark stressigen Ereignis noch ein erhöhter Adrenalinwert im Körper gemessen werden. Rückstände von Kortisol, einem weiteren Stresshormon, können laut Minensuchhunde-Trainerin Anne Lill Kvam sogar bis zu 40 Tage nach einem stark stressigen Ereignis gemessen werden.

Dieses Wissen hilft uns, zu verstehen, dass es effektiver sein kann, so zu trainieren, dass der Adrenalin- und Kortisolspiegel gar nicht erst den Level erreicht, den der Löwe hervorrufen würde: Je stärker der Stress, dem wir unseren Welpen aussetzen, desto länger dauert es, bis er sich wieder erholt hat und in der Lage ist, positive Erfahrungen abzuspeichern: Die höchste Aufnahmefähigkeit hat das Welpengehirn, wenn es sich im aufmerksam-entspannten Zustand befindet – nicht im gestressten! Aus diesem Grund empfiehlt es sich, zur Maximierung des Lernerfolges Ihres sensiblen Welpen die in den einzelnen Protokollen empfohlene Zeitdauer einzelner Trainingseinheiten nicht zu überschreiten und die Dauer der empfohlenen Ruhepausen nicht zu unterschreiten. Auch sollte jeweils in einem Abstand zum Trigger gearbeitet werden, der keine Angstreaktion in Ihrem Welpen auslöst: Experimente zeigen, dass eine erhöhte Herzfrequenz im Training mit späteren Rückfällen zusammenhängen kann. Studiert wurde das nicht nur an Tieren, sondern auch an Menschen, die sich einer Konfrontationstherapie unterzogen, um eine Phobie zu überwinden. In dieser Versuchsanordnung stellte man fest, dass die Rückfallwahrscheinlichkeit am höchsten war, wenn die von den Versuchspersonen selbst angegebene Größe der Angst nicht mit ihrer tatsächlichen Herzfrequenz übereinstimmte. Das ist mit ein Grund, warum ich in der Sozialisierungsarbeit selbst ungern mit Futter locke: Damit könnten wir den futtermotivierten Welpen nur allzu leicht in eine Situation bringen, der er nicht gewachsen ist und mit der er sich plötzlich überfordert fühlt.

Wenn sich Stressoren stapeln wie Bausteine …

Wenn verschiedene Stressoren zusammenfallen, steigt auch der Gesamtstresspegel. Sie werden also nicht einzeln verarbeitet (linkes Bild), sondern simultan (rechtes Bild):

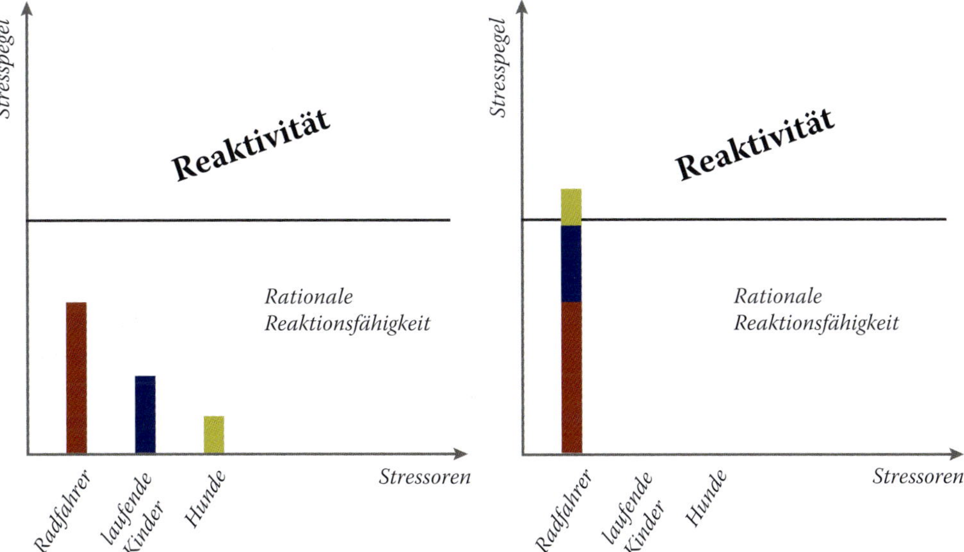

Das heißt, dass derselbe Trigger, der Ihren Welpen nur ein klein wenig stresst, wenn er isoliert auftritt, Ihren Welpen zum Weglaufen, Erstarren, alarmierten Bellen oder Schnappen treiben kann, wenn er zugleich oder in kurzem zeitlichem Abstand zu weiteren kleinen oder großen Stressoren auftritt. Stress Stacking erklärt auch, warum viele leicht reaktive Welpen und Hunde nicht auf den ersten oder zweiten Hund, der ihnen am Spaziergang begegnet, aber spätestens auf den dritten reagieren.

Phoebe und ich verbrachten den Sommer 2016 in Kalifornien. Nach einem intensiven Sightseeing-Tag in San Francisco, an dem wir uns mit zahlreichen anderen Touristen rund um die Golden-Gate-Bridge gedrängt hatten und auf der Suche nach der Lombard Street, der kurvenreichsten Straße der Welt, durch die Stadt spaziert waren, vorbei an Menschentrauben, Märkten und lärmenden Kindern, war meine treue Begleiterin im wahrsten Sinne des Wortes hundemüde. Kaum waren wir wieder zuhause in unserem Sommer-Miethäuschen angekommen, tauchte unsere Vermieterin auf, um die defekte Eingangstüre zu reparieren, was Schrauben, Hämmern und auch den einen oder anderen Fluch beinhaltete. Phoebe, im Alltag zumeist ein entspannter Pudel, reagierte, als stünde eine Horde Einbrecher vor der Tür, die es in die Flucht zu schlagen galt, bevor sie uns kaltblütig ermordeten. Ganz gleich, wie beruhigend ich ihr zusprach – sie entspannte sich erst wieder, nachdem die Vermieterin gegangen war. Nach einem langen und ereignisreichen Tag voller kleiner Stressoren waren die Reparaturarbeiten der Tropfen, der das Fass zum Überlaufen brachte.

Implikationen für die Praxis

Was bedeutet das für den Sozialisierungsalltag mit Ihrem ängstlichen Welpen? Halten Sie sich an die Zeit- und Distanzempfehlungen der Sozialisierungsprotokolle und gönnen Ihrem Welpen zahlreiche Ruhepausen zwischen den Einheiten. Arbeiten Sie immer nur an einem potenziellen Trigger zugleich: Wenn Sie zum Beispiel wissen, dass Ihr Welpe Angst vor Kinderwagen und fremden Hunden hat, dann arbeiten Sie nicht mit einem Kinderwagen, neben dem ein Hund sitzt, sondern getrennt mit Kinderwagen und Hund. Wählen Sie Sozialisierungsumgebungen, in denen die Wahrscheinlichkeit, dass ein unvorhergesehener Stressor auftaucht, möglichst gering ist, um zu vermeiden, dass sich die Stressoren stapeln, und beobachten Sie die Körpersprache Ihres Welpen wie weiter oben empfohlen.

Manchmal geht alles schief. Atmen Sie tief durch, gehen Sie nach Hause und kuscheln Ihren Vierbeiner. Morgen ist ein neuer Tag!

Zu guter Letzt: Seien Sie nicht zu hart mit sich selbst, mit Ihrem Welpen und mit anderen. Manchmal können unsere Hunde – wie auch wir selbst – nicht anders, als überzureagieren, selbst wenn sie das nicht wollen: Der Level der Stresshormone ist zu hoch für eine rationale Reaktion. Manchmal bemühen wir uns, alles richtig zu machen, die Sozialisierungsumgebung perfekt einzurichten – und doch passiert etwas Unerwartetes und Ihr Welpe zeigt eine ausgewachsene Stressreaktion. Er presst sich zitternd an den Boden, versucht zu flüchten oder das vermeintliche Monster in die Flucht zu schlagen. Fehler passieren. Das ist okay. Atmen Sie tief durch und holen Sie Ihren Welpen ruhig aus der stressigen Situation. Ist er nicht ansprechbar, heben Sie ihn hoch und tragen ihn ins Auto oder Haus zurück. Gönnen Sie ihm eine Pause und sich ebenso. Verbringen Sie einen entspannten Abend mit Ihrem Hundekind oder arbeiten an lustigen Dingen wie Tricktraining oder Schnüffelspielen, bei denen nichts schiefgehen kann. Als Leser dieses Buches sind Sie mit Sicherheit jemand, der das Beste für seinen Welpen will. Sie haben sich nichts vorzuwerfen – wir alle machen manchmal Fehler, schätzen Situationen falsch ein oder werden vom Alltag überrascht. Morgen ist ein neuer Tag, an dem Sie die weniger gute Erfahrung Ihres Welpen mit vielen positiven Erfahrungen wettmachen können.

Bevor Sie mit der Sozialisierungsarbeit beginnen …

Die vorgestellten Sozialisierungsprotokolle greifen teilweise auf den Einsatz von Transportbox, Maulkorb und Marker (sekundärer Verstärker) zurück. Die Verwendung dieser Hilfsmittel ist optional, kann aber ausgesprochen hilfreich sein und den Lernfortschritt erhöhen. Aus diesem Grunde stelle ich der praktischen Sozialisierungsarbeit Empfehlungen zum Boxentraining, Maulkorbtraining und Konditionieren des Clickers beziehungsweise eines Markerworts voran.

Ein Markersignal konditionieren

In einigen wenigen Sozialisierungsprotokollen setze ich Futter und einen Clicker oder anderen Marker ein – so etwa beim Berührungstraining. Auch für den Aufbau der Boxenarbeit ist ein Markersignal notwendig. Daher beginnen wir damit, ein Markerwort Ihrer Wahl oder einen Clicker zu konditionieren. Ich beschreibe das Prinzip am Beispiel Clicker. Möchten Sie lieber einen verbalen Marker nutzen, gehen Sie ebenso vor und setzen anstelle des Clicks das Markerwort Ihrer Wahl ein. Auch im restlichen Buch können Sie immer dann, wenn ich „clicken" schreibe, ein verbales Markerwort oder einen Zungenclick (Schnalzgeräusch mit der Zunge) verwenden.

Wissenschaftlich gesehen handelt es sich beim Clicker um einen konditionierten Stimulus – einen sekundären Verstärker. Er hat denselben Effekt wie Pavlovs Glocke: Der Ton allein ruft Vorfreude und positive Emotionen hervor und führt dazu, dass dem Hund das Wasser im Maul zusammenläuft. Um diesen gewünschten Effekt zu erzeugen, muss der Clicker verlässlich mit einem primären Verstärker gepaart werden. Für unsere Zwecke ist das meist ein Leckerli, es kann sich aber auch um Spielzeug oder eine Aktivität handeln, die dem Welpen Spaß macht. Die korrekte Reihenfolge ist dabei ausgesprochen wichtig: Erst clicken Sie, dann greifen Sie in die Tasche, um das Leckerli hervorzuholen. Das Leckerli folgt unmittelbar auf den Click – im Idealfall nicht mehr als 0,5 Sekunden später –, die Handbewegung sollte aber erst nach dem Click beginnen. Schließlich wollen wir nicht unsere Handbewegung, sondern das Clickgeräusch konditionieren!

Nach jedem Click folgt direkt eine Belohnung – und das immer, ein Leben lang. Der Click ist ein Versprechen, das Sie niemals brechen. Nur so behält er seine Macht als sekundärer Verstärker.

Sie können natürlich auch ein verbales Markerwort statt des Clicks konditionieren. Besonders gut eignet sich ein einsilbiges, prägnantes Wort, das sie im Alltag nicht oder nur selten aussprechen: Yep!, Yes! oder Top! sind die Markerworte meiner Hunde. Eine andere Möglichkeit ist ein Zungenclick, also ein Schnalzen mit der Zunge, oder ein Pfiff. Im Training der Meeressäuger werden zum Beispiel in der Regel Pfeifen statt Clicker zum Markieren eingesetzt.

Ein Click oder anderes mechanisches Geräusch hat dem verbalen Marker gegenüber einige Vorteile. Zum einen klingt er immer gleich, ganz egal, wer den Clicker betätigt. Auch die Emotionen des Trainers sind, anders als beim gesprochenen Wort, nicht im Click enthalten. So ist die Kommunikation besonders klar und deutlich. Studien zeigen außerdem, dass Hunde einerseits mit Markersignal wesentlich schneller lernen als ohne, und dass sie andererseits mit einem Click (mechanisches Geräusch) noch schneller lernen als mit einem verbalen Marker. Das liegt daran, dass ein mechanisches Geräusch über einen anderen Teil des Gehirns verarbeitet wird als die menschliche Stimme. Der Click läuft über die Amygdala – den Teil des Gehirns, der auch Angst verarbeitet, wobei eine besonders schnelle Übertragungsgeschwindigkeit überlebenswichtig sein kann, wenn beispielsweise ein Löwe vor Ihnen auftaucht. Über diese High-Speed-Leitung wird auch der Click schneller verarbeitet als ein Wort wie „Yes!" oder „Brav!" Daher empfiehlt es sich, den Clicker zum Erlernen eines neuen Verhaltens einzusetzen. Ist das Verhalten erst einmal wohlbekannt, können Sie natürlich zu einem verbalen Marker wechseln, um nicht immer einen Clicker dabei haben zu müssen.

Ein ideales Clicker-Leckerli ist erbsengroß, weich und lässt sich ohne Kauen schlucken. Füllen Sie Ihre Hosentasche oder den Leckerlibeutel mit zwanzig solchen Leckerbissen, nehmen Sie den Clicker in eine Hand und verbergen Sie beide Hände hinter dem Rücken. Stellen Sie sich vor Ihren Hund. Clicken Sie, greifen Sie in die Leckerli-Tasche und geben dem Hund ein Stück Futter. Dieses können Sie entweder aus der Hand füttern oder zu Boden fallen lassen. Bei Hunden, die Angst vorm Menschen haben, bietet sich Letzteres an. Warten Sie fünf Sekunden lang und wiederholen den Vorgang dann. Um nicht zu schnell vorzugehen, bietet es sich an, im Stillen zu zählen: „Ein braver Welpe, zwei brave Welpen, drei brave Welpen, vier brave Welpen, fünf brave Welpen." Verfüttern Sie auf diese Weise zwanzig Leckerlis und machen dann eine Pause. Führen Sie über den Tag verteilt drei Einheiten durch und testen dann, ob Ihr Hund verstanden hat, worum es geht: Wenn er gerade nicht auf Sie achtet, clicken Sie. Schaut er erwartungsvoll auf oder kommt angelaufen, um sich seinen Keks abzuholen, hat er verstanden, was der Click bedeutet: ein Versprechen auf etwas Gutes! Reagiert er nicht, führen Sie drei weitere Zwanzig-Leckerli-Einheiten durch und testen Ihren Hund dann erneut.

Reagiert Ihr Hund mit Vorfreude auf den Click, sind Sie bereit, ihn im Training einzusetzen – zum Beispiel, um Ihrem Hund beizubringen, in seine Box zu gehen. Bisher haben Sie geclickt, um anzukündigen, dass gleich ein Leckerli folgt. Sie haben den Clicker klassisch konditioniert: Es gab keinerlei Voraussetzungen für Ihren Click – es war vollkommen egal, was Ihr Welpe gerade getan hat, ob er gesessen oder gestanden ist, ob er Sie angesehen oder am Boden geschnüffelt hat. Jetzt ändern wir das: Der Clicker erlaubt uns, den exakten Moment zu markieren, in dem unser Hund etwas gemacht hat, was uns gefällt. Stellen Sie sich den Click wie eine Sofortbildkamera vor. Immer, wenn Ihnen ein Verhalten, das Ihr Welpe zeigt, gefällt, drücken Sie auf den Auslöser (bzw. den Clicker). Das, was auf dem Bild zu sehen ist, wird in Zukunft häufiger auftreten. Die Sofortbild-Metapher eignet sich auch, um zu erklären, warum das Training mit Markersignal meist schneller funktioniert als ohne. Natürlich können wir das Verhalten unseres Welpen auch positiv verstärken, indem wir ihm direkt einen primären Verstärker (Futter) zukommen lassen. Allerdings hat das den Nachteil, dass zwischen dem gezeigten Verhalten und dem Zeitpunkt, zu dem sich das Futter im Maul des Hundes befindet, wertvolle Sekunden verstreichen. Vielleicht wollten wir den Hund fürs Sitzen belohnen, er steht aber auf, bevor wir ihn gefüttert haben. Vielleicht tut der Welpe zwischen dem erwünschten Verhalten (Sitzen) und dem Füttern noch weitere Dinge: gähnen, die Ohren aufstellen ... Den Welpen ohne Markersignal zu füttern ist weniger exakt. Er weiß nicht, ob er nun für das Sitzen, für das Aufstehen, für das Gähnen oder das Aufstellen der Ohren belohnt wird. Ein Click im richtigen Moment verdeutlicht hingegen, was genau wir uns von ihm wünschen.

Boxentraining

Bevor wir uns ins Abenteuer Sozialisierung stürzen, wollen wir uns mit dem Thema Hundebox beschäftigen. Manche meiner Leser denken sich jetzt vielleicht kopfschüttelnd: „Niemals würde ich meinen Hund in eine Box sperren! Er soll sich frei bewegen dürfen!" Lassen Sie mich erklären, warum ich Boxen ausgesprochen praktisch finde und besonders in der Arbeit mit ängstlichen Hunden sehr gern darauf zurückgreife.

Alle meine Hunde – die eigenen sowie sämtliche Pflegegäste – lernen, sich in einer Box wohlzufühlen und darin zu entspannen, ganz gleich, ob diese offen oder geschlossen ist. Das hat einerseits Sicherheitsgründe: Auch im Auto fahren meine Hunde in der Box, und dort sollen sie sich schließlich wohlfühlen. Außerdem gehen bei mir jede Menge Hunde aus und ein: die eigenen, Pflegehunde, Urlaubsgäste, die Hunde von Freunden und Kollegen. Als gute Gastgeberin kommt es immer mal wieder vor, dass die Vierbeiner Kongs oder Kauartikel angeboten bekommen. Wenn ich nicht alle anwesenden Hunde extrem gut kenne und selbst nicht das Zimmer verlasse, wird ausschließlich in der Box gefüttert und gekaut. So ist sichergestellt, dass jeder tatsächlich seine Portion bekommt, auch wenn in unterschiedlichem Tempo gefressen wird. Auch den Hunden fällt es leicht, so beim Fressen zu entspannen, weil sie wissen, dass ihnen in ihrer Box niemand etwas wegnehmen kann. Ich besuche außerdem hin und wieder Hundesportveranstaltungen und Seminare oder nehme einen meiner Hunde als Demo-Hund mit in einen Gruppenkurs. Auch in diesen Situationen finde ich Boxen ausgesprochen praktisch. Wenn die Hunde gerade nicht dran sind, schicke ich sie in ihre Box, wo ihre vertraute Decke liegt, eine Schüssel Wasser bereit steht und auch häufig ein Kauartikel wartet. Anders als auf einer Decke, auf der die Hunde beim Warten liegen müssen, können sie sich in der Box drehen, aufstehen, sitzen oder liegen – was auch immer gerade bequem ist. Zugleich sind sie vor anderen Menschen und Hunden besser geschützt als auf einer Decke am Fußboden: Durch die Boxentür kann sie niemand streicheln, niemand kann sich über sie beugen, was unangenehm und bedrohlich wirken kann, und selbst wenn einem Kursteilnehmer ein Hund entwischt und direkt auf meinen Hund zuläuft, ist dieser in der Box geschützt.

Die Box dient dabei natürlich nicht als dauerhafter Aufbewahrungsort, sondern einerseits als Rückzugsort, den die Hunde bei offen stehender Tür auch gern im Alltag aufsuchen, und andererseits als sichere Transportmöglichkeit. Phoebe verkriecht sich gern in ihrer Box, wenn es draußen gewittert oder wenn im Wohnzimmer gespielt wird und sie ihre Ruhe haben möchte. Sie weiß, in ihrer Box wird sie nicht gestört. Auch für Menschen, die ihre Hunde ins Büro mitnehmen, empfiehlt sich eine Box. Hat man beispielsweise eine Besprechung oder muss kurz weg, kann der Hund in der Box im Büro bleiben. Der Hund kann keinen Blödsinn anstellen und Kollegen, die sich mit freilaufenden Hunden unwohl fühlen, brauchen sich keine Sorgen zu machen.

Während ich Boxentraining generell empfehle – und sei es nur, weil es vorkommen kann, dass Ihr Hund ein paar Tage in der Tierklinik verbringen muss und dort in einer Box untergebracht wird –, gibt es im Falle ängstlicher Hunde noch weitere Gründe, aus denen ich gerne Boxen einsetze. In vielen der folgenden Sozialisierungsprotokolle wird eine offene Box als sicherer Rückzugsort für den Welpen verwendet. Damit sie diese Funktion haben kann, müssen durch schrittweises Training erst positive Assoziationen dazu geschaffen werden. Als Alternative lässt sich für manche Sozialisierungsprotokolle auch eine Sesselburg bauen, wie weiter unten beschrieben, doch halte ich Boxen für wesentlich praktischer. Besonders Stoff-Faltboxen sind leicht, lassen sich problemlos transportieren und schnell aufstellen. Für Sozialisierungseinheiten im Freien empfehle ich daher eine Stoff-Faltbox. Für den Transport im Auto bevorzuge ich stabile Plastikboxen, da der Hund darin im Falle eines Unfalls am sichersten ist. Auch wenn ich unterwegs bin oder meine Hunde in einem Gruppenkurs dabei sind, verwende ich Stoff- oder Plastikboxen. Beide haben den Vorteil, nur auf einer Seite Einsicht zu gewähren, was dem Hund mehr Rückzugsmöglichkeit und Privatsphäre bietet. Gitterboxen sind von allen Seiten einsichtig, können allerdings mithilfe einer Decke abgedeckt werden.

Es gibt die unterschiedlichsten Methoden, einen Welpen an seine Box zu gewöhnen. Traditionell wurde empfohlen, den Welpen in die Box zu sperren und so lange zu ignorieren, bis er aufhört, zu winseln oder zu bellen, und sich mit seinem Schicksal abfindet. Diese Methode wollen wir natürlich nicht anwenden – sie ist weder besonders effektiv darin, dem Welpen zu vermitteln, dass seine Box ein schöner und sicherer Ort ist, noch ist sie dazu geeignet, das Vertrauen des Welpen in seinen Menschen aufzubauen. Der Angst eines Tieres – ganz gleich ob Mensch oder Hund – liegt oft das Gefühl zugrunde, keinerlei Kontrolle über das eigene Leben und die Umwelt zu haben. Aus diesem Grund ist ein wichtiger Teil vieler Therapieansätze, dem Klienten ein Gefühl von Kontrolle zu vermitteln: Er ist der Umwelt nicht hilflos ausgeliefert, sondern kann diese gestalten, verändern und Entscheidungen treffen, wie er sich darin bewegt. Ein Welpe, der in eine Box gesteckt und darin allein gelassen wird, macht genau die gegenteilige Erfahrung: Ganz gleich, was er versucht – kratzen, graben, winseln, bellen, jaulen –, er kann nichts an seiner Situation ändern. Er ist dem Gefangensein hilflos ausgeliefert und niemand beachtet ihn.

Unser ohnehin schon sensibler Welpe soll diese Erfahrung auf keinen Fall machen. Stattdessen verwenden wir die Box für ein Shaping-Spiel, das ihm Selbstvertrauen und ein Gefühl von Kontrolle vermittelt.

Im ersten Schritt stellen wir die Box in der vertrauten Umgebung unseres Welpen auf, etwa im Wohnzimmer, und statten sie mit einer gemütlichen Decke aus. Öffnen Sie die Tür so weit wie möglich, damit Licht in die Box fällt. Im Falle einer Plastik- oder Gitterbox empfiehlt es sich, die Tür so zu befestigen, dass sie sich nicht bewegt, wenn der Welpe anstößt. Wir wollen ihn nicht erschrecken.

Hat Ihr Welpe Angst vor der Box? Dann geben Sie ihm Zeit. Locken Sie ihn nicht näher heran, sondern lassen den neuen Einrichtungsgegenstand einfach in der Wohnung stehen, bis Ihr Schützling sich daran gewöhnt hat. Wenn Sie daran vorbeigehen, können Sie die Box hin und wieder berühren, sodass Ihr Welpe sieht, dass nichts passiert. Ich bezeichne diese Taktik gern als die „magische Hand": Sie berühren einen unheimlichen Gegenstand, und wie durch Magie ist dieser plötzlich nur noch halb so furchteinflößend! Auch im Alltag können Sie die „magische Hand" anwenden, wenn Ihr Welpe Furcht vor unbekannten Dingen zeigt.

Akzeptiert der Welpe die neue Box in seinem Wohnbereich, ist es Zeit für den nächsten Schritt. Im Kapitel *Selbstvertrauen durch freies Formen* lesen Sie mehr zum Hintergrund und richtigen Aufbau dieser Methode. Sind Sie damit noch nicht vertraut, empfehle ich, erst einen Blick in das Kapitel zum freien Formen zu werfen, bevor Sie das Boxentraining umsetzen. Außerdem empfehle ich Ihnen, beim Shaping auf jeden Fall einen Timer zu stellen. Dazu können Sie entweder eine Eieruhr oder die Timer-Funktion auf Ihrem Handy nutzen. Für Shaping-Anfängerhunde und Welpen sollte die Dauer einer Shaping-Einheit nicht mehr als eine Minute betragen! Drücken Sie den Startknopf, wenn Sie beginnen, und hören Sie auf, wenn der Timer läutet – egal, wie gut die Einheit gerade läuft. Gönnen Sie Ihrem Welpen mindestens zwei Minuten Pause. Danach ist er bereit für die nächste einminütige Einheit. Ich beschreibe im Folgenden den Shaping-Vorgang und seine einzelnen Abschnitte, als würde er in einer einzigen Einheit stattfinden. Tatsächlich brauchen unterschiedliche Hunde unterschiedlich lang, allerdings in jedem Fall mehrere Einheiten. Ganz gleich, ob Ihr Welpe ein schneller oder ein langsamer Lerner ist – es ist wichtig, ihm nach jeder Trainingsminute eine Pause zu gönnen, um sicherzustellen, dass er nicht den Spaß am Shaping-Spiel verliert.

Beim freien Formen oder Shaping geht es darum, dass der Welpe selbstständig entscheidet, mit einem neuen Objekt (oder auch mit dem eigenen Körper) zu interagieren. Ein Markersignal – meist ein Click – sagt ihm, dass er auf dem richtigen Weg ist. Um freies Formen zum

Boxentraining einzusetzen, entfernen wir erst einmal alle anderen Gegenstände, mit denen unser Hund noch interagieren könnte, vom Fußboden. Einzig und allein wir, unser Welpe und die Box sollten sich am Trainingsort befinden. Nehmen Sie den Clicker in eine und Leckerchen in die andere Hand und machen Sie es sich in der Nähe der Box am Boden gemütlich. Sobald der Hund auch nur ansatzweise in Richtung Box schaut oder ein Ohr in Richtung der Box zuckt, clicken und belohnen Sie. Die Futterbelohnung wird dabei in die andere Richtung, also weg von der Box, geworfen. Dadurch erwischen Sie zwei Fliegen mit einer Klappe: Sollte Ihr Welpe die Box immer noch ein wenig unheimlich finden, setzen Sie negative Verstärkung ein, indem Sie ihn nicht nur mit dem Futter, sondern auch mit der wachsenden Entfernung zu einem unheimlichen Gegenstand belohnen. Andererseits ist der Welpe damit in einer guten Ausgangsposition, um sich der Box wieder anzunähern, was Sie erneut clicken und belohnen können.

Widerstehen Sie der Versuchung, möglichst schnell ans Ziel zu kommen. Shaping soll in erster Linie Spaß machen und das Selbstvertrauen des Hundes aufbauen. Das erreichen Sie, indem die Verstärkungsrate möglichst hoch ist – das heißt, Sie clicken so oft wie möglich – immer, wenn Ihr Hund Ihnen etwas Clickenswertes anbietet. Anfänger machen häufig den Fehler, zu schnell zu viel zu erwarten. Das führt dazu, dass sich der Hund hinsetzt oder weggeht, weil er nicht weiß, was von ihm erwartet wird, und das Spiel keinen Spaß macht.

Clicken Sie anfangs jeden Blick und jede Kopfbewegung in Richtung Box. Dann steigern Sie den Schwierigkeitsgrad: ein Schritt in Richtung Box! Dann zwei Schritte! Drei Schritte! Vier Schritte auf die Box zu. Vergessen Sie nicht, das Leckerchen jeweils von der Box weg zu werfen, damit der Hund für seine Annäherung auch negativ verstärkt wird und in einer guten Ausgangsposition ist, um sich der Box erneut zu nähern.

Steuert Ihr Welpe die Box zielsicher und ohne Zögern an, warten Sie auf eine Berührung mit Schnauze oder Pfote. Click! Klappt das, warten Sie auf den ersten zögerlichen Schritt in die Box. Click! Gut gemacht! Sobald Ihr Welpe ohne zu zögern und zielstrebig eine Pfote in die Box setzt, warten Sie auf zwei Pfoten. Click! Werfen Sie das Leckerli wieder nach hinten, von der Box weg. Sobald Ihr Welpe ohne zu zögern und zielstrebig zwei Pfoten in die Box setzt, warten Sie auf die dritte Pfote. Dann auf die vierte. Führen Sie mehrere Wiederholungen durch, in denen Ihr Welpe mit allen vier Pfoten in die Box tritt. Tut er auch dies zuverlässig und ohne Zögern, beginnen Sie, ihn nach dem Click in der Box zu füttern, nicht mehr heraußen: So bauen wir die Zeitdauer aus, die der Welpe in der Box verbringt. Der Welpe setzt vier Pfoten in die Box. Click, Leckerli nach hinten. Der Welpe setzt vier Pfoten in die Box. Click, Leckerli in der Box. Sobald der Welpe das Futter geschluckt hat, clicken Sie erneut und werfen ein weiteres Leckerli in die Box. Wiederholen Sie das ganze fünf Mal und clicken jeweils so schnell, dass der Welpe keine Zeit hat, wieder aus der Box zu kommen. Beim sechsten Click werfen Sie das Leckerli wieder nach hinten, außerhalb der Box. Nun muss er erst wieder in die Box laufen, bevor der nächste Click folgt. Wiederholen Sie fünf Clicks, während denen Sie in der Box füttern, und werfen das sechste Leckerli dann wieder heraus.

Nach kurzer Zeit werden Sie merken, dass Ihr Welpe sich nicht sofort nach dem Click umdreht, um aus der Box zu stürmen, sondern innehält und abwartet, ob sich seine Belohnung vielleicht in der Box materialisiert. Sobald Sie diesen Punkt erreicht haben, können Sie beginnen, die Zeitdauer zwischen den einzelnen Clicks auszudehnen. Das machen wir folgendermaßen:

Ihr Schützling befindet sich mit allen vier Pfoten in der Box, und Sie beginnen zu zählen:

„Ein braver Welpe." Click, Leckerli.

„Ein braver Welpe, zwei brave Welpen." Click, Leckerli.

„Ein braver Welpe, zwei brave Welpen, drei brave Welpen." Click, Leckerli.

„Ein braver Welpe, zwei brave Welpen, drei brave Welpen, vier brave Welpen." Click, Leckerli.

Indem Sie im Kopf mitzählen, gelingt es Ihnen, die Zeitdauer, die der Welpe ruhig in der Box abwartet, systematisch und kleinschrittig zu verlängern.

Olive lernt durch Shaping, sich der Box zu nähern. Ihr Leckerli erhält sie in einiger Entfernung von der Box.

Wenn Ihr Welpe einen Fehler macht, ist das kein Problem – das ist ganz natürlich. Nehmen wir an, dass Ihr vierbeiniger Schüler aus der Box kommt, bevor Sie bei „fünf braven Welpen" angekommen sind. In diesem Fall fangen Sie ganz einfach wieder von vorne an. Warten Sie ab, bis Ihr Welpe wieder in der Box ist – wenn er Spaß an diesem Spiel hat, dauert das nur wenige Sekunden. Und dann beginnen Sie wieder ganz von vorne:

„Ein braver Welpe." Click, Leckerli.

„Ein braver Welpe, zwei brave Welpen." Click, Leckerli.

Dieses System beruht auf Laborexperimenten mit Tauben – mit seiner Hilfe gelang es den Forschern, Tauben beizubringen, für einen einzigen Verstärker 300 Mal auf ein Target zu picken. Mittlerweile wird die Technik, manchmal mit dem englischen Begriff „300 Pecks" bezeichnet, auch im Hundetraining erfolgreich eingesetzt, wenn es um das Ausdehnen der Zeitdauer eines Verhaltens geht. Der Grund, dass wir bei einem Fehler des Lerners wieder ganz am Anfang beginnen, liegt darin, dass wir auf diese Art und Weise die Erfolgsrate unseres Tieres möglichst hoch halten. Erfolg motiviert, sodass wir damit langfristig gesehen die größte Ausdauer erhalten. Wird der Schwierigkeitsgrad andererseits von einer Wiederholung zur nächsten immer nur erhöht, neigen Lerner dazu, früher oder später aufzugeben, die Motivation zu verlieren oder immer mehr Fehler zu machen.

Das Ausdehnen der Zeitdauer geht meist damit einher, dass der Welpe sich früher oder später hinsetzt. Click und Jackpot (Lob und mehrere Kekse auf einmal)! Von nun an wird nur noch geclickt, wenn der Welpe sitzt. Beim weiteren Ausdehnen der Zeitdauer legt sich Ihr Hundekind früher oder später nieder. Click und Jackpot! Ab sofort wird nur noch geclickt, wenn der Welpe in der Box liegt!

Dehnen Sie das Liegen in der Box mithilfe der „300 Pecks"-Methode auf drei Minuten aus. Wenn das verlässlich funktioniert, sind Sie bereit, die Box erstmals zu schließen. Tun Sie das anfangs ausschließlich, um dem Hund Futter aus einem Futterspielzeug, mit dem er länger beschäftigt ist, oder einen Kauartikel zu servieren. Lassen Sie ihn in die Box gehen, geben Sie ihm zur Belohnung sein Futter oder etwas zu kauen, schließen Sie die Boxentür. Bleiben Sie in der Nähe und öffnen die Tür, sobald Ihr Welpe fertig gefressen hat und bevor er anfängt, unruhig zu werden.

Führen Sie etwa fünf Wiederholungen durch, in denen sich Ihr Welpe in seiner Box still beschäftigt und Sie ihn jeweils herauslassen, sobald er fertig gefressen hat. Nach spätestens fünf Wiederholungen sollte er sich auch bei geschlossener Boxentür wohlfühlen und entspannen können. Nun können Sie beginnen, die Tür etwas länger geschlossen zu lassen. Dazu wählen Sie einen Zeitpunkt, zu dem Ihr Welpe üblicherweise ein Schläfchen hält. Geben Sie ihm wie üblich in der geschlossenen Box etwas zu kauen und lassen die Türe zu, nachdem er fertig ist. Beschäftigen Sie sich etwa drei Minuten im Zimmer – vielleicht stauben Sie ein Bücherregal ab oder decken den Tisch. Wenn Ihr Welpe ruhig und entspannt bleibt, gehen

Sie alle dreißig Sekunden an der Box vorbei und stecken ihm ein Leckerchen zu. Winselt er, bellt oder kratzt an der Tür, ignorieren Sie ihn – das heißt, dass Sie ihn weder ansprechen noch in seine Richtung sehen. Nach drei Minuten lassen Sie ihn wieder aus der Box, ohne viel Aufhebens zu machen. Sollte er zu diesem Zeitpunkt winseln, bellen oder auf sonstige Weise versuchen, Ihre Aufmerksamkeit zu gewinnen, um herausgelassen zu werden, ignorieren Sie ihn, bis er sich beruhigt hat – selbst wenn das länger als die geplanten drei Minuten dauert. Hat er sich beruhigt, warten Sie fünf Sekunden Ruhe ab – „Ein braver Welpe, zwei brave Welpen, drei brave Welpen, vier brave Welpen, fünf brave Welpen!" – und lassen ihn dann aus der Box. Bleiben Sie dabei ruhig; loben Sie ihn nicht überschwänglich – in der Box zu sein ist keine große Sache und nicht der Rede wert. Vermitteln Sie ihm nicht, dass dies etwas besonders Schwieriges oder Außergewöhnliches ist.

Wiederholen Sie diese Übung dreimal täglich. Zwischen den einzelnen Wiederholungen sollte mindestens eine Stunde Pause liegen. Sobald Ihr Hund kein Problem mehr damit hat, nach dem Fressen oder Kauen noch drei Minuten in der Box zu bleiben – ob er dabei sitzt, liegt oder steht ist egal –, dehnen Sie die Zeit auf fünf Minuten aus. Klappt auch das, steigern Sie auf sieben Minuten, dann zehn, fünfzehn, zwanzig, fünfundzwanzig, dreißig, vierzig, fünfzig und schließlich eine Stunde. Ab einer Zeitdauer von dreißig Minuten sollten Sie nur noch zweimal täglich üben. Für den Anfang und für einen jungen Welpen ist das mehr als genug. Gratuliere! Sie haben eine Entspannungszone in der Box aufgebaut und können diese

Bald bietet Olive in der Box ein Sitz an, erhält ihre Kekse in der Box und legt sich schließlich hin. Jackpot!

nun sowohl zum Alleinebleiben als auch für Autofahrten, Ausflüge und Sozialisierungsprotokolle einsetzen!

Maulkorbtraining

Ein weiteres Thema, mit dem wir uns im Vorfeld beschäftigen wollen, ist das Tragen eines Maulkorbs. Die Fähigkeit, einen solchen zu tragen, ohne in Panik zu verfallen, ist nicht nur in öffentlichen Verkehrsmitteln nützlich. Manche Städte – Wien ist eine davon – erlauben Hunden, sich auch ohne Leine in der Öffentlichkeit zu bewegen, solange sie gut kontrollierbar sind und einen Maulkorb tragen. Der Maulkorb gibt Ihnen also die Möglichkeit, einem wohlerzogenen Hund größere Freiheiten zu gönnen. Selbst wenn in Ihrer Heimatgemeinde Leinenpflicht herrscht, ist es gerade bei sensiblen und ängstlichen Hunden eine gute Idee, sie frühzeitig an das Tragen eines Maulkorbs zu gewöhnen. Sollte der Hund zum Tierarzt müssen, um sich einer potenziell schmerzhaften Behandlung zu unterziehen, haben Sie so die Möglichkeit, den Arzt vor Hundebissen zu schützen, ohne dass Ihr Hund durch den Maulkorb zusätzlich gestresst wird.

Auch in der Sozialisierungsarbeit im Zusammenhang mit Menschen, Hunden und Berührungen kann ein Maulkorb hilfreich sein – nicht etwa, weil wir den Welpen provozieren wollen, zuzubeißen, sondern weil der Maulkorb unsicheren Besitzern ein Gefühl von Sicherheit vermitteln kann. Das führt dazu, dass der Mensch wesentlich entspannter an die Sozialisierungsarbeit herangeht – und diese Stimmung überträgt sich wiederum auf den Hund. Junge (!) Welpen können mit ihrem noch schwachen Kiefer und den Milchzähnen noch keinen großen Schaden an einem erwachsenen Menschen anrichten, weshalb die Verwendung eines Maulkorbs – anders als in der Arbeit mit erwachsenen Hunden – optional ist. Zudem bauen wir die Übungen so auf, dass sich der Welpe in jedem Schritt wohl fühlt und auch immer die Möglichkeit hat, sich zurückzuziehen, statt sich verteidigen zu müssen. Dennoch empfehle ich Ihnen, einen Maulkorb zu verwenden, wenn Ihnen dieser Sicherheit vermittelt und Sie sich damit wohler fühlen.

Wählen Sie einen leichten Maulkorb (Plastik oder Biothane sind ideal), kein Modell aus Metall. Ein passender Maulkorb ist leicht, scheuert nicht an der Schnauze und lässt dem Hund Freiheit zum Hecheln und Trinken. Im Zoofachhandel kann man den Maulkorb mit dem eigenen Hund anprobieren und sich beraten lassen. Mittlerweile gibt es sogar die Möglichkeit, für die individuelle Hundeschnauze maßgefertigte Maulkörbe in bunten Farben zu bestellen – da das allerdings meist relativ kostspielig ist, empfiehlt sich dies erst, wenn Ihr Welpe ausgewachsen ist.

Haben Sie den passenden Maulkorb gefunden – im Laufe der Welpen- und Jugendzeit Ihres Vierbeiners werden Sie mehr als ein Modell brauchen, da er zusehends größer wird! –, spielen Sie das Erdnussbutter-Spiel: So bezeichnen wir bei *Click for Joy!* die Technik, die wir einsetzen, um unseren vierbeinigen Klienten Freude am Tragen des Maulkorbs zu vermitteln.

Scout steckt die Nase begeistert in den Maulkorb, sobald ihm dieser angeboten wird.

Packen Sie den neuen Maulkorb in der gewohnten Umgebung Ihres Hundes (zum Beispiel im Wohnzimmer) aus und bewundern Sie ihn von allen Seiten, bis das Interesse Ihres Welpen geweckt ist. Lassen Sie ihn den Korb von allen Seiten beschnuppern und verstecken Sie ihn dann wieder hinter dem Rücken.

Schmieren Sie ein wenig Erdnussbutter, Leberpastete, Lachscreme, Joghurt oder Ähnliches ins untere Ende des Maulkorbs. Halten Sie den Maulkorb und lassen Sie Ihren Hund seine Schnauze hineinstecken, um die Leckereien herauszuschlecken. Freuen Sie sich über Ihren mutigen, schönen, tapferen, tollen Vierbeiner und loben Sie ihn überschwänglich! Wichtig: Es ist immer der Hund, der die Schnauze in den Maulkorb steckt. Sie bewegen den Maulkorb nicht auf ihn zu, sondern höchstens von ihm weg! Auch wenn der Welpe die Schnauze in den Maulkorb steckt, wird dieser nicht zugemacht! Die Riemen bleiben offen! Sobald Ihr Hund den Korb ausgeschleckt hat und die Schnauze herauszieht, loben Sie ihn ausführlich und verstecken den Maulkorb wieder, während Ihr Hund noch weiterspielen möchte. Für die ersten Schritte sollten Sie maximal eine Minute am Stück am Maulkorbtraining arbeiten.

Nach einer Pause von mindestens 30 Minuten spielen Sie dasselbe Spiel nochmal, ebenfalls in einer vertrauten Umgebung wie dem Wohnzimmer. Verbergen Sie den Maulkorb erneut, während Ihr Hund noch gerne weiterspielen würde. Nach einer weiteren Pause von mindestens 30 Minuten wiederholen Sie die Übung erneut. Führen Sie dieses Spiel so lange durch, bis Ihr Hund allein beim Anblick des Maulkorbes Vorfreude zeigt, und hören Sie immer auf, wenn er noch weiterarbeiten möchte.

Ist die Freude beim Anblick des Maulkorbs bereits groß, erhöhen wir erstmals den Schwierigkeitsgrad: Nun lassen wir den Vierbeiner seinen Kopf in den Korb stecken und füttern dabei mit der Lachscreme- oder Leberpasteten-Tube beziehungsweise einem Löffel Erdnussbutter von außen durch den Maulkorb. Dabei sind wir immer noch im Wohnzimmer. So wird einerseits die Zeit, die der Hund die Schnauze im Maulkorb hält, um einige Sekunden erhöht, und es ergeben sich andererseits nach jedem Schlecken kurze Intervalle, in denen der Hund die Leberpasteten-Tube durch den Korb zwar riecht, aber mit dem Schlecken warten muss, bis Sie mehr herausgedrückt haben. Während der Hund noch Lust auf mehr hat, verstecken wir Maulkorb und Leckerei wieder, loben und spielen ausführlich mit unserem schönen, mutigen Vierbeiner. Erzählen Sie ihm, wie gut er im Maulkorb aussieht!

Auch diesen Schritt wiederholen Sie, unterbrochen von mindestens 30-minütigen Pausen, bis der Hund große Freude, Selbstsicherheit und Selbstverständlichkeit dabei zeigt. Achtung: Immer noch ist es der Hund, der auf den Maulkorb zukommt, nicht der Maulkorb, der auf den Hund zukommt.

Erneut erhöhen wir den Schwierigkeitsgrad des Spiels: Diesmal legen wir erstmals zusätzlich den Riemen über den Nacken des Hundes, ohne ihn aber zu schließen. Ihr Hund spürt, dass sich in seinem Nacken etwas tut, und lernt, dass es sich dabei nicht um eine Bedrohung handelt.

Manchen ängstlichen Welpen sind Berührungen im Nacken (oder am Rücken) unangenehm, weil sie nicht sehen, was dort vor sich geht. Respektieren Sie die Sensibilität Ihres Hundes. Seien Sie geduldig. Ihr Hund bestimmt, wie schnell Sie den Schwierigkeitsgrad erhöhen. Arbeiten Sie immer unterhalb der Reizschwelle: Gehen Sie nur so weit, wie Ihrem Hund angenehm ist. Zieht sich Ihr Welpe zurück oder wirkt verkrampft, sind Sie zu schnell vorgegangen! Entschuldigen Sie sich. Machen Sie das Spiel leichter, bevor sie den Schwierigkeitsgrad wieder ganz langsam steigern.

Haben Sie einen berührungssensiblen Hund, arbeiten Sie erst – ganz unabhängig vom Maulkorb-Spiel! – am Berühren am ganzen Körper. Massagen helfen, das gegenseitige Vertrauen zu stärken. Erst, wenn Ihr Welpe oder Hund sich gern berühren lässt, ist es an der Zeit, den Maulkorb-Riemen (ohne ihn zu schließen) über den Nacken des Hundes zu legen. Im Kapitel Berührungen erfahren Sie mehr zu diesem Thema.

Im nächsten Schritt legt Chrissi den Riemen über den Nacken und schließt ihn schließlich sogar, während Scout weiter Erdnussbutter schleckt.

Wiederholen Sie auch den Schritt, in dem Sie den Riemen über den Nacken des Hundes legen, solange er nötig ist. Loben Sie viel und füttern Sie durch den Maulkorb.

Genießt der Hund diesen Teil des Spiels in vollen Zügen und bleibt dabei komplett entspannt, berühren Sie ihn dabei am Nacken und kraulen ihn hinter den Ohren. Schließlich werden Sie bald den Maulkorbriemen schließen, was mehr Berührungen am Nacken miteinschließt. Wichtig dabei: Immer noch dauert die Übung höchstens eine Minute!

Nun sind wir bereit, den Riemen locker zu schließen und wieder zu öffnen, bevor wir die Übung beenden und ausführlich loben und spielen. Funktioniert auch das problemlos und entspannt, unterbrechen wir die Fütterung kurz, gehen in ein anderes, ebenfalls vertrautes Zimmer (zum Beispiel ins Schlafzimmer) und rufen unseren maulkorbtragenden Freund zu uns. Dort loben wir überschwänglich und setzen die Fütterung fort, bevor wir ausführlich loben und spielen.

Wiederholen Sie diese Übung – unterbrochen von mindestens 30-minütigen Pausen – mehrmals; gehen Sie dabei in verschiedene Zimmer und schließlich durch die ganze Wohnung. Halten Sie die Intervalle, in denen Ihr Hund Ihnen folgt, ohne durch Leckereien abgelenkt zu sein, kurz, damit er nicht auf die Idee kommt, den Maulkorb abstreifen zu wollen. Auch diese Übungseinheiten finden noch ausschließlich in der Wohnung statt, dürfen mittlerweile aber bis zu drei Minuten dauern.

Funktioniert das problemlos, gehen Sie in den Garten oder auf den Gehsteig vor der Eingangstüre und füttern und loben dort, bevor Sie den Maulkorb wieder unter großem Lob abnehmen. Auch das wird wiederholt, bis der Maulkorb Ihren Hund nicht mehr zu stören scheint.

Nun sind Sie bereit für einen Spaziergang mit Maulkorb! Wählen Sie einen dem Hund vertrauten Spazierweg, auf dem die Wahrscheinlichkeit, anderen Hunden oder sonstigen Stressoren zu begegnen, gering ist. Die erste Minute des Spaziergangs gehen Sie mit Maulkorb, dann wird der Welpe davon befreit. Wichtig: Schmieren Sie beim Anziehen des Maulkorbs erst Erdnussbutter oder Leberpaste in den Korb, sodass der Hund seinen Kopf freiwillig hineinsteckt und Sie den Nackenriemen nur noch schließen müssen. Zwischendurch belohnen Sie immer wieder. Nach dem Abnehmen geben Sie Ihrem Welpen noch einmal die Möglichkeit, seinen Kopf in den Maulkorb zu stecken und eine Leckerei zu schlecken, ohne dass der Riemen geschlossen wird. Der anschließende Spaziergang selbst ist die Jackpot-Belohnung für den fleißigen Maulkorbträger.

Wiederholen Sie dieses Spiel am Anfang jedes Spaziergangs. Erhöhen Sie die Zeit, die Ihr Hund den Maulkorb trägt, langsam auf drei, vier und schließlich fünf Minuten.

Nachdem Sie die Zeit erhöht haben, erhöhen Sie den Schwierigkeitsgrad des Spiels erneut: Erlauben Sie Ihrem Hund, mit Maulkorb einem anderen, ihm vertrauten ruhigen Hund zu begegnen. Dann loben Sie ihn und nehmen den Maulkorb ab.

Sollte Ihr Ziel der Einsatz des Maulkorbes in öffentlichen Verkehrsmitteln sein, so ist es nun Zeit für die erste U-Bahn-Fahrt! Bevor Sie diese wagen, sollte Ihr Hund allerdings gelernt haben, sich in der U-Bahn-Station wohlzufühlen – mehr dazu weiter unten. Sollte Ihr Ziel die Arbeit an einzelnen Sozialisierungsprotokollen sein, bei denen Sie sich mit Maulkorb sicherer fühlen, sind Sie jetzt auch dazu bereit. In jedem Fall möchte ich Ihnen gratulieren: Ihr Hund ist zum Maulkorb-Profi graduiert!

Beim Aufsetzen und Abnehmen des Maulkorbs empfiehlt es sich übrigens, selbst erfahrene Maulkorb-Profis gelegentlich Leberpastete, Joghurt oder Erdnussbutter aus dem Maulkorb schlecken zu lassen. So ist garantiert, dass der Maulkorb positiv konnotiert bleibt. Auch sollten Sie, wenn Sie den Maulkorb über längere Zeit nicht benötigen, trotzdem hin und wieder eine kleine Runde mit Maulkorb spazieren gehen, damit Ihr Hund nicht verlernt, diesen zu tragen.

Bevor wir mit dem Sozialisieren loslegen – egal ob mit oder ohne Maulkorb –, möchte ich noch ein weiteres wichtiges Thema ansprechen: Sollen Sie Ihren Welpen beim Sozialisieren füttern?

Futterbelohnungen in der Sozialisierungsarbeit?

Dem aufmerksamen Leser wird auffallen, dass ich in den meisten Sozialisierungsprotokollen den Einsatz von Futter vermeide. Warum? Kann Futter nicht als praktische Starthilfe dienen und über die erste Angst hinweghelfen? Futter kann tatsächlich diesen Effekt haben, muss es aber nicht. Nur allzu leicht passiert es, dass ein ängstlicher Welpe mit einem besonders köstlichen Leckerbissen in eine

Situation gelockt wird, für die er eigentlich noch nicht bereit ist. Ist das Leckerchen geschluckt, achtet er wieder auf seine Umgebung und stellt mit Schrecken fest, dass er dem vermeintlichen Monster viel näher ist, als ihm lieb ist. Statt dem Welpen zu helfen, sich in der unheimlichen Situation wohl zu fühlen, erscheint sie ihm nun noch unberechenbarer als vor der Sozialisierungseinheit.

Beim Sozialisieren selbstbewusster Welpen, die sowohl genetisch als auch vom Züchter ein gutes Fundament mitbekommen haben, halte ich Futter für eine ausgesprochen gute Trainingshilfe, die auch gern eingesetzt werden darf, um ein kurzes Zögern oder leichte Unsicherheit zu überwinden. So finde ich es etwa ganz ausgezeichnet, einem gut sozialisierten Welpen von möglichst vielen neuen Menschen ein Leckerli zustecken zu lassen, um sicherzustellen, dass er sein optimistisches Weltbild weiterhin beibehält. Bei einem seiner Veranlagung oder mangelnden Erfahrung entsprechend ängstlichen Welpen ist es hingegen klüger, die Entscheidung, sich etwas oder jemandem zu nähern, voll und ganz dem Welpen zu überlassen und ihn nicht mit Futter zu bestechen. Das braucht in den ersten Schritten vielleicht etwas länger, bringt aber gewaltige langfristige Vorteile. Der Welpe lernt, dass er selbst Kontrolle über seine Umwelt hat, dass Sie keinen Druck auf ihn ausüben – auch keinen sanften in Form von Futterlockmitteln –, und kann dadurch sein Selbstvertrauen dauerhaft aufbauen. Ist die Angst erst einmal überwunden, spricht natürlich nichts dagegen, auch bei einem ehemals ängstlichen Welpen Futter einzusetzen, um zum Beispiel ruhiges Beobachten eines Radfahrers und andere erwünschte Verhaltensweisen zu verstärken. Auch im gezielten Training bestimmter Verhaltensweisen setze ich auch bei ängstlichen Hunden Leckerlis ein. Das ist etwa beim Boxentraining der Fall. Und schließlich kommt Futter auch beim Berührungsprotokoll zum Einsatz. Dabei handelt es sich nicht um das Training eines konkreten Verhaltens und streng genommen auch nicht um ein Sozialisierungs-Set-up im Sinne meiner übrigen Empfehlungen, sondern um ein Protokoll zum Desensibilisieren und Gegenkonditionieren, wie ich es auch in der Arbeit mit erwachsenen Hunden einsetze. In diesem speziellen Fall finde ich den Einsatz von Futterbelohnungen in Kombination mit dem Clicker oder Markerwort ausgesprochen sinnvoll, um möglichst klar zu kommunizieren, welcher Moment belohnt wird, um möglichst schnelle Fortschritte zu erzielen, da dieses Protokoll die Voraussetzung für viele weitere ist, und nicht zuletzt um dem Menschen etwas in die Hand zu geben, mit dem er genau definierte Bewegungen ausführt. Einen Clicker in der einen und einen Keks in der anderen Hand zu halten hilft auch Ihnen, sich an die Vorgaben zu halten und keine zusätzlichen Bewegungen auszuführen, die Ihren Welpen erschrecken könnten.

Berührungen

Bevor wir uns mit konkreten Situationen auseinandersetzen, nehmen Sie sich eine Minute Zeit und überlegen, wie Ihr Welpe zu Berührungen steht. Lässt er sich gern streicheln, unterm Kinn, am Bauch oder hinter den Ohren kraulen? Genießt er eine entspannende Massage am ganzen Körper? Können Sie ihm in die Ohren schauen, die Rute und die Pfoten berühren? Dürfen Sie seine Lefzen nach oben schieben? Können Sie ihn bürsten? Sind Sie nicht sicher, wie Ihr Hund auf diese Berührungen reagiert, probieren Sie's aus! Sind Sie hingegen sicher, dass sich Ihr Hund am ganzen Körper gerne berühren lässt, ohne Stressanzeichen zu zeigen, führen Sie einfach die täglichen Körperpflege-Maßnahmen durch, konzentrieren sich in den nächsten Wochen seines Lebens aber auf die übrigen Sozialisierungsfelder, mit denen Ihr Schützling größere Probleme hat. Ist Ihnen allein schon beim Lesen der oben gestellten Fragen flau im Magen geworden, sollten Sie sich erst mit dem Berührungs-Kapitel auseinandersetzen, bevor Sie andere Sozialisierungsprojekte in Angriff nehmen. Manche der unten angeführten Protokolle setzen voraus, dass Sie oder andere Menschen Ihren Hund streicheln, berühren oder sogar aufheben können, ohne dass er dies als aversiv empfindet.

Manchmal begegnen mir im Einzeltraining Welpen, die sich nicht angreifen lassen. Cashew, der kleine Französische-Bulldoggen-Chihuahua-Mix, von dem ich weiter oben erzähle, ist ein solcher Fall: In seinen ersten Tagen im neuen Zuhause ließ er sich nicht einmal von seiner Besitzerin berühren. Weder hatte er zahlreiche Menschen kennengelernt noch war er von seiner „Züchterin" regelmäßig berührt worden. Häufiger kommt es vor, dass Welpen sich zwar von einer Vertrauensperson, in der Regel vom Besitzer, berühren lassen, aber von niemandem sonst. Und noch wesentlich öfter begegnen mir Welpen, die keinerlei Erfahrungen mit Körperpflegetraining haben und mit Panik auf die Berührung mit der Bürste reagieren. Handelt es sich allerdings um einen leicht verfilzenden Hund wie einen Spitz, ist das tägliche Bürsten unumgänglich!

Ganz gleich, ob sich Ihr Hund nur von Ihnen, von niemandem oder gern mit der Hand, aber nicht mit der Bürste berühren lässt, sieht unser Desensibilisierungsprotokoll ganz ähnlich aus. In jedem Fall bringen wir Futter zum Einsatz, um schnelle Erfolge zu sehen. Sich berühren zu lassen ist eine wichtige Voraussetzung für ein gesundes und stressarmes Hundeleben!

Ich traue mich nicht, meinen Welpen zu berühren!

Wie geht es Ihnen bei der Vorstellung, Ihren Welpen zu berühren? Haben Sie Angst, gebissen zu werden oder ihn zu überfordern? In diesem Fall sollten wir an Ihrer Einstellung arbeiten, bevor wir uns praktisch mit dem Berührungsprotkoll auseinandersetzen. Angst ist eine ganz natürliche Reaktion, wenn wir eine Situation nicht einschätzen können. Wir sind verunsichert, wir wissen nicht, was passieren wird, und wollen nichts falsch machen. Ihr Welpe selbst verspürt auch oft Angst – zum Beispiel vor Kindern, vor Berührungen oder vor Plastiktüten. Das ist an sich nichts Schlimmes, sondern ein wichtiger Überlebensmechanismus. Allerdings gibt es Dinge, vor denen weder Sie noch Ihr Welpe Angst zu haben brauchen. Berührungen gehören dazu: Wenn Sie oder auch Ihr Welpe sich davor fürchten, sinkt Ihre Lebensqualität ganz gewaltig, und der Stress, den Sie im Zusammenleben empfinden, wächst. Das unten beschriebene Berührungsprotokoll ist so aufgebaut, dass Sie kleinschrittig und systematisch am Abbau der Angst arbeiten können. Sie wissen immer ganz genau, was Sie zu tun haben, und brauchen nicht unsicher zu sein. Sollten Sie dennoch an einem Punkt im Protokoll fühlen, dass Ihnen der Schweiß auf die Stirn tritt oder sich Ihr Herzschlag erhöht, machen Sie eine Pause – ganz gleich, ob Sie die geplante Übungszeit bereits abgeschlossen haben oder nicht. Atmen Sie tief durch und tun Sie für mindestens fünfzehn Minuten etwas anderes: Essen Sie ein Stück Kuchen, trinken Sie ein Glas Wasser, machen Sie einen Spaziergang oder telefonieren Sie mit einer Freundin. In der Arbeit mit ängstlichen Welpen ist es wichtig, Ruhe und Selbstvertrauen auszustrahlen. Sie können das – ganz sicher. Zu erkennen, wenn ein Übungszeitpunkt für Sie selbst nicht ideal ist, ist dabei ein wichtiges Element. Machen Sie sich keine Vorwürfe, wenn Ihnen die Situation über den Kopf wächst, sondern eine Pause.

Es kann auch helfen, Entspannungsmusik im Hintergrund laufen zu lassen, wenn Sie mit Ihrem Hund arbeiten. Die CD „Through A Dog's Ear" (siehe Anhang) wurde in Zusammenarbeit mit Wissenschaftlern entwickelt und kann Mensch und Hund dabei helfen, ruhig zu werden und zu bleiben. Probieren Sie's aus! Ich selbst finde die klassische Musik ausgesprochen beruhigend.

Haben Sie Angst, gebissen zu werden? Auch das ist legitim. Hierbei möchte ich Ihnen allerdings vor Augen führen, dass der Welpe, mit dem Sie an diesem Protokoll arbeiten, wahrscheinlich maximal sechzehn Wochen alt ist. Seine Kieferkraft entspricht bei Weitem noch nicht der eines erwachsenen Hundes. Der Zahnwechsel beginnt gerade erst (im Alter von vier bis sechs Monaten), was heißt, dass Ihr Welpe noch seine Milchzähne hat. Diese sind zwar ungemein spitz, was in der Tat recht schmerzhaft sein kann, können aber an einem erwachsenen Menschen keinen großen Schaden anrichten. Ist Ihr Hundekind bereits älter als vier Monate, so empfehle ich Ihnen, einen kompetenten Hundetrainer zu Rate zu ziehen. Je älter der Hund, desto langsamer sollte man vorgehen und desto schmerzhafter könnte ein Biss ausfallen.

Eine weitere Möglichkeit ist, Ihren Welpen erst an den Maulkorb zu gewöhnen, bevor Sie am Berührungsprotokoll arbeiten. Wenn Ihr Welpe gelernt hat, mit Maulkorb zu entspannen, und Ihnen der Maulkorb ein Gefühl von Sicherheit vermittelt, können Sie das Berührungsprotokoll natürlich auch im geschützten Kontakt durchführen. Dabei sollten Sie ein Maulkorbmodell wählen, das dem Hund erlaubt, Futter vom Boden aufzunehmen, oder vorne unten ein Loch in den Maulkorb schneiden, das dem Welpen selbstständiges Fressen ermöglicht.

Das Berührungsprotokoll

Nehmen wir an, dass sich Ihr Hund nicht berühren lässt – auch nicht von Ihnen. Anhand dieses Beispiels möchte ich Ihnen zeigen, wie Sie seine Angst systematisch abbauen und durch positive Emotionen ersetzen können. Haben Sie hingegen einen Hund, der sich streicheln, aber nicht bürsten lässt, gehen Sie ebenso vor – nur dass Sie anstatt mit der leeren Hand mit einer Bürste arbeiten.

Im Idealfall zwingen Sie Ihrem Hund keinerlei Berührungen auf, während Sie an diesem Protokoll arbeiten. Das lässt sich zum Beispiel erreichen, indem Sie eine leichte Hausleine an seinem Geschirr befestigen, die er hinter sich herzieht. Wenn Sie ihn einfangen oder in einen anderen Raum führen müssen, können Sie dies mithilfe der Leine machen, ohne Ihrem Hund zu nahe zu treten. Mithilfe einer Hausleine sind auch kleine Ausflüge in den Garten möglich, ohne dass Sie fürchten müssten, Ihren Hund nicht mehr einfangen zu können.

Ein Welpe, der Menschen aus dem Weg geht und ständig in Furcht davor lebt, berührt zu werden, ist nicht bereit, in der „echten Welt" Sozialisierungserfahrungen zu sammeln. Außerdem ist er eine tickende Zeitbombe: Angst kann sich leicht zu Aggressivität steigern. Die Eskalationsleiter im Körpersprache-Kapitel erinnert daran. Daher sollten Sie in einem solchen Fall dem Annäherungs- und Berührungsprotokoll erste Priorität geben und in den nächsten Tagen ausschließlich daran arbeiten. Verwenden Sie die gesamte tägliche Futterration Ihres ängstlichen Welpen für folgendes Spiel.

Bevor Sie mit dem Berührungs-Spiel beginnen, testen Sie, wie nah Sie an Ihren Welpen herantreten können, ohne dass dieser ein Zeichen von Stress zeigt. Ganz gleich, ob es sich dabei um fünf oder einen Meter handelt – eine Spur außerhalb dieses Abstandes setzen Sie an. Wählen Sie einen Zeitpunkt, zu dem Ihr Hund entspannt auf einer Decke oder einem anderen Platz ruht, aber nicht schläft. Gehen Sie bis auf wenige Zentimeter an den Punkt heran, an dem sich Ihr Hund mit Ihrer Gegenwart wohl fühlt. Clicken Sie, werfen ihm ein Leckerli zu und ziehen sich wieder zurück. Der Rückzug ist wichtig, um nicht nur die klassische Gegenkonditionierung durch die Kombination von Näherkommen mit Futter einzusetzen, sondern uns auch negative Verstärkung zunutze zu machen, indem wir als Reaktion auf den ruhig liegen bleibenden Welpe unseren Abstand wiederum vergrößern. Warten Sie fünfzehn Sekunden und wiederholen die Übung dann. Bleiben Sie im aktuellen Abstand, bis Sie sicher sind, dass Ihr Schützling das Spiel versteht und erwartungsvoll den Kopf hebt, sobald Sie auf ihn zugehen. Spielen Sie für maximal fünf Minuten am Stück und gönnen dem Welpen dann eine Pause von mindestens einer halben Stunde. Dann beginnen Sie erneut im bereits vertrauten Abstand – wir vermitteln dem Hund, dass wir das bereits bekannte Spiel spielen, in dem er nichts weiter tun muss, als liegen zu bleiben und zu warten, dass Sie ihm sein Essen zuwerfen. Ein toller Deal. Sobald offensichtlich ist, dass Ihr Welpe weiß, worum es geht, gehen Sie einen Schritt näher als bisher. Click, Leckerli werfen, Rückzug. Bleiben Sie für mindestens fünf Wiederholungen auf der aktuellen Position. Ist der Hund ruhig und entspannt, kommen Sie dann einen weiteren Schritt näher. Click, Leckerli, Rückzug. Wiederum wiederholen Sie das Spiel, bis Ihr Hund ruhig und entspannt bleibt, mindestens aber fünf Mal, und verringern den Abstand dann um einen weiteren Schritt.

Je nachdem, in welchem Abstand Sie begonnen haben, stehen Sie mittlerweile vielleicht schon direkt vor Ihrem Hund. Achten Sie an dieser Stelle darauf, sich nicht über ihn zu beugen – viele Hunde finden das bedrohlich – und ihm nicht direkt in die Augen zu starren. Sehen Sie eher auf den Boden zwischen Ihnen, an die Stelle, an der Sie das Leckerli fallen lassen. Nach maximal fünf Minuten gönnen Sie Ihrem Welpen die nächste Ruhepause, in der er die neuen Erfahrungen verarbeiten kann.

Wenn alles klappt, beginnen Sie die nächste Einheit in einem Abstand, der zwischen dem ursprünglichen Abstand und jenem Abstand liegt, bei dem Sie in der letzten Einheit aufgehört haben. Waren Sie etwa ursprünglich fünf Meter von Ihrem Hund entfernt und haben am Ende der letzten Einheit direkt vor ihm gestanden, so beginnen Sie diese Einheit in einem Abstand von zweieinhalb Metern. Arbeiten Sie sich erneut kleinschrittig näher an Ihren Welpen heran, bis Sie wieder direkt vor ihm stehen. Nun beugen Sie die Knie ein wenig, bevor Sie clicken, das Futterstück fallen lassen, sich wieder aufrichten und den Abstand vergrößern. Vergessen Sie auch jetzt nicht, zwischen den einzelnen Wiederholungen fünfzehn Sekunden zu warten. Klappt das Beugen der Knie fünf Mal, ohne dass Ihr Welpe beunruhigt wirkt, gehen Sie im nächsten Schritt ganz in die Hocke, führen die Futterhand zwischen beziehungsweise vor die Pfoten Ihres Hundes, ohne diese zu berühren, clicken, legen das Futterstück ab, stehen langsam wieder auf und entfernen sich. Wiederholen Sie auch diese Übung mit 15-sekündigen Pausen mehrmals, bis Ihr Hund absolut entspannt wirkt. Dann gönnen Sie ihm eine Ruhepause.

Bevor wir den Schwierigkeitsgrad weiter steigern, wollen wir testen, ob unser Welpe wirklich verstanden hat, dass es keinerlei Bedrohung bedeutet, wenn wir vor ihm in die Hocke gehen und unsere Futterhand in Richtung Boden bewegen. Dazu warten Sie mindestens zwei Stunden und gehen dann direkt bis zu Ihrem Hund und in die Hocke, ohne sich wie bisher langsam an diese Position heranzutasten. Fühlt sich Ihr Welpe nach wie vor wohl? Wunderbar. Sie sind bereit für den nächsten Schritt. Wirkt er unsicher oder läuft gar weg, bellt, knurrt oder schnappt nach Ihnen? Halten Sie in der Bewegung inne, bis der Hund sich beruhigt hat, und zählen Sie dann bis fünf: „Ein braver Welpe, zwei brave Welpen, drei brave Welpen, vier brave Welpen, fünf brave Welpen." Dann entfernen Sie sich erneut und gönnen Ihrem Welpen eine Ruhepause. Ja, Sie haben richtig gelesen: Sie vergrößern den Abstand zu Ihrem Hund erst, wenn dieser sich beruhigt hat. Der Grund dahinter? Wir wollen keinesfalls aus Versehen ein potenziell operantes Verhalten (Bellen, Knurren) negativ verstärken, indem wir es mit Ausweichen belohnen. Das Bellen des Welpen hat keine Konsequenz – erst das Ruhigbleiben führt dazu, dass wir uns entfernen. Im Idealfall vermeiden wir allerdings, diese Art der Löschung unerwünschten Verhaltens anzuwenden, und arbeiten ausschließlich außerhalb der Reizschwelle.

Anne bewegt sich auf Henry zu, clickt und füttert und zieht sich wieder zurück.

Gönnen Sie sich und Ihrem Welpen eine Pause. Machen Sie sich eine Tasse Tee und denken an etwas anderes, bevor Sie sich wieder dem Training zuwenden: Wer frustriert, enttäuscht oder wütend auf sich oder seinen Hund ist, ist kein guter Lehrer. Dann versuchen Sie, den Vorfall als Information zu sehen. Sie wissen jetzt, dass Ihr Welpe noch nicht bereit ist, ohne Herantasten in diesem Abstand zu Ihnen ruhig zu bleiben. Das ist in Ordnung. Beginnen Sie die Übung erneut in einem Abstand, der zwischen dem letzten funktionierenden und dem ursprünglichen Abstand liegt, und tasten Sie sich abermals schrittweise näher heran. Auch diesmal beenden Sie die Übung nach fünf Minuten damit, dass Sie vor dem Hund hocken und das Futterstück vor ihm auf den Boden legen.

Dann führen Sie den oben beschriebenen Test nach einer mindestens zweistündigen Pause erneut durch. Klappt es diesmal? Wunderbar! Klappt es noch nicht, erklären Sie Ihrem Hund das Spiel nochmal geduldig von vorne. Scheitern Sie auch beim dritten Versuch, empfehle ich Ihnen, an dieser Stelle einen kompetenten Trainer zuzuziehen, der gemeinsam mit Ihnen einen Plan erarbeitet, mit dessen Hilfe auch Ihr ängstlicher Welpe lernen kann, Annäherungen und Berührungen zu tolerieren und sogar zu genießen.

Im nächsten Schritt steigern wir den Schwierigkeitsgrad erneut. Wie zuvor nähern wir uns dem Welpen und gehen vor ihm in die Hocke. Diesmal strecken wir die Hand in Richtung seiner Brust, ohne ihn aber zu berühren. Click, Leckerli fallen lassen, Rückzug.

Wie üblich warten wir dreißig Sekunden und wiederholen die Übung mindestens fünf Mal im aktuellen Abstand. Bleibt unser kleiner Angsthase trotz der Handbewegung auf ihn zu entspannt, führen wir die Hand zehn Zentimeter näher an ihn heran. Click, Leckerli fallen lassen, Rückzug, dreißig Sekunden Pause. Klappt das ebenfalls, steigern wir den Schwierigkeitsgrad erneut.

Je nach Hund sind Sie bald so weit, dass die Hand mit nur wenigen Millimetern Abstand vom Hundekörper anhält. Ist auch das kein Problem mehr, berühren wir unseren Hund zum ersten Mal sanft an der Brust. Dabei legen wir die Hand leicht auf den Hundekörper – er soll sie spüren können, aber keinen Druck verspüren. Auch diese Übung wird mindestens fünf Mal wiederholt. Bleibt Ihr Welpe dabei entspannt? Entspannt sein heißt, dass der Welpe keinerlei Stressanzeichen aus der Eskalationsleiter zeigt: Weder sollte er den Kopf wegdrehen noch nervös über die Lefzen schlecken. Auch das Weiße in den Augen sollte nicht sichtbar werden. Stattdessen wünschen wir uns einen Hund, der völlig entspannt bleibt: Die Muskeln am ganzen Körper sind weich. Die Rute liegt locker am Boden oder wedelt in Erwartung der Belohnung leicht hin und her. Der Körper ist nicht steif und in Sphinx-Haltung, sondern entspannt – eine weggeknickte Hüfte ist ein gutes Zeichen. Die Lefzen sind locker und entspannt; je nach Rasse wirkt die Mimik dadurch freundlich, nicht aber so, als würde der Hund verkrampft grinsen. Das Maul ist häufig leicht geöffnet. Stresshecheln hingegen ist ein schlechtes Zeichen, ebenso wie ein verkrampft geschlossenes Maul. Die Ohren nehmen ihre rassetypisch entspannte Position ein – je nach Rasse kann dies unterschiedlich aussehen. Wer sich nicht sicher ist, sucht im Internet mithilfe einer Bildsuchfunktion nach dem Namen seiner Rasse und dem Wort „Entspannung", um eine bessere Vorstellung davon zu bekommen, worauf er achten soll. Im Anhang finden Sie auch Literaturtipps, die sich speziell mit der Körpersprache des Hundes auseinandersetzen.

Angenommen, Ihr Hund ist entspannt, legen Sie im nächsten Schritt die Hand etwas fester auf den Welpenkörper und üben sanften Druck aus – dieselbe Menge Druck, die beim Streicheln eines Hundes entsteht. Wiederholen Sie auch das fünf Mal und achten darauf, dass Ihr Hund entspannt bleibt. Im nächsten Schritt führen Sie eine zehn Zentimeter lange Streichelbewegung durch. Darauf folgt eine zwanzig Zentimeter lange Streichelbewegung, und schließlich fahren Sie dreißig Zentimeter weit über den Hundekörper – bei einem kleinen Hund natürlich weniger. Wählen Sie immer dieselbe Körperstelle an der Hundebrust.

Klappt das bereits gut, ist es an der Zeit, Berührungen an einer neuen Körperstelle einzuführen. Das Kinn ist ein guter zweiter Ort. Beginnen Sie wieder damit, die Hand in einigen Dezimetern Abstand vom Hundekörper anzuhalten und dort ein Leckerli fallen zu lassen. Tasten Sie sich wie oben beschrieben kleinschrittig näher an den Hundekörper heran, bis Sie das Kinn berühren können. An dieser Stelle führen Sie eine Kraulbewegung mit den Fingern unterm Kinn durch, bevor Sie

Anne berührt Henry an der Brust, clickt, füttert und zieht sich zurück.

Ihr Leckerli fallen lassen und den Abstand wieder vergrößern. Dehnen Sie die Kraulzeit unterm Kinn Schritt für Schritt von „Ein braver Welpe“ auf „Fünf brave Welpen“ aus. Dann arbeiten Sie an der nächsten neuen Körperstelle.

Als dritte Körperstelle empfehle ich die Seite des Hundes. Gehen Sie kleinschrittig vor wie oben beschrieben und arbeiten Sie wieder darauf hin, dreißig Zentimeter weit über den Hundekörper streichen zu können (bei kleinen Rassen weniger). Unsere vierte Körperstelle befindet sich am Widerrist; die Streichelbewegung führt davon ausgehend über die Wirbelsäule nach hinten. Gelingt auch das, berühren wir den Hund am Kopf – eine besonders schwierige Stelle. Hier arbeiten wir darauf hin, am Kopf beginnend den Nacken nach unten streichen zu können.

Als Nächstes beschäftigen wir uns mit dem Hundebauch, wenn der Hund entspannt auf der Seite liegt – ein großer Vertrauensbeweis! Hier beginnen wir im vorderen Drittel und arbeiten darauf hin, dreißig Zentimeter nach hinten zu streicheln. Legt er sich im Laufe dieser Übungen nicht auf die Seite, lassen wir den Bauch vorerst weg und gehen direkt zur Kruppe über. Ansonsten folgt die Kruppe auf den Bauch. Können Sie auch hier eine Streichelbewegung durchführen, nähern Sie sich als Nächstes den Beinen. Hier beginnen wir ganz oben und tasten uns kleinschrittig weiter nach unten vor. Wir fahren nicht nur dreißig Zentimeter am Bein nach unten, sondern bis zu den Pfoten. Beginnen Sie für jedes der vier Beine ganz am Anfang und wählen Sie die Vorderbeine vor den Hinterbeinen, da diese meiner Erfahrung nach bei den meisten Hunden weniger empfindlich sind.

Funktioniert all das gut, üben wir dasselbe am entspannt stehenden Hund. Beginnen Sie auch hier mit Annäherungen, dann Berührungen, dann leichtem Druck und schließlich Streicheleinheiten. Bauen Sie alle oben beschriebenen Übungen erneut langsam auf: Brust, Kinn, Seite, Widerrist und Rücken, Kopf und Nacken, Bauch, Kruppe, Vorderbeine, Hinterbeine.

Bei einer Hand, die von oben auf den Kopf zukommt, entspannt zu bleiben, ist schwierig! Dafür verdient Henry ein großes Stück Käse!

Im Gegensatz zu erwachsenen Hunden lässt sich dieses Protokoll bei Welpen unter sechzehn Wochen meist erstaunlich schnell durchführen. In diesem Alter sind die Hundekinder verhaltenstechnisch flexibler als im erwachsenen Alter, die Angstreaktion ist noch nicht vollständig ausgeprägt, und positive Erfahrungen führen zum schnellen Lernerfolg. Allerdings müssen wir bereits in diesem Alter bedeutend mehr Zeit und Geduld darauf aufwenden, als wir das bei einem Welpen zwischen drei und zwölf Wochen müssten.

Haben Sie das Protokoll erfolgreich selbst durchgeführt, ist es Zeit für die Generalisierung. Üben Sie mit sich selbst weiter in unterschiedlichen Räumen Ihres Hauses und auch im Freien, zum Beispiel im eigenen Garten. Parallel dazu beginnen Sie dasselbe Protokoll mit den übrigen Familienmitgliedern. Hunde generalisieren nur sehr langsam. Das heißt, dass neue Menschen wieder bei Null beginnen sollten. Aber keine Angst – mit jedem neuen Helfer, der das Streichelprotokoll durchführt, geht es schneller. Nicht nur Familienmitglieder, sondern auch Freunde und Bekannte sollten die Übungen durchführen. Wählen Sie ruhige, nicht nervöse Menschen, denen Sie im Umgang mit Ihrem Hund vertrauen, und leiten Sie diese genau an, wie Sie vorgehen sollen. Je mehr Helfer Sie finden, die das gesamte Protokoll mit Ihrem Welpen durchspielen, desto besser: Frauen, Männer, unterschiedlichste Altersgruppen. Dasselbe gilt für die Übungsorte: Möglichst viele unterschiedliche Orte im Haus und im Freien führen zum größten Generalisierungserfolg.

Positive Erfahrungen mit neuen Hunden

Wie Sie der Sozialisierungs-Checkliste entnehmen können, sollte jedes Hundekind von der Ankunft im neuen Zuhause bis zum Alter von 16 Wochen jede Woche mindestens eine positive Erfahrung mit einem neuen Hund machen. Bereits bekannte Hunde sollten dem Welpen dabei nach Möglichkeit auch in den folgenden Wochen immer wieder begegnen, damit aus Bekanntschaften Freundschaften werden. Allerdings wünschen wir uns auch jede Woche zumindest einen neuen Hund.

Ein ängstlicher Hund passt selten in eine Welpenspielgruppe – es sei denn, es handelt sich um eine sehr kleine und ausgesprochen gut geleitete beim Trainer Ihres Vertrauens. Die bei den Hundeclubs im deutschsprachigen Raum üblichen Gruppen mit oft zehn oder sogar noch mehr Welpen, auf die nur ein einziger Trainer kommt, eignen sich andererseits nicht zum Sozialisieren eines ängstlichen Hundes. Zu schnell wird ein unsicheres Tier zum Mobbingopfer frecherer Artgenossen, was mehr Schaden als Nutzen anrichtet. Auch Hundeschulen, in denen die Welpen nicht miteinander spielen, sondern in großen Gruppen am Grundgehorsam arbeiten, sind für ängstliche Welpen ungeeignet. Für einen übermäßig sensiblen Welpen sollte der Schwerpunkt unbedingt auf dem Sozialisieren liegen. Die Zeit, die Sie bei einem selbstsicheren Welpen ins frühe Gehorsamstraining investieren, sollte im Falle des unsicheren Artgenossen für zusätzliche Sozialisierungserfahrungen sowie ausreichend lange Erholungsphasen, in denen der Stresshormonpegel wieder sinken kann, reserviert sein. Gehorsamsübungen kann auch ein älterer Hund problemlos lernen, während sich das Sozialisierungsfenster unaufhaltsam schließt.

Geeignete Helferhunde finden

Um mit der Hunde-Sozialisierung zu beginnen, schlage ich vor, dass Sie als Erstes eine Liste der Hundemenschen in Familie und Bekanntenkreis oder auch in der Nachbarschaft schreiben, von denen Sie mit Sicherheit sagen können, dass deren Vierbeiner wohlsozialisierte, ruhige und freundliche Zeitgenossen sind. Im Zweifelsfall fragen Sie bei den Besitzern nach, wie der Hund auf Artgenossen reagiert. Sie wollen Hunde finden, die weder kläffen noch starren, nicht aufgeregt auf- und abspringen und sich nicht groß und steif machen. Entspannte Artgenossen, die freundlich wedeln, Bögen um andere Hunde laufen, bei Begegnungen höflich zur Seite blicken oder auch gar kein großes Interesse am gemeinsamen Spiel zeigen sind genau das, was Sie suchen. Die Größe ist ganz egal – idealerweise finden Sie Hunde unterschiedlichsten Aussehens.

Angenommen, dass Ihr Welpe im Alter von acht Wochen bei Ihnen einzieht – das übliche Abgabealter für die meisten

Rassen –, so ist unser Ziel, mindestens acht geeignete Hunde auf unsere Liste zu schreiben: einen für jede Lebenswoche bis zur sechzehnten. Dabei ist ein neuer Hund pro Woche für einen selbstsicheren und unproblematischen Welpen zwar ausreichend, für einen Welpen, der Schwierigkeiten mit Artgenossen hat, allerdings das absolute Minimum. Ich empfehle zwei oder noch besser drei neue Hundebegegnungen pro Woche. Im Idealfall lernt Ihr Welpe bis zum Alter von sechzehn Wochen jeden zweiten Tag einen neuen Hund kennen.

Ich weiß – wenn Sie sich bisher nicht oder nur wenig mit der Hundethematik beschäftigt haben, klingt das überwältigend und kaum machbar. Daher bitte ich Sie, zumindest das Minimum anzupeilen, das ich in jeder Sozialisierungskategorie erwähne, und immer, wenn sich die Möglichkeit ergibt, mehr als das zu machen.

Gut, Sie sind bereit und haben Papier und Stift gezückt. Drei Hunde pro Woche werden schwierig, aber Sie wollen versuchen, zumindest zehn geeignete Kandidaten zu finden. Nur – wo? Je nachdem, wie aktiv Sie bereits in eine Gemeinschaft von Hundehaltern eingebunden sind, kann das entweder leicht oder ganz schön herausfordernd werden. Für den Fall, dass Sie keine oder nur wenige geeignete Hunde kennen, hier ein paar Ideen, die Ihnen helfen, Ihre Liste zu füllen:

- Gibt es unter Ihren Verwandten Hundehalter? Haben Eltern, Kinder oder Enkelkinder, Tanten oder Onkel, Nichten oder Neffen einen Hund? Ihre Familie freut sich wahrscheinlich schon darauf, Ihren Neuzugang kennenzulernen, und hilft bei dieser Gelegenheit gern beim Sozialisieren!

- Wie sieht es in Ihrem Freundeskreis aus? Haben die Menschen, die Sie zum Abendessen oder Tennisspielen, zum Tanzen oder zum Spieleabend treffen, Hunde? Wenn Sie's nicht wissen, fragen Sie nach. Glauben Sie mir – jeder kennt Hundehalter. Wir wissen nur nicht immer, wer diese sind.

- Haben Sie hundefreundliche Kollegen im Büro oder auf der Uni? Fragen Sie nach! Erzählen Sie Ihre Geschichte und bitten Sie um Hilfe!

- Gibt es in Ihrem Wohnhaus oder in der Nachbarschaft freundliche Hunde? Die nette ältere Dame mit dem Shi-Tzu von gegenüber? Der pummelige Golden Retriever, der im Garten nebenan den Tag verschläft? Der junge Mann und sein Viszlamix, denen Sie regelmäßig beim Joggen begegnen? Und züchtet die Familie am Ende der Straße nicht sogar? Selbst wenn Sie diese Leute nur vom Sehen kennen – ein Gespräch über Hunde bricht schnell das Eis, und wenn Sie den Vierbeiner Ihrer Nachbarn bewundern und herausfinden, dass Sie beide Hundemenschen sind, werden Ihnen die meisten gern weiterhelfen. Springen Sie über Ihren Schatten und suchen Sie das Gespräch! Wer weiß – vielleicht gewinnen Sie und Ihr Hund ganz nebenbei einen Freund fürs Leben.

- In hundefreundlichen Städten wie Wien gibt es einige Läden, in denen der Chef seinen Hund zur Arbeit mitbringt. So kenne ich beispielsweise einen Apotheken-Dalmatiner, eine Frisiersalon-Galga und einen BARF-Shop-Aussiemix in meinem Viertel. Hunde, die es gewohnt sind, ihre Menschen in die Arbeit zu begleiten, sind meist ausgezeichnet sozialisiert. Fragen Sie beim Einkaufen an, ob Sie die entsprechenden Hunde als Therapeuten für Ihren Welpen verwenden dürften! Einem treuen Kunden wie Ihnen hilft man gerne weiter.

- Konsultieren Sie das Internet! Social-Media-Plattformen wie Facebook machen es leichter denn je, Gleichgesinnte kennenzulernen. Vielerorts bilden sich regionale Facebook-Gruppen rund um den Hund; darunter auch immer mehr Trainingsgruppen mit Fokus auf positive Verstärkung. Suchen Sie nach „Hund" und dem Namen Ihrer Stadt oder Ihres Bezirks, und Sie werden fündig. Auch können Sie der von mir moderierten Lesegruppe für dieses Buch beitreten, um freiwillige Helfer in Ihrer Nähe zu finden und sich auszutauschen. Suchen Sie auf Facebook nach „Nur Mut! Community für Menschen mit schwierigen Welpen". Teilen Sie einfach Ihr Anliegen online. Es gibt Kraft und macht Mut, mit Menschen zu reden, die sich in einer ähnlichen Situation befinden wie Sie!

- Zu guter Letzt sei Ihnen unbedingt noch das Hinzuziehen eines kompetenten Trainers geraten. Wir helfen nicht nur beim Erlernen konkreter Verhaltensweisen, sondern natürlich auch gern beim Sozialisieren. Trainer haben in der Regel selbst geeignete Hunde, die sie gern zum Sozialisieren zur Verfügung stellen, und können Sie auch mit anderen Klienten vernetzen, die gerne helfen würden! Fragen kostet nichts: Vielleicht hat Ihr Trainer aktuell einen Kunden, der Menschen mit Kindern sucht, um seinem Hund die Angst vor Drei- bis Fünfjährigen zu nehmen. Sie können mit Ihrem Kind helfen, und Ihr Leidensgenosse stellt dafür seinen Hunden gegenüber absolut unkomplizierten Vierbeiner für eine Sozialisierungseinheit Ihres Welpen zur Verfügung.

Haben Sie Ihre Liste erstellt? Wunderbar! Jetzt ist es an der Zeit, zum Telefon zu greifen: Freunde, Familie und Trainer können Sie anrufen, Nachbarn im Flur abpassen, Kollegen bei der Kaffeepause in ein Gespräch verwickeln und hundefreundliche Läden zum Einkaufen aufsuchen. Nehmen Sie Ihren Kalender zur Hand und telefonieren Sie los – vereinbaren Sie mindestens ein neues Hundedate pro Woche! Es empfiehlt sich, gleich zu Beginn bis zur sechzehnten Lebenswoche Ihres Welpen zu planen. Wer mehrmals Zeit hat, darf sich natürlich gern auch einen Folgetermin für ein Treffen eine Woche später geben lassen. Wichtig: Dieses ersetzt nicht den neuen Hund für die entsprechende Woche, sondern sollte zusätzlich stattfinden. Als Nächstes setzen Sie sich vor den Computer und schreiben Facebook-Beiträge für die entsprechenden Gruppen. Lesen Sie sich durch, was andere vor Ihnen geschrieben haben, um eine Idee davon zu bekommen, wie Sie Ihren Beitrag formulieren können.

Die freiwilligen Helfer sind rekrutiert und Termine gefunden. Jetzt sehen wir uns die

Praxis an: Wie sollen die Treffen ablaufen, damit Ihr ängstlicher Hund möglichst viel profitiert?

Einen Sozialisierungsort wählen

Eine wichtige Regel für das Sozialisierungstraining mit ängstlichen Hunden lautet: Setzen Sie einen ängstlichen Hund niemals einer Situation aus, die Sie nicht kontrollieren können, und konzentrieren Sie sich in jeder Übungseinheit auf einen einzigen Faktor. Im Falle der Sozialisierung mit Artgenossen bedeutet das, dass Sie Ihre Helfer nicht an öffentlichen Orten treffen sollten: In der Öffentlichkeit gibt es zu viele Dinge, auf die Sie keinerlei Einfluss haben. Fremde frei laufende Hunde können Ihre Sozialisierungseinheit stören und Passanten Ihren ängstlichen Hund erschrecken oder Ihre Arbeit ungefragt unterbrechen.

Sie suchen also einen sicher eingezäunten Bereich in einer ruhigen Umgebung. Um ausreichend Bewegungsfreiheit zu garantieren, empfiehlt sich eine Fläche mindestens 600 Quadratmetern – schließlich soll sich Ihr Welpe in sozialen Situationen niemals in die Enge getrieben fühlen, sonst geht das Sozialisierungstreffen leicht nach hinten los.

Ein idealer Ort für Sozialisierungstreffen ist der sicher eingezäunte eigene Garten. Haben Sie einen solchen? Wunderbar. Fürs Erste ist das die Location für die Dates Ihres Welpen. Haben Sie keinen Garten, so haben vielleicht Freunde oder Verwandte in Ihrer Nähe eine eingezäunte Grünfläche, die sie Ihnen zur Verfügung stellen. Auch nicht? Vielleicht gibt es in Ihrem Ort einen Hundesportplatz oder Trainingsraum, der zu Zeiten, zu denen er sonst nicht genutzt wird, stundenweise gemietet werden kann. Keine Sorge – selbst wenn auch das keine Möglichkeit ist, gibt es noch viele weitere Optionen. Nimmt Ihr Kind Reitstunden? Fragen Sie an, ob Sie einmal wöchentlich die Halle verwenden dürfen! Gibt es in Ihrer Nähe einen Basketball- oder Fußball-Käfig, wie sie in vielen Städten üblich sind? Suchen Sie sich eine Zeit, in der er nicht verwendet wird, und treffen sich dort mit Ihren Sozialisierungshelfern!

Ich habe sogar schon Sozialisierungsstunden in der Tiefgarage unter einem Wohnhaus angeleitet. Sofern die beteiligten Hunde einen sicheren Rückruf haben und Sie eine Zeit wählen, in der kaum jemand die Garage benutzt – unter der Woche am Vor- oder Nachmittag, wenn die meisten Menschen auf der Arbeit sind –, kann es sich auch bei einer Garage um eine weitläufige und sichere Fläche handeln. Selbstverständlich ist das nur dann eine Option, wenn Autos nicht einfach hereinfahren können, sondern erst umständlich ein Tor öffnen müssen, und wenn auch Menschen nicht unangekündigt die Garage betreten, sondern mindestens erst einen Schlüssel drehen müssen. Das gibt Ihnen, sollte jemand kommen, ausreichend Zeit, freilaufende Hunde anzuleinen und auszuweichen.

Ist nichts davon eine Option? Das ist gar kein Problem. Sicher gibt es auch in Ihrer Nähe einen kompetenten Hundetrainer, der Ihnen gern seine Trainingswiese zur Verfügung stellt und Sie und Ihre zwei- und vierbeinigen Helfer beim

Sozialisieren unterstützt. Das kann zwar etwas teurer werden, als ohne Trainer zu arbeiten, ist, wenn Sie den richtigen Trainer gefunden haben, aber sicher sein Geld wert. Mit kompetenter Unterstützung kommen Sie schneller und effektiver ans Ziel, und außerdem haben Sie jemanden an Ihrer Seite, der Sie auch dann unterstützt, wenn es mal weniger gut läuft.

Vielleicht war die Suche nicht einfach, doch schließlich war sie doch von Erfolg gekrönt. Sie haben zwei- und vierbeinige Helfer sowie einen sicheren Sozialisierungsort gefunden, der groß genug ist, dass sich die Hunde aus dem Weg gehen können, und an dem Sie nicht von unvorhergesehenen Ereignissen überrascht werden. Gratuliere – die ersten Hürden sind überwunden! Doch wie sollten Sie den Sozialisierungsort einrichten und die Begegnung gestalten, um sicherzustellen, dass Ihr Welpe positive Erfahrungen macht und Selbstsicherheit gewinnt?

Besuchen Sie den Sozialisierungsort erst einmal gemeinsam mit Ihrem Welpen, ohne dass der Helferhund dabei ist. Fühlt sich Ihr Welpe wohl? Wirkt er entspannt und erforscht die Umgebung? Ausgezeichnet. Sie sollten einen Raum oder Platz gewählt haben, an dem keinerlei Störfaktoren zugegen sind – keine lärmenden Kinder, keine laute Straße, keine frei laufenden Hunde. Der Ort soll Ihrem Hund und Ihnen Sicherheit vermitteln. Lassen Sie Ihren Welpen von der Leine und beobachten ihn, ohne ihn zu einem konkreten Verhalten aufzufordern. Sieht er sich um, entfernt sich auch ein wenig von Ihnen, schnüffelt interessiert am Boden? Wunderbar – der Ort eignet sich zum Sozialisieren. Ist Ihr Welpe hingegen schüchtern und vorsichtig, setzen Sie sich auf den Boden und warten ab. Kraulen Sie den Welpen und sprechen ruhig mit ihm, wenn er Ihren Kontakt sucht. Lassen Sie ihn die Umgebung erforschen, wenn er sich dafür entscheidet. Bleiben Sie bis zu einer halben Stunde und machen Sie sich dann wieder auf den Heimweg. Gönnen Sie Ihrem Hund eine Stunde Ruhepause, um die Erfahrungen in der neuen Umgebung zu verarbeiten, und wiederholen dann den Ausflug an den Sozialisierungsort.

Ist Ihr Trainingsort der eigene Garten, mit dem der Welpe bereits vertraut ist, sollten Sie gleich beim ersten Testbesuch Erfolg gehabt haben. Handelt es sich hingegen um eine neue und ungewohnte Umgebung, in der vielleicht unheimliche Gerüche lauern, ermöglichen Sie Ihrem Welpen so viele 30-Minuten-Einheiten, wie er braucht, um sich zu akklimatisieren und entspannen zu können. Wichtig: Dabei sollten Sie nicht von ihm verlangen, Signale auszuführen oder mit Ihnen zu spielen. Wir wollen erreichen, dass Ihr Hund ganz selbstständig durch Erforschen der Umgebung lernt, dass diese sicher ist. Wenn wir ihn nämlich locken und durch Signale und Spiele ablenken, kann es sein, dass der Welpe zwar selbstsicher wirkt, aber im Grunde nur von seiner Angst abgelenkt ist. Er muss sich aber mit seiner Umgebung auseinandersetzen und sich aus freien Stücken entscheiden, diese zu erforschen, um Unsicherheit nachhaltig zu überwinden und Selbstvertrauen zu gewinnen.

Den Sozialisierungsort einrichten

Ein geeigneter Sozialisierungsort für einen ängstlichen Welpen enthält einen geschützten Rückzugsort sowie interessante olfaktorische Elemente. Der Rückzugsort kann zum Beispiel eine Box sein, die der Hund bereits als sicheren Ort kennt, oder eine vertraute Decke, die Sie zur visuellen Barriere an drei Seiten mit Stühlen umstellen, über denen eine Decke hängt. In jedem Fall verwende ich gern eine an drei Seiten sichtgeschützte Rückzugszone sowie davor einen kleinen Vorplatz – eine vertraute Decke, auf der sich der Welpe zwar immer noch geborgen fühlt, andererseits bereits etwas näher am Geschehen ist.

Der Rückzugsort sollte sich an der vom Eingang abgewandten Seite des Sozialisierungsortes befinden; am besten in einer gegenüberliegenden Ecke, von der aus der Welpe den Eingang beobachten kann. Das liegt daran, dass ich den ängstlichen Welpen gern etwa fünf Minuten vor dem Helferhund in den Sozialisierungsbereich bringe. Er darf sich hier erst einmal umsehen und feststellen, dass er einen vertraut riechenden Rückzugsort hat, der mit seiner Box und Decke ausgestattet ist. Besonders sehr junge Welpen trage ich zum fertig aufgebauten Rückzugsort und setze sie in ihre Box oder auf die Decke, damit sie dann selbst entscheiden können, ob sie die Erkundung der Umgebung beginnen wollen. Besonders in der warmen Jahreszeit statte ich Rückzugsort oder Vorplatz auch noch mit einem Wassernapf aus. Auf Kaugegenstände, Spielzeug und Futter im Sozialisierungsbereich sollten Sie hingegen verzichten, um keinerlei Ressourcenverteidigung entstehen zu lassen.

Außerdem sollte der Sozialisierungsort mit interessanten Gerüchen ausgestattet werden. Das dient dazu, dem Welpen die Möglichkeit zu bieten, sich mit seiner Umgebung zu beschäftigen – der Helferhund sollte nicht das einzige neue Element am Sozialisierungsort sein. Entscheidet sich der Welpe, entspannt zu schnüffeln und die Gerüche zu erforschen, ist das außerdem ein guter Indikator dafür, dass er sich wohlfühlt: Er ist in der Lage, den Blick vom „Monster“ abzuwenden, um sich mit anderen Dingen zu beschäftigen. Das ist ein sehr gutes Zeichen.

Wenn ich eine Sozialisierungsumgebung einrichte, versuche ich, jeweils zwischen fünf und zehn interessante, aber keinesfalls bedrohliche Geruchsträger einzubauen. Handelt es sich um einen für den Hund neuen Raum, ist das nicht notwendig, da hier sowieso vieles neu riecht. Für den eigenen Garten oder einen dem Welpen wohl bekannten neutralen Ort bieten sich zum Beispiel folgende Gegenstände an: ein großer Ast, den Sie auf einem Waldspaziergang aufgelesen haben, ein benutztes Taschentuch; gern auch von einer dem Welpen unbekannten Person, eine Schaufel Sand oder Erde, die Sie an einem vielbesuchten Ausflugsort eingesammelt haben, ein leerer Sack Gartenerde oder Grassamen, ein Apfel oder anderes gesundheitlich unbedenkliches Obst oder Gemüse, Verpackungsmaterial wie Kartons, Schachteln, Obstkisten oder Paletten, eine Handvoll Einstreu aus dem Meerschweinchenkäfig, ein Büschel Heu aus dem Reitstall der Kinder, ein Fahrrad, das die Nacht am Gehsteig verbracht hat, Schuhe, Socken, Jacken oder getragene T-Shirts einer unbekannten Person ... Seien Sie kreativ! Erlaubt ist alles, was ungefährlich ist, wenn Hunde drauftreten oder reinbeißen, was Ihrem Welpen keine Angst macht (vermeiden Sie unheimliche Gegenstände!) und bei dem feststeht, dass weder Welpe noch Helferhund Ressourcenverteidigungsverhalten zeigen.

Die Arbeit mit dem Helferhund

Sie haben den sicheren Sozialisierungsort Ihrer Wahl olfaktorisch bereichert und den Rückzugsort Ihres Welpen aufgebaut. Wunderbar – es kann losgehen!

In der Beschreibung der praktischen Trainingsphasen leite ich Sie immer wieder an, mit Ihrem Hund oder Ihrem Helfer zu sprechen. Das ist kein essenzieller Teil des Protokolls, sondern soll vielmehr dazu dienen, die Atmosphäre für Sie und Ihren Helfer zu entspannen und Ihnen zusätzliche Struktur für die einzelnen Schritte geben. Erfahrungsgemäß finden es meine Klienten hilfreich, wenn ich sie zum natürlichen Umgang mit ihrem Hund anleite – sie sind angespannt und wollen alles richtig machen, und genau zu wissen, was man tun oder sagen soll, gibt ihnen Selbstsicherheit. Sollten Sie jemand sein, der nicht dazu neigt, im Alltag viel mit seinem Hund zu sprechen, können Sie alle Schritte auch schweigend durchführen – stellen Sie einfach sicher, Ihrem Hund ein Gefühl von Sicherheit zu vermitteln.

Sollten Sie selbst unsicher sein und fürchten, dass Ihr Welpe den Helferhund beißen könnte, gewöhnen Sie diesen erst an einen Maulkorb (siehe Kapitel *Maulkorbtraining*) und setzen diesen dann für die ersten gemeinsamen Einheiten ein. Alles, was Ihnen hilft, ruhig zu bleiben und Ihrem Hund Selbstvertrauen zu vermitteln, ist erlaubt!

Die Akklimatisierungsphase

Erst erklären Sie Ihrem Helfer den Ablauf der Einheit, ohne dass Welpe oder Helferhund zugegen sind. Bringen Sie dann den Welpen einige Minuten vor dem Helferhund in die eingezäunte Fläche beziehungsweise den Sozialisierungsraum. Setzen Sie ihn in seinen Rückzugsort oder

In der Akklimatisierungsphase sieht sich Fuse die eingezäunte Wiese, auf der wir an Hundebegegnungen arbeiten wollen, erst aus seiner Box an und wagt sich dann neugierig nach draußen.

auf die Decke davor und erlauben ihm, sich ein wenig umzusehen. Fühlt er sich wohl? Gut. Locken Sie ihn zurück in den Rückzugsort und rufen Sie Ihren Helfer – die Einheit beginnt!

Die stationäre Phase

Der Helferhund sollte zu Beginn an der Leine sein. Ihr Helfer kommt mit dem entspannten Hund durch die Tür. Um sicherzustellen, dass Ihr Welpe auf die Besucher aufmerksam wird, spricht der Helfer mit seinem Hund und tritt beim Gehen hörbar auf.

Sie sitzen in dieser Zeit neben der Box mit Ihrem Welpen und beobachten. Wendet sich Ihr Welpe hilfesuchend an Sie, sagen Sie ihm in ruhiger Stimme, dass alles okay ist. Zieht er sich ganz nach hinten in die Box zurück, ist das auch okay. Wenn Sie möchten, können Sie ihm in ruhiger Stimme mitteilen, dass es keinen Grund zur Angst gibt. Setzen Sie sich dann als zusätzlicher Sichtschutz halb vor den Eingang der Box, sodass Ihr Welpe spürt, dass Sie für seine Sicherheit sorgen, und gleichzeitig die Möglichkeit hat, an Ihnen vorbeizusehen und den fremden Hund zu beobachten.

Helfer und Hund machen es sich direkt beim Eingang, in größtmöglicher Entfernung von Ihrem Welpen, gemütlich, indem sie sich zum Beispiel auf eine Picknickdecke, auf ein Polster am Boden oder ins Gras setzen. Der Mensch sitzt darum am Boden und nicht auf einem Sessel, um möglichst wenig bedrohlich zu wirken. Der Helferhund soll neben seinem Menschen ruhig stehen, liegen oder sitzen, dabei aber niemals direkt in Richtung Ihres Welpen starren – das könnte der Kleine als Drohung auffassen, und wir wollen ihm schließlich beibringen, dass fremde Hunde kein Grund zur Angst sind. Bei Helferhund-Rassen, die zum Starren neigen – zum Beispiel Border Collies – sollte besonders darauf geachtet werden. Ihr Helfer kann seinen Hund kraulen oder massieren oder auf sonstige ruhige Art mit ihm interagieren. Dabei sollte kein Futter im Spiel sein – wir wollen Ihren Welpen nicht in eine Situation locken, der er noch nicht gewachsen ist. Daher ist es wichtig, dass er sich, falls er näher kommt, aus freien Stücken dazu entscheidet.

Nicole versichert Fuse, dass alles in Ordnung ist, während dieser das Helferteam beobachtet.

Unterhalten Sie sich mit Ihrem Besucher, sofern der Abstand zwischen Ihnen das zulässt, ohne schreien zu müssen, und werfen Sie immer wieder einen Blick auf Ihren Welpen. Solange er sich in die hinterste Ecke der Box kauert, bleiben Sie bei ihm. Sobald er aufmerksam den Besucher beobachtet, die Ohren gespitzt, die schnüffelnde Nase immer wieder nach vorne streckend, um seinen Artgenossen deutlicher riechen zu können, vielleicht sogar schon ein kleines Stücken näher rückt, sind Sie bereit, Ihre Position vor der Box zu verlassen. Jetzt soll Ihr Welpe durch Zusehen lernen, dass Besucherhunde ungefährlich sind: Teilen Sie Ihrem Welpen fröhlich mit, dass Sie ganz in der Nähe bleiben und er sich Ihnen jederzeit anschließen kann, und setzen Sie sich dann zu Ihrem Helfer ins Gras oder auf die Picknickdecke. Führen Sie ein philosophisches Gespräch, plaudern Sie übers Wetter oder bewundern Sie einfach nur den Helferhund und kraulen ihn ausführlich unterm Kinn, wenn er das mag – auf jeden Fall bleibt der Welpe vorerst sich selbst überlassen, während Sie sich mit ihrem Helferteam ausgesprochen gut unterhalten!

Es spricht nichts dagegen, hin und wieder zu Ihrem Welpen zurückzugehen und ihm zu sagen, dass er ein guter Hund ist. Sie sollten aber unbedingt davon absehen, ihn rufen oder locken zu wollen. Die Entscheidung, näher zu kommen, liegt ganz bei ihm.

Wenn Ihr Welpe näher kommen will, dann sagen Sie ihm, dass er das toll macht, locken aber auch jetzt nicht weiter. Wenn er es sich anders überlegt und zurück in die Box läuft, ist das in Ordnung. Wenn er ganz nah herankommt und den Hundegast vorsichtig beschnuppern will, darf er das natürlich auch. Die Aufgabe des Helfers ist es in diesem Fall, seinen Hund ruhig zu halten. Er soll ruhig liegen, sitzen oder stehen bleiben, weiterhin nicht starren und plötzliche Bewegungen vermeiden. Ruhige, langsame Positionswechsel sind absolut in Ordnung. Die Körpersprache des Helferhundes soll deeskalierend wirken und Freundlichkeit ausstrahlen: lockere, entspannte Muskeln am ganzen Körper, kein Starren, sondern wiederholtes Wegdrehen des Kopfes, gelegentliches Über-die-Lefzen-Schlecken, entspannte

Fuses entspannte Körpersprache ist Nicoles Signal, ihn alleine zu lassen und sich zum Helferteam zu setzen.

Rutenhaltung oder freundliches Wedeln. Wird der Helferhund steif, brechen Sie die Einheit ab.

Wenn der Welpe Kontakt zu Ihnen oder Ihrem Helfer sucht, sprechen Sie oder der Helfer ihn an, kraulen ihn ein wenig, wenn er das gern hat, und wenden sich dann wieder Ihrem Gespräch zu. Zeigt er sich schließlich in unmittelbarer Umgebung des fremden Hundes entspannt und verhält sich so, wie man das auch von einem unkomplizierten und problemlosen Welpen dieses Alters erwarten würde, ist er bereit für den nächsten Schritt (siehe *Die bewegte Phase*).

Es ist auch möglich, dass Ihr Welpe in der stationären Phase entscheidet, dass der neben seinem Besitzer rastende Besucherhund zwar ungefährlich ist, dass er aber trotzdem noch nicht bereit ist, Kontakt zu dem fremden Vierbeiner aufzunehmen. Stattdessen will er lieber die zahlreichen olfaktorischen Überraschungen untersuchen, die Sie im Raum verteilt haben. Auch das ist eine gute Entwicklung. An der Tatsache, dass das Hundekind die Umwelt untersucht, statt sich zu verstecken, können Sie ablesen, dass seine Selbstsicherheit wächst. Schnüffeln hat zudem einen beruhigenden Effekt. Während Ihr Welpe die Umwelt erkundet,

Fuse ist neugierig geworden und kommt langsam und immer wieder am Boden schnüffelnd im Bogen näher.

Die Neugier siegt! Fuse sucht Kontakt zum Helferhund.

sinkt sein Stresshormonpegel und er verknüpft die Gegenwart eines ruhigen fremden Hundes mit angenehmen Erfahrungen. In diesem Fall bleiben Helferhund und Helfer die gesamte Einheit über stationär, bewegen sich nicht durch die Übungsumgebung, und der Besuchshund bleibt an der Leine.

Selbst wenn Ihr Hund sich die ganze Einheit hinweg nicht aus seinem Rückzugsort bewegt, sondern von dort aus beobachtet, ist das in Ordnung. Solange er keine Panik zeigt, sondern die Umwelt wahrnimmt, lernt er. Er lernt, dass er einfach hier sitzen bleiben kann und nichts Schlimmes passiert, und dass Sie ihn niemals zwingen, Kontakt zu Hunden aufzunehmen, die ihm unheimlich sind. Auch auf diese Art wachsen Vertrauen und Selbstbewusstsein Ihres Welpen. Sollte der Hund seinen sicheren Ort nicht verlassen, bleibt das Helferteam ebenfalls für die gesamte Einheit angeleint und stationär.

Gründe, die Einheit abzubrechen

Hat der Hund die stationäre Phase erst einmal erfolgreich gemeistert, kann nichts mehr schiefgehen – der Helferhund ist ein geeigneter Partner. Auch wenn er keinen Kontakt aufnimmt – solange er interessiert beobachtet, lernt Ihr Welpe wichtige soziale Lektionen. Anders sieht es aus, wenn Ihr Welpe bei Auftauchen des Helferhundes in Panik ausbricht: Erstarrt er, presst sich flach auf den Boden, versucht kopflos zu flüchten oder regt sich auf, als gälte es, ein Heer von Einbrechern in die Flucht zu schlagen, so warten Sie eine Minute ruhig ab. Eine Minute ist eine lange Zeit, um Panik zu empfinden. Hat sich Ihr Welpe dann nicht beruhigt, brechen Sie die Übung ab und schicken den Helferhund nach Hause. Ihr Sozialisierungsraum oder -garten ist zu klein – der Abstand für Ihren Welpen muss wesentlich größer sein, damit er entspannt genug bleiben kann, um zu lernen.

Sollte das passieren, machen Sie sich keine Vorwürfe. Sie haben Ihren Welpen nicht in Gefahr gebracht. Ihm ist nichts passiert. Sie haben keinen Fehler gemacht, sondern wichtige Informationen gewonnen: Sie müssen einen größeren Übungsort finden. Peilen Sie bei der Suche mindestens die doppelte Größe des aktuellen Raumes oder der aktuellen Wiese an, und versuchen Sie es dann an diesem neuen Ort nochmal. Treten weiterhin Schwierigkeiten auf, kontaktieren Sie einen kompetenten Trainer.

Die bewegte Phase

Sie und Ihr Helfer stehen auf und vermeiden dabei plötzliche Bewegungen. Gemeinsam mit dem angeleinten Hund spazieren Sie drei nun eine Runde durch den eingezäunten Bereich oder Raum und plaudern dabei gern weiter fröhlich miteinander. Will der Helferhund schnüffeln, bleibt das Team stehen. Will der Helferhund weitergehen, geht es voran. Dabei bewegen Sie sich mit Ihren zwei- und vierbeinigen Helfern immer eher vom Welpen weg als auf ihn zu, um einen bedrohlichen Eindruck zu vermeiden.

Beobachten Sie Ihren Schützling genau. Läuft er zurück an seinen Rückzugsort? Das ist okay. Helfer und Hund sollen noch ein wenig auf- und abgehen, ohne sich dem Rückzugsort zu nähern, und den Welpen beobachten lassen, wie

Sie entspannt neben den beiden hergehen und sich weiter unterhalten. Sollte der Welpe weiter in seinem Versteck bleiben, setzen sich Helfer und Helferhund für die letzten fünf Minuten wieder auf ihren ursprünglichen Platz, um mit einem vertrauten Bild abzuschließen.

So sieht die bewegte Phase im Idealfall aus: Fuse schließt sich den drei Spaziergängern fröhlich an.

Bricht der Welpe in Panik aus und presst sich flach auf den Boden oder in den hintersten Winkel seiner Box, wenn Helfer und Hund zu gehen beginnen, oder bellt er à la „Angriff ist die beste Verteidigung", stellen die beiden die Bewegung sogleich ein und setzen sich wieder an den vertrauten Ort: Der Welpe ist überfordert und noch nicht bereit für diesen Schritt. Keine Angst – das ist okay. Es ist nichts Schlimmes passiert; Sie haben Ihren Welpen weder traumatisiert noch einen Fehler gemacht – Sie haben einfach nur Informationen erhalten, mit denen Sie jetzt arbeiten können. Mit jeder Sozialisierungseinheit wird Ihr Schützling ein wenig selbstsicherer werden. Wagt der Welpe sich wieder näher heran, verbringen Sie den Rest der Übungseinheit gemeinsam mit dem Welpen im Sitzen.

Die freie Phase

Bleibt der Welpe aufmerksam, beobachtet den Helferhund beim Spazieren und Schnüffeln und zeigt Anstalten, ihm zu folgen, so warten Sie, bis Ihr Welpe sich bis auf den Abstand von einem halben Meter an das fremde Mensch-Hund-Team heranwagt. Dann löst der Helfer die Leine, geht noch ein paar Schritte gemeinsam mit seinem Hund weiter und gibt ihn dann frei, sofern seine Bewegungen rücksichtsvoll und ruhig sind. Welpe und Helferhund dürfen jetzt einfach gemeinsam Hund sein, sich frei in der Sozialisierungsumgebung bewegen und zusammen schnüffeln oder sogar spielen. Achten Sie unbedingt darauf, dass der Helferhund den Welpen nicht überrumpelt. Wilde Jagden oder Ähnliches sind in dieser Phase nur dann okay, wenn der Welpe der Verfolger ist! Am geeignetsten für schüchterne Welpen sind sanftere Spiele oder einfach das gemeinsame Schnüffeln, Spazieren und Erkunden.

Die Einheit beenden

Nach etwa dreißig Minuten beenden Sie den Sozialisierungsbesuch ruhig. Erst gehen Helferhund und Helfer, dann verbringen Sie wiederum fünf Minuten allein mit Ihrem Welpen in der Übungsumgebung – sollte er keinen Kontakt zum Helferhund aufgenommen haben, hat er nun die Möglichkeit, die Decke oder die Stelle, an der dieser gelegen ist, genauestens zu beschnüffeln und auf diesem Umweg einen neuen Hund ein wenig besser kennenzulernen. Dann verlassen auch Sie

Fuse sucht Kontakt zu Phoebe und fordert sie zum Spielen auf!

und Ihr Welpe die Übungsumgebung und gehen direkt nach Hause, um Ihrem Welpen mindestens eine Stunde lang eine Ruhepause zu gönnen. Im Schlaf kann er seine Eindrücke am besten verarbeiten und ins Langzeitgedächtnis speichern. Achtung: Diese Ruhephase ist ein essenzieller Teil der Übung! Studien zeigen, dass bei Hunden und anderen Tieren – so auch uns Menschen – der Lernerfolg bedeutend größer ist, wenn auf einen neuen Eindruck oder eine Trainingseinheit eine Ruhepause folgt. Nur, wenn auf das Lernen Entspannung oder Schlaf folgen, werden Erfahrungen zuverlässig im Langzeitgedächtnis abgespeichert!

In der freien Phase erforschen Fuse und Phoebe gemeinsam die Übungswiese und spielen: Fuse hat eine neue Freundin gefunden!

Alltagsgeräusche

Im Kapitel zu den Entwicklungsphasen haben wir gelernt, dass kompetente Züchter beginnen, ihre Welpen mit den unterschiedlichsten Alltagsgeräuschen vertraut zu machen, sobald sich im Alter von drei Wochen der Gehörgang öffnet. Bald darauf werden die Welpen mit lauten Geräuschen erschreckt, um den Zyklus von Erschrecken und Erholung zu aktivieren. Diese Übungen führen dazu, dass die Welpen im erwachsenen Alter mit den unterschiedlichsten Geräuschen problemlos zurechtkommen.

Kommt es hingegen zu einem Hoppala-Wurf bei jemandem, der das nötige Wissen zur Entwicklung nicht mitbringt, so kann es schnell vorkommen, dass die Welpen bis zur Abgabe von der Umwelt und ihren Geräuschen abgeschottet werden – oft mit der guten Intention, sie stressfrei aufwachsen zu lassen. Ein Mangel an Stress in kritischen Entwicklungsphasen kann allerdings ebenso große Probleme verursachen wie ein Übermaß an Stress. Wer einen Hund aus einer Welpenfabrik bei sich aufnimmt, hat mit ähnlichen Problemen zu rechnen, was neue Geräusche betrifft: Die Welpen haben vieles, was sie hätten kennen lernen sollen, noch nie gehört und gesehen.

Wenn Sie den Welpen im Alter von acht bis zwölf Wochen zu sich nach Hause holen, ist es also höchste Zeit, das Versäumte nachzuholen. Vor allem bei Welpen, die auch vor einigen visuellen Eindrücken Angst zeigen, bietet es sich an, die Kleinen nicht gleich mit der Hektik von Fußgängerzonen, Baustellen und stark befahrenen Straßen zu konfrontieren, um sie mit der Geräuschkulisse vertraut zu machen, während gleichzeitig auch neue visuelle Reize auf sie einstürmen. Bei Welpen, die unter idealen Voraussetzungen aufgewachsen sind, ist es meist kein Problem und kann sogar eine gute Entscheidung sein, sie von Anfang an auf kurze Ausflüge an jene Orte mitzunehmen, mit denen sie auch als erwachsene Hunde zurechtkommen müssen. Früh übt sich, und ein selbstsicherer Welpe kommt häufig bestens in Fußgängerzonen und anderen lauten und spannenden Umgebungen zurecht. Ein schüchterner Welpe wird davon hingegen nur zu leicht überfordert, was seine Ängstlichkeit weiter verschlimmern kann, statt Abhilfe zu schaffen. Bei schüchternen Tieren mit suboptimalen Voraussetzungen ist also ein kleinschrittiges Vorgehen mit Fingerspitzengefühl angesagt.

Um ein Überfordern des geräuschsensiblen Welpen zu verhindern, beginnen wir in einer kontrollierten Umgebung, in der wir alle anderen potenziell furchteinflößenden Faktoren ausschalten können, während wir uns auf einzelne Geräusche konzentrieren. Dazu empfiehlt sich der Einsatz einer Geräusche-CD oder App (siehe Ressourcen). Die *Company of Animals* hat etwa eigens zur Prävention und Behandlung von Geräuschphobie bei Hunden die CD *Clix Noises & Sounds* herausgebracht, die wir bei *Click for Joy!* immer wieder erfolgreich zum Desensibilisieren ängstlicher Welpen einsetzen. Die *Sound Proof Puppy Training* App wurde sogar speziell für Welpen entwickelt und lässt sich ganz einfach auf Computer oder Smartphone laden. Auch von Züchtern wird sie regelmäßig eingesetzt. Möchten Sie sich keine App oder CD kaufen, können Sie auch einfach nach YouTube-Clips mit Alltagsgeräuschen suchen und mit diesen arbeiten. *Click for Joy!* empfiehlt, Ihren schreckhaften Welpen mithilfe eines Sound-Clips zumindest an folgende Geräusche zu gewöhnen:

- Geschirrspüler
- Staubsauger
- Mixer
- Waschmaschine
- lachende, weinende und schreiende Babys und Kinder (siehe auch Kapitel *Kinder*)
- bellende Hunde
- Baustellenlärm
- Verkehrslärm
- prasselnder Regen
- Donner
- Feuerwerk
- Motorrad
- Türenknallen
- Föhn
- und alle anderen Geräusche, mit denen Ihr Hund im Laufe seines Lebens zurechtkommen soll: wiehernde Pferde? Traktoren? Züge? Sirenen? Je nachdem, wie Ihre Umgebung aussieht, kann die Liste entsprechend erweitert werden.

Der Grund, dass wir anfangs mit Geräusche-CDs arbeiten statt mit Geräuschen im echten Leben, liegt einerseits darin, dass wir so in der vertrauten Umgebung unseres Welpen auch Geräusche einführen können, die hier normalerweise nicht auftreten würden – zum Beispiel Verkehrslärm. Andererseits haben wir die Möglichkeit, die Geräusche erst ganz leise abzuspielen, bevor wir sie langsam auf ihre tatsächliche Lautstärke erhöhen.

Schließen Sie Computer, Handy oder CD-Player an möglichst gute Boxen an. Das ist ein wichtiger Schritt, damit die Geräusche für Ihren Welpen lebensecht klingen! Der im Handy oder Laptop integrierte Lautsprecher reicht nicht aus, da er erfahrungsgemäß für die meisten Hunde ganz anders klingt als ein entsprechendes Geräusch im echten Leben.

Wählen Sie eine Tageszeit, zu der Ihr Welpe wach, aber entspannt ist, und machen Sie es sich gemeinsam im Wohnzimmer gemütlich. Spielen Sie die Geräusche in kaum hörbarer Lautstärke ab. Massieren Sie Ihren Welpen dabei sanft, falls er das genießt. Unser Ziel ist ein Welpe, der nicht auf die Hintergrundgeräusche reagiert. Tut er das doch, dann sind diese zu laut. Drehen Sie die Lautstärke etwas zurück. Lassen Sie das Geräusch, an dem Sie gerade arbeiten, zwei Minuten lang laufen. Daraufhin drehen Sie es ab und gönnen Ihrem Welpen eine zweiminütige Ruhepause, bevor Sie den nächsten Durchgang mit demselben Geräusch in minimal höherer Lautstärke beginnen. Wiederum sollte Ihr Welpe gar nicht darauf reagieren – das Geräusch ist ihm bereits bekannt und die neue Lautstärke irritiert ihn kein bisschen. Nach zwei Minuten legen Sie abermals eine zweiminütige Pause ein und fahren dann mit demselben Geräusch in der nächsthöheren Lautstärke fort. Erhöhen Sie den Geräuschpegel so lange kleinschrittig, bis Sie eine realistische Lautstärke erreicht haben. Je nach Art des Geräusches, an dem Sie aktuell arbeiten, kann diese ganz unterschiedlich ausfallen. Arbeiten Sie nicht länger als dreißig Minuten am Stück und gönnen Ihrem Welpen dann eine längere Pause, um die neuen Erfahrungen zu verarbeiten und das latente Lernen seine Wirkung tun zu lassen.

Um zu testen, ob die Desensibilisierung tatsächlich erfolgreich war, warten Sie mindestens zwei Stunden – gerne auch über Nacht – und spielen das entsprechende Geräusch dann überraschend in lebensechter Lautstärke ab. Bleibt Ihr Welpe entspannt, sind Sie bereit für den nächsten Schritt. Erschrickt Ihr Welpe und blickt sich ängstlich um, läuft weg oder bringt sich hinter Ihnen in Sicherheit, ist er noch nicht bereit. Auch das ist okay – manche Welpen brauchen länger, um sich an laute Geräusche zu gewöhnen. Drehen Sie die Lautstärke auf einen Pegel zurück, mit dem sich Ihr Welpe wohl fühlt, und arbeiten sich abermals langsam nach oben. Haben Sie die lebensechte Lautstärke zum zweiten Mal erreicht, gönnen Sie Ihrem Vierbeiner wiederum mindestens zwei Stunden Pause und wiederholen dann den Test.

Verfahren Sie mit jedem wichtigen Alltagsgeräusch, vor dem Ihr Welpe sich fürchtet, so wie oben beschrieben. Besteht Ihr Welpe den Test in Originallautstärke nach zweistündiger Ruhepause, beginnen Sie den nächsten Schritt. Je nach Art des Geräusches sieht dieser unterschiedlich aus.

Geräusche im Haushalt

Haushaltsgeräusche wie Waschmaschine, Geschirrspüler, Mixer, Föhn oder Rasierapparat können Sie nun einfach tatsächlich erzeugen. Schalten Sie die Geräte kurz ein und behalten Ihren Welpen im Auge. Fühlt er sich wohl? Wunderbar. Reagiert er verängstigt? Schalten Sie das Gerät ab. Es kann sein, dass Ihr Mixer oder Geschirrspüler anders klingt als auf der CD. Bitten Sie einen Helfer, ein oder sogar zwei Räume weiter bei geschlossener Tür das Gerät einzuschalten, während Sie Ihrem entspannten Welpen Streicheleinheiten zukommen lassen, sofern er diese gern hat. Klappt das gut? Wunderbar. Gönnen Sie Ihrem Hund einige Minuten Pause und kommen dann einen Raum näher oder öffnen die Tür einen Spalt. Wieder stellt Ihr Helfer das Gerät an, das nun schon etwas lauter ist. Ist Ihr Welpe immer noch entspannt? Ausgezeichnet! Sie sind bereit, sich nach einer kleinen Pause in denselben Raum zu wagen, in dem sich auch das Haushaltsgerät befindet. Funktioniert das ebenfalls? Dann warten Sie mindestens zwei Stunden, gerne auch über Nacht, und führen dann wieder einen Test durch: Sie befinden sich im selben Raum wie ein Haushaltsgerät und schalten dieses überraschend ein. Reagiert Ihr Welpe entspannt?

Gratuliere! Sie haben ihm geholfen, seine Angst zu überwinden! Zeigt er Angst oder erschreckt sich? Das ist in Ordnung. Gehen Sie einen Schritt zurück, indem Sie nochmal mit einem Helfer im Nebenraum üben und sich dann wiederum schrittweise näher an die Quelle des Geräusches heranwagen. Nach einer weiteren mindestens zweistündigen Pause wiederholen Sie den Test erneut. Sie werden sehen, diesmal fühlt sich Ihr Welpe wohl. Sollte das nach drei Rückschlägen noch nicht der Fall sein, empfehle ich Ihnen, einen kompetenten Trainer zuzuziehen.

Geräusche im Freien

Was Motoren, Verkehrslärm, Gewitter, schreiende Kinder, Baustellenlärm und andere Geräusche betrifft, die auch oder in erster Linie im Freien auftreten, führen wir noch einen Zwischenschritt ein, bevor wir uns mit den Auslösern der entsprechenden Geräusche im echten Leben auseinandersetzen. Um dem Welpen zu helfen, seine entspannte Reaktion auf Geräusche, die ihm an den unterschiedlichsten Orten begegnen können, zu generalisieren, arbeiten wir erst an einem neuen Ort mit unserer Geräusche-CD – am besten an einem sicheren Ort im Freien, an dem uns keine unvorhergesehenen Trigger begegnen können. Besorgen Sie sich ein Verlängerungskabel oder Batterien für Ihren CD-Player und die Boxen und spielen Sie das oben beschriebene Protokoll für sämtliche Outdoor-Geräusche abermals durch – diesmal im eigenen Garten, am Gehsteig vor dem Haus oder auf der Terrasse der Schwiegereltern. Seien Sie kreativ und finden einen sicheren Ort unter freiem Himmel. Auch hier steigern Sie den Schwierigkeitsgrad immer erst, wenn Ihr Welpe bei der aktuellen Lautstärke vollkommen entspannt bleiben kann, und schließen mit einem überraschenden Test nach mindestens zweistündiger Ruhepause ab. Bewahrt Ihr Welpe auch in dieser Situation die Ruhe, sind Sie bereit, sich auch im echten Leben an die Geräusche heranzuwagen, an die Sie Ihren Schützling gewöhnt haben.

Starten Sie im Beisein Ihres Welpen ein Auto. Je nachdem, wie sensibel er ist, kann es sein, dass Sie dazu einen Helfer brauchen: Sie entspannen mit Ihrem Welpen in fünfzig Meter Entfernung von Ihrem geparkten Auto, während Ihr Helfer den Motor startet und zwei Minuten lang laufen lässt. Danach gönnen Sie Ihrem Welpen eine zweiminütige Pause und wiederholen das Ganze dann in vierzig Meter Entfernung. Klappt das ebenfalls, nähern Sie sich dem Auto beim nächsten Durchgang bis auf dreißig Meter Entfernung. Dieses Protokoll setzen Sie fort, bis Sie direkt neben dem startenden Auto stehen können. Nach einer Pause von mindestens zwei Stunden oder am nächsten Tag führen Sie dann einen überraschenden Test direkt neben dem startenden Auto durch. Bleibt Ihr Welpe ruhig und entspannt? Wunderbar! Zuckt er zusammen oder zeigt Ihnen mit seiner Körpersprache, dass er sich unwohl fühlt? Das ist in Ordnung. Manche Welpen sind ausgesprochen geräuschsensibel und brauchen länger als andere. Haben Sie Geduld – Sie kommen sicher ans Ziel. Starten Sie abermals in fünfzig Metern Entfernung und kommen dem Auto dann in jedem

Durchgang um ein paar Meter näher, bis Sie direkt davor stehen. Nach einer Pause testen Sie Ihren Welpen erneut. Sie werden sehen, diesmal fühlt er sich besser.

Sollten Sie nach drei Rückschlägen immer noch keinen Erfolg damit haben, Ihren Welpen mit einem startenden Auto zu überraschen, empfehle ich, einen kompetenten Trainer zu konsultieren. Dieser wird den Übungsaufbau gemeinsam mit Ihnen durchgehen und Sie möglicherweise zu einem Tierarzt mit Verhaltensschwerpunkt schicken, um physische Probleme, die zu besonders starken Stressreaktionen beitragen können, auszuschließen, bevor er ein speziell auf Ihren ängstlichen Welpen zugeschnittenes Desensibilisierungsprotokoll erarbeitet.

Ist Ihr vormals geräuschsensibler Welpe erst einmal mit einzelnen startenden Autos vertraut, ist es Zeit, den Schwierigkeitsgrad abermals zu steigern. Hierzu bietet sich ein Ausflug in die Nähe einer stark befahrenen Landstraße oder Autobahn an. Wählen Sie einen Streckenabschnitt, der durch unbewohntes Gebiet führt, das sie über einen Feldweg erreichen können. Halten Sie in fünfhundert Meter Entfernung von der Straße an, steigen Sie mit Ihrem Welpen aus und beobachten seine Reaktion. Fühlt er sich wohl? Wunderbar. Spazieren Sie langsam näher an die Straße und verhalten sich so wie auf anderen Spaziergängen auch: Erlauben Sie ihm, zu schnüffeln, die Umwelt zu untersuchen, sprechen ihn hin und wieder an, falls Sie das im Alltag auch tun, und ab und an geben Sie ihm dafür, dass er brav an der lockeren Leine geht, ein

Die „Kalalassie's" machen bereits bei der Züchterin Ausflüge in die Nähe einer stark befahrenden Autobahn. Diese Welpen werden später keine Probleme mit lauten Alltagsgeräuschen haben!

Leckerchen. Achten Sie aber darauf, dass ihn die Leckerchen nicht zu sehr von der Umwelt ablenken. Wir wollen, dass er sich mit seiner Geräuschkulisse auseinandersetzt – nur so kann er Neues lernen. Spazieren Sie etwa hundert Meter auf die Straße zu und drehen dann um, um langsam zum Auto zurückzuflanieren. Steigen Sie gemeinsam mit Ihrem Welpen ein und gönnen ihm eine Ruhepause von mehreren Minuten. Dann fahren Sie hundert Meter näher an die stark befahrene Straße heran, parken abermals am Straßenrand und wiederholen das Spiel von vorhin – mit dem Unterschied, dass die Geräuschkulisse diesmal beim Aussteigen höher ist als beim letzten Mal. Wiederum spazieren Sie etwa hundert Meter weiter auf die Straße zu und drehen dann erneut um, gehen zum Auto zurück und gönnen Ihrem Welpen eine Pause, bevor Sie hundert Meter näher an die Straße heranfahren.

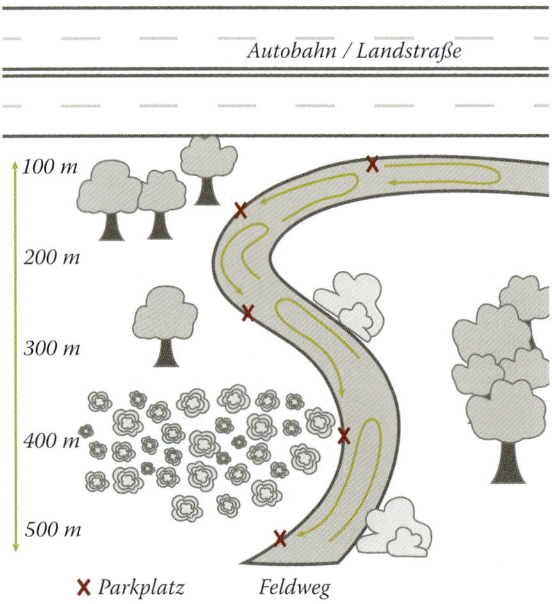

Sie fragen sich vielleicht, warum Sie nicht gleich nach dem ersten Stopp die ganzen fünfhundert Meter bis zur Straße gehen sollen. Das liegt daran, dass wir den Welpen keinesfalls für seinen Mut bestrafen wollen. Während wir mit einem selbstsicheren Welpen problemlos bis auf nächste Nähe an eine laute Straße herangehen können, sollten wir einen sensiblen Welpen regelmäßig damit für seinen Mut belohnen, dass wir den Abstand zu einer potenziell unheimlichen Geräuschquelle wieder vergrößern. Der Fachausdruck für diese Vorgehensweise lautet negative Verstärkung: Wir verringern etwas, das dem Welpen potenziell unheimlich ist – den Verkehrslärm. Dadurch erhöhen wir die Wahrscheinlichkeit, dass unser Welpe auch beim nächsten Mal wieder vertrauensvoll mit uns mitkommt, wenn wir uns auf eine Geräuschquelle zubewegen. Da das Verhalten mit großer Wahrscheinlichkeit in Zukunft wieder auftritt, sprechen wir von Verstärkung, und da wir etwas reduziert haben, ist die Verstärkung negativ.

Führen Sie das oben beschriebene Protokoll so lange durch, bis Sie mit dem Auto direkt an der stark befahrenen Straße parken können und Ihr Welpe aussteigt, ohne sich zu erschrecken oder unsicher zu wirken. Gratuliere – Sie haben Ihren Welpen erfolgreich an Motorengeräusche im echten Leben gewöhnt! Bevor Sie sich aber dem nächsten Stressor zuwenden, ist es wichtig, ein paar Stunden oder einen Tag vergehen zu lassen und dann wieder einen Test durchzuführen: Was passiert, wenn Sie direkt an einer stark befahrenen Straße parken und aussteigen? Fühlt sich Ihr Welpe wohl und sieht Sie mit unternehmungslustig glitzernden Augen an? Wunderbar! Wirkt er verunsichert? Dann wiederholen Sie die letzten Schritte nochmal und bewegen sich abermals in Hundert-Meter-Einheiten auf die Straße zu.

Achtung: Für besonders sensible Welpen kann es sein, dass ein Erstabstand von fünfhundert Metern zu nah ist. Zeigt Ihr Welpe schon beim Aussteigen Angst vor dem entfernten Verkehrsrauschen, vergrößern Sie den Abstand um weitere hundert oder zweihundert Meter und beginnen das Protokoll an dieser Stelle. Im Fall von besonders sensiblen Welpen empfiehlt es sich außerdem, in Fünfzig- oder auch nur Zwanzig-Meter-Schritten statt Hundert-Meter-Schritten vorzugehen.

Mit Geräuschquellen wie Baustellen und Kinderspielplätzen, aber auch öffentlichen Hundeparks oder Hunde-Trainingswiesen können Sie ähnlich vorgehen: Vielleicht müssen Sie ein wenig suchen, aber bestimmt finden Sie eine Geräuschquelle Ihrer Wahl, die sich in einer ruhigen Gegend befindet. Als Alternative zum Kinderspielplatz können Sie auch den Gartenbereich eines Kindergartens auf dem Land wählen. Zu fast allen ländlichen Kindergärten gehört eine große eingezäunte Wiese mit Schaukeln, Rutschen und Klettergerüsten. Wir wollen uns das Protokoll für Baustellen, Kinderspielplätze, Hundezonen und andere Geräuschquellen im bewohnten Gebiet anhand des Beispiels Kinderspielplatz ansehen. Sollte Ihr Hund damit kein Problem haben, sich aber von Hämmern, Bohrern und Mischmaschinen-Lärm fürchten, ersetzen Sie „Kinderspielplatz" einfach durch „Baustelle" und gehen ebenso vor. Wählen Sie einen Zeitpunkt, zu dem die Kinder draußen sind, parken in fünfhundert Meter Entfernung und steigen mit Ihrem Welpen aus dem Auto. Fühlt er sich wohl? Wunderbar, dann haben Sie den richtigen Erstabstand gewählt. Wirkt Ihr Welpe hingegen nervös und verunsichert und schafft es nicht, den Blick abzuwenden, sind Sie zu nahe an den lärmenden Kindern. Steigen Sie wieder ein und parken hundert Meter weiter entfernt. Fühlt sich Ihr Welpe in diesem Abstand wohl, sodass er die Kinder in der Ferne zwar wahrnimmt, aber nicht angespannt oder nervös wirkt? Lockere Muskeln am ganzen Körper, eine entspannte Rutenhaltung und neugierig aufgerichtete Ohren sind ein gutes Zeichen. Ein vollständig unter Spannung stehender Körper, eine steife Rute und Anstarren der Kinder hingegen sind ein Zeichen, dass Sie den Abstand noch weiter vergrößern sollten.

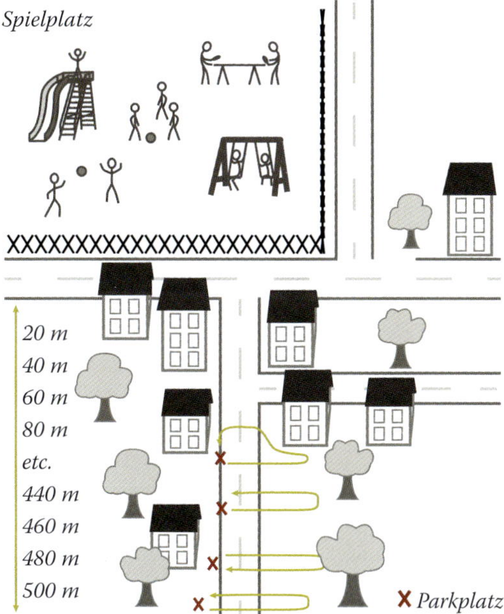

Haben Sie einen Abstand gefunden, mit dem sich Ihr Welpe wohl fühlt, spazieren Sie parallel zu den Kindern auf und ab, anstatt wie im Falle der Straße direkt auf den Stressor zuzugehen. Erlauben Sie Ihrem Welpen, Gehsteig und Straße mit der Nase zu erforschen, an Grasbüscheln und Gartenzäunen zu schnüffeln. Loben Sie ihn für höfliches Gehen an der lockeren Leine und stecken ihm hin und wieder ein Leckerchen zu. Achten Sie allerdings darauf, dass der Fokus Ihres Welpen auf der Umwelt liegt, nicht auf Ihnen. Wenn Sie Ihren Welpen ablenken und er sich nur auf Sie konzentriert, nimmt er nicht wahr, was rund um ihn vorgeht, und kann dadurch auch nicht lernen, dass keine Gefahr davon ausgeht. Vergessen Sie nicht, dass es uns nicht um Ablenkungstraining geht, sondern darum, unseren Welpen zu sozialisieren und ihm beizubringen, sich im Alltag wohl zu fühlen. Ablenkungstraining – dem Welpen beizubringen, sich selbst dann auf uns zu konzentrieren, wenn rund um ihn Trubel herrscht – ist erst sinnvoll, nachdem er gelernt hat, die Umwelt nicht zu fürchten.

Nachdem Sie zwei entspannte Minuten mit Ihrem Welpen parallel zu den Kindern auf- und abspaziert sind, steigen Sie wieder ins Auto und gönnen Ihrem Welpen eine Ruhepause von mindestens drei Minuten. Dann fahren Sie zwanzig Meter näher an die Kinder heran, halten abermals an, steigen aus und wiederholen das Spiel. Achten Sie wieder auf die Körperhaltung Ihres Hundes. Er soll die spielenden Kinder in der Ferne wahrnehmen, sich aber nicht um seine Sicherheit sorgen. Gehen Sie parallel zum Spielplatz auf und ab und erlauben Ihrem Schützling, die Umgebung zu erforschen. Nach zwei entspannten Minuten geht es zurück ins Auto, mit dem Sie sich nach einer dreiminütigen Pause weitere zwanzig Meter nähern.

Sollte Ihr Welpe an irgendeinem Punkt überreagieren oder auch nur steif werden, sind Sie zu schnell vorgegangen. Es ist gut möglich, dass Sie den Abstand in kleineren Schritten – vielleicht in Zehn- oder Fünf-Meter-Einheiten – verringern müssen, wenn Sie in größerer Nähe zu den lärmenden und laufenden Kindern arbeiten. Das ist in Ordnung. Hören Sie darauf, was Ihnen der Welpe mit seiner Körpersprache mitteilt, und geben Sie ihm so viel Zeit, wie er braucht.

Arbeiten Sie sich kleinschrittig bis zur Umzäunung des Spielplatzes heran und gehen Sie im letzten Schritt diesen entspannt entlang. Klappt auch das? Gratuliere! Ihr Welpe hat heute gewaltige Fortschritte gemacht! Gut gemacht!

Achten Sie beim Üben darauf, nie länger als dreißig Minuten am Stück zu arbeiten. Dann ist es an der Zeit, nach Hause zu fahren und Ihrem Welpen eine Pause von mindestens zwei Stunden zu gönnen, in der das latente Lernen einsetzen kann. Der Lernerfolg wird erst durch die Ruhepause optimiert.

Bevor Sie sich dem nächsten Stressor zuwenden, ist es erneut Zeit für einen Test. Fahren Sie nach einer längeren Übungspause, zum Beispiel am nächsten Tag, erneut zum Kinderspielplatz. Diesmal parken Sie direkt davor und steigen dann gemeinsam mit Ihrem Welpen aus.

Fühlt er sich unmittelbar genauso wohl wie in der Einheit, in der sie sich schrittweise näher herangetastet haben? Wunderbar! Wirkt er unsicher, zeigt Meideverhalten oder bellt die Kinder an? Dann steigen Sie wieder ein, parken in etwas größerem Abstand und wiederholen das kleinschrittige Annähern mit Pausen im Auto erneut. Ihr Welpe braucht etwas mehr Zeit.

Sicher ist Ihnen aufgefallen, dass sich das Autobahn-Protokoll und das Kinderspielplatz-Protokoll in einem kleinen, aber entscheidenden Punkt unterscheiden: Während wir beim Autobahn-Protokoll zu Fuß näher auf die Geräuschquelle zuspazieren sind und uns dann wieder entfernt haben, um uns den Effekt der negativen Verstärkung zunutze zu machen, nähern wir uns dem Trigger beim Kinderspielplatz-Protokoll ausschließlich im Auto, bleiben aber jeweils auf Höhe des Autos, wenn wir aussteigen. Dafür gibt es zwei Gründe. Einerseits sind Kinder erfahrungsgemäß meist ein schwierigerer Trigger für ängstliche Welpen als Autos. Die Autos auf der Straße bewegen sich zwar schneller, aber auf wesentlich vorhersehbarere Art. Sie kommen niemals direkt auf den Welpen zu, sondern bewegen sich parallel zu ihm. Der Geräuschpegel einer stark befahrenen Autobahn oder Bundesstraße bleibt auch relativ konstant. Kinder hingegen laufen im Zickzack und mitunter auch direkt in Richtung des Welpen. Sie klettern auf die Geräte, rutschen und schaukeln, spielen fangen und springen beim Versteckspiel plötzlich hinter Büschen hervor. Der Geräuschpegel variiert, und manchmal ist es kurz leiser, dann wird wieder gerufen, geschrien oder geheult. Selbst gut sozialisierte Welpen können sich mit Kindern ganz schön schwer tun. Daher wollen wir uns nicht weiter annähern, während am Spielplatz gerade wenig los ist, und dann plötzlich von etwas überrascht werden, was unseren Welpen schrecken könnte. Das ist ihm gegenüber nicht fair und untergräbt das Vertrauen, das er uns entgegengebracht hat, indem er mit uns gemeinsam näher an den Spielplatz herangegangen ist.

Der zweite Grund, dass wir uns stets auf Höhe des eigenen Autos aufhalten, ist der, dass wir bei Kinderspielplätzen anders als bei Landstraßen im bewohnten Gebiet arbeiten. Sie haben zwar darauf geachtet, einen Spielplatz in ruhiger oder ländlicher Lage zu finden, doch könnte jederzeit ein Spaziergänger mit Hund um die Ecke biegen, eine Familie mit Kindern aus einem Hauseingang kommen oder ein Motorrad am Ende der Straße auftauchen. Um Trigger-Stacking, also eine Anhäufung auslösender Reize, zu vermeiden, bleiben Sie in der Nähe des Autos und haben so die Möglichkeit, jederzeit einzusteigen und Ihren Welpen in Sicherheit zu bringen, wenn Sie fürchten, dass er sonst überfordert würde. In der Sozialisierungsphase diese und ähnliche Vorsichtsmaßnahmen einzusetzen, macht sich dadurch bezahlt, dass sie schnellere Fortschritte erzielen und dadurch früher an einen Punkt kommen, an dem die Vorsichtsmaßnahme unnötig wird. Ich weiß – wenn Sie zum ersten Mal mit einem ängstlichen Welpen arbeiten, kann es überwältigend sein, zu hören, auf wie viele Dinge Sie achten müssen. Sie sind nicht der Einzige, dem es so geht. Nur Mut – es wird jeden Tag ein kleines bisschen besser werden, und wenn

Sie fleißig üben und managen, solange Ihr Welpe noch jung ist, können Sie und Ihr Welpe in wenigen Wochen gewaltige Fortschritte erzielen und bald ein entspannteres Leben führen. Sie schaffen das! Und wenn Sie doch einmal Zweifel haben, tauschen Sie sich mit Menschen aus, die in derselben Lage sind oder diese bereits erfolgreich überwunden haben.

Ein wenig anders sieht unser Protokoll für trommelnden Regen und Gewitter aus. Hier haben wir es nicht nur mit auditiven und visuellen, sondern auch mit taktilen Reizen (Regen auf der Haut) zu tun. Haben Sie Ihrem Hund die Geräusche erfolgreich im Haus und bei schönem Wetter im Garten oder auf der Terrasse vorgespielt, bleiben Sie dennoch beim nächsten Gewitter im Haus und sehen, wie Ihr Hund darauf reagiert. Fühlt er sich wohl, können Sie Fenster und Türen öffnen, um die Lautstärke zu steigern und den Regengeruch ins Zimmer zu lassen. Hat er Angst, schließen Sie alle Fenster und Türen, ziehen die Vorhänge vor, um Blitze abzuschirmen, und begeben sich mit Ihrem Hund nach Möglichkeit in ein zentrales Zimmer ohne Fenster oder auch in einen Kellerraum – wählen Sie den Raum, an dem die Naturgewalten möglichst wenig wahrnehmbar sind. Bleiben Sie bei Ihrem Welpen und sprechen sanft mit ihm. Falls ihn Massagen beruhigen, ist jetzt ein guter Zeitpunkt dafür. Wenn er Futter nehmen kann, geben Sie ihm einen Kong oder einen anderen Kauartikel, mit dem er sich beschäftigen kann. Einerseits kombinieren Sie so etwas Furchteinflößendes mit leckerem Futter (klassische Gegenkonditionierung), andererseits wirkt Kauen beruhigend auf Hunde. Manche Hunde ziehen sich bei Gewittern auch gerne in eine dunkle „Höhle“ zurück. Bieten Sie Ihrem Hund eine Transportbox an, die mit einer gemütlichen und vertraut riechenden Decke ausgestattet ist, um ihm diese Möglichkeit zu bieten. Mein Greyhound Fanta zieht sich am liebsten aufs WC zurück – das ist ein zentraler und fensterloser Raum in meiner Wohnung, in dem Gewitter kaum hörbar sind. Hier lege ich ihm, wenn es donnert und blitzt, ein weiches Hundebett hin und öffne die Tür. So kann er selbst entscheiden, ob er in meiner Nähe im Wohnzimmer bleiben will oder sich in seine WC-Höhle verkriechen möchte. Ist der Hund meines Partners, der keinerlei Gewitterangst hat, auch da, so entscheidet er meist, Fanta Gesellschaft zu leisten, wenn sich dieser zurückzieht. Er legt sich nah zu ihm und ist einfach da. Haben Sie einen Zweithund, der keine Angst zeigt, so geben Sie ihm die Möglichkeit, Ihren Angsthasen zu beruhigen! Die Vorbildwirkung eines selbstsicheren Hundes kann Wunder wirken.

Cordulas „Kalalassie's“ haben weder mit Wasser auf der Haut noch mit Regenprasseln ein Problem, da sie bereits in den ersten Lebenswochen in Pfützen spielen durften und bei jedem Wetter unterwegs waren!

Hat Ihr Hund kein Problem, trommelnde Regentropfen und Donner zu hören, während er im Haus ist und die Fenster offen stehen, öffnen Sie die Tür und geben ihm die Möglichkeit, auf einen überdachten Balkon oder eine Terrasse zu gehen. Hier ist er den Elementen noch näher. Möchte er das nicht, zwingen Sie ihn nicht, sondern geben ihm beim nächsten Regen einfach wieder die Möglichkeit, nach draußen zu gehen. Hunde, die bei Regen lieber im Haus bleiben, dürfen das natürlich. Dennoch ist es nützlich, unsere Hunde daran zu gewöhnen, auch bei Regen im Freien zu sein. Schließlich passiert es jedem einmal, dass er beim Spaziergang von einem Gewitter oder Regenschauer überrascht wird, oder Sie sind eines Tages nicht zuhause und haben die Fenster offen gelassen, wenn es zu einem Gewitter kommt. Mit ein bisschen Vorbereitung verhindern wir damit, unseren sensiblen Welpen zu traumatisieren.

Fühlt sich Ihr Welpe auch am überdachten Balkon wohl, ist es Zeit für einen kleinen Regenspaziergang! Locken Sie ihn nicht, sondern gehen Sie einfach selbst ein paar Schritte nach draußen, als wäre es die selbstverständlichste Sache der Welt. Möchte er Ihnen folgen? Wunderbar. Loben Sie ihn, wenn er bei Ihnen ankommt, und gehen wieder zurück unters Dach. Bleibt er lieber im Trockenen? Kein Problem. Lassen Sie ihn in Zukunft immer mal wieder dabei zusehen, wie Sie und gegebenenfalls Ihr wasserfester Zweithund zu einem Regenspaziergang aufbrechen oder fröhlich durch Pfützen springen. Vielleicht wagt er bald, sich Ihnen anzuschließen! Leichter geht das Ganze, wenn Sie es beim ersten Mal bei Nieselregen versuchen und nicht gleich ins ärgste Gewitter hinausgehen.

Gerade im Fall von Gewittern gibt es allerdings Hunde, die nie lernen, ihre Angst abzulegen. Selbst der besten Sozialisierung zum Trotz kann dies der Fall sein. Hat Ihr Hund eine Geräuschphobie, die sich darin äußert, dass er bei Gewittern nicht mehr ansprechbar ist, zittert, speichelt, nicht wagt, sich zu bewegen oder versucht, vor dem Gewitter wegzulaufen, obwohl er im Haus ist, und kann er kein Futter annehmen, konsultieren Sie einen Tierarzt mit Verhaltensschwerpunkt. Manche Hunde fürchten im wahrsten Sinne um ihr Leben, wenn es donnert. Es ist nicht fair, sie regelmäßig dieser Angst auszusetzen. Im Abschnitt *Psychopharmakologische Unterstützung* lesen Sie mehr darüber, wie der Tierarzt Ihrem Hund helfen kann.

Kinder

Auch Kinder sind ein wichtiges Element in der Sozialisierung unserer Familienhunde: Vielleicht haben Ihre Kinder manchmal Freunde zu Besuch, die Enkelkinder kommen vorbei, oder vielleicht wollen Sie auch nur im Sommer mit Ihrem Hund durch den städtischen Park spazieren können, ohne alle paar Meter umzudrehen oder sich mit Ihrem Hund hinter einem Baum zu verstecken, damit dieser sich nicht fürchten oder erregt bellen muss. Kinder bewegen sich in der Öffentlichkeit oft auf unvorhersehbare Weise; sie laufen schnell, drehen am Absatz um, rufen oder schreien, spielen Abfangen und Verstecken, werfen Bälle, springen Springschnur.

Die „Kalalassie's" wachsen mit Kinderbesuch auf, wovon sie ein Leben lang profitieren.

Einen Hund zu haben, der nicht mit Kindern zurechtkommt, schränkt ungemein ein – ganz gleich, ob man nun selbst Kinder hat oder nicht. Eine solide Sozialisierungsbasis wirkt Wunder, und selbst wenn sich herausstellt, dass Ihr ängstlicher Welpe auch später lieber Kindern aus dem Weg geht, ist es immer noch besser, einen Hund zu haben, der gelernt hat, einen Bogen um Kinder zu gehen und sich nicht weiter aufzuregen, als einen, der à la Angriff ist die beste Verteidigung bellend auf jeden kleinen Menschen, der ihm begegnet, zustürmt.

Für Welpen von der selbstsicheren Sorte gestaltet es sich denkbar einfach, die Kinder-Aufgabe auf der wöchentlichen Sozialisierungs-Checkliste zu erledigen: Mit dem fröhlichen, durch nichts zu beeindruckenden Welpen kann man vor der Volksschule warten und Kindern und ihren Eltern erlauben, den Welpen kennenzulernen, ihn ein wenig zu streicheln, falls er das mag, und ihm als Belohnung für höfliches Sitzen ein Leckerchen zuzustecken.

Mit einem ängstlichen Welpen ist das keine gute Idee – in der Öffentlichkeit gibt es zu viele unvorhersehbare Faktoren. Nicht nur, dass die fremden Kinder und deren Eltern nicht wissen, dass Ihr Welpe ängstlich ist und, sobald sie das knuddelige Wollknäul an der Leine sehen, ungefragt darauf zustürmen könnten – Sie haben auch keine Kontrolle über fremde Hunde, Verkehrslärm und Ähnliches. Für einen ängstlichen Welpen kann das leicht zu viel werden, und statt zu lernen, dass man sich vor Kindern nicht zu fürchten braucht, lernt er, dass es sich bei kleinen Menschen um äußerst gefährliche Monster handelt.

Wie im Sozialisationsprogramm mit Hunden ist auch beim Thema direkter Kinderkontakt eine geschickt arrangierte Übungssituation die beste Lösung für ängstliche Welpen. Und auch hier stellt sich die Frage: Wie finden Sie geeignete Helfer, und wie soll deren Begegnung mit Ihrem Welpen aussehen?

Eigene Kinder

Leben eigene Kinder im selben Haushalt wie Ihr Hund? Das ist ein Spezialfall der Sozialisierungsthematik. Je nachdem, wie alt Ihre Kinder sind, sieht die Herangehensweise unterschiedlich aus. Babys unter einem Jahr sind meist relativ unproblematisch. Sie haben noch keine Möglichkeit, sich dem Hund unbeaufsichtigt zu nähern, und Ihr Hund bekommt im Laufe der Zeit ganz nebenbei mit, dass Sie Ihr Baby herumtragen, ins Gitterbett legen, dass es manchmal weint und schreit, dann wieder lacht, dass das Baby im Kinderwagen umhergefahren und in den Armen in den Schlaf gewiegt wird, während Sie am Sofa entspannen. Stellen Sie sicher, dass Ihr ängstlicher Hund unter allen Umständen einen Mindestabstand von fünfzig Zentimetern zu Ihrem Baby einhält. Zwingen Sie ihn niemals zur Interaktion, sondern lassen ihn von Anfang an beobachten, was hier vor sich geht. Ist Ihr Welpe anfangs vom Anblick des winzigen Menschen in Ihren Armen überfordert, lassen Sie ihn von einem Welpenauslauf oder über ein Babygitter hinweg mit ausreichend Abstand beobachten. Der Abstand sollte groß genug sein, dass Ihr Hund ruhig und aufmerksam beobachtet, was hier vor sich geht, aber nicht überdreht oder bellt. Binden Sie Ihren Hund in den Alltag mit ein, und er wird gemeinsam mit Ihrem Kind aufwachsen und es bald als Familienmitglied akzeptieren. Achtung: Egal, wie gut Ihr Hund mit dem Baby auskommt – niemals, wirklich niemals sollten die beiden unbeaufsichtigt im selben Raum bleiben!

Wesentlich schwieriger ist es bei Kindern, die bereits laufen können, aber noch nicht das Schul- oder zumindest Kindergartenalter erreicht haben: Sie haben eine kurze Aufmerksamkeitsspanne und können Gefahren nicht einschätzen. Studien zeigen, dass der Großteil der Kinder in diesem Alter auch nicht in der Lage ist, die Körpersprache eines Hundes zu interpretieren. So können Knurren mit Lachen verwechselt, gefletschte Zähne als Lächeln interpretiert und erregtes Schwanzwedeln als freundliche Kontaktaufnahme eingeschätzt werden. Reife Kinder bis zum Alter von 10 Jahren und alle anderen bis zum Alter von 12 Jahren sollten niemals mit einem Hund alleine gelassen werden. Für Kinder unter sechs Jahren gilt das aber nochmal in verstärktem

Maße: Lassen Sie niemals, auch nicht für fünf Minuten, ein Kleinkind unbeaufsichtigt bei einem Hund – egal, wie gut Sie diesen kennen, und egal, wie freundlich dieser ist. Einen ängstlichen Hund sollten Sie noch weniger als gar nicht mit einem Kleinkind alleine lassen.

Haben Sie die Möglichkeit, Kind und Welpen immer zu beaufsichtigen, wenn Sie sich im selben Raum befinden? Gerade bei einem ängstlichen Welpen, dessen Unsicherheit sich zu Aggression steigern kann, wenn er in die Enge getrieben wird oder sich von Ihrem Kind bedroht fühlt, ist ständige Aufsicht ein Muss. Können Sie kein Auge auf den Hund haben, muss dieser sicher verwahrt werden – und zwar hinter einer Tür, die Ihr Kind nicht öffnen kann, oder bei einem Hundesitter Ihres Vertrauens. Weder Kind noch Hund sollten auf Kosten des anderen vernachlässigt werden – das wäre nicht fair. Beide verdienen die Möglichkeit, sich möglichst frei im Haus zu bewegen und kind- beziehungsweise hundgerecht aufzuwachsen. Mit einem schwierigen Welpen und einem Kleinkind im selben Haushalt überfordert zu sein, ist menschlich. Beide verlangen Ihnen Kraft, Zeit, Geduld und Aufmerksamkeit ab, die nicht jeder zu geben in der Lage ist. Schwierige Welpen wollen gerade in diesem Alter gefördert werden – nicht in einem Monat, und nicht in einem Jahr, sondern in der kritischen Sozialisierungsphase. Fehlt Ihnen dazu die Zeit oder erlauben es Ihre persönlichen Lebensumstände nicht, die Sicherheit von Kind und Hund zu garantieren und beiden die Aufmerksamkeit zukommen zu lassen, die sie verdienen, kann es die für Ihren Welpen beste Entscheidung sein, ein geeigneteres Zuhause für ihn zu suchen. Mehr dazu im Kapitel *Die schwierige Entscheidung, den Welpen abzugeben.*

Kinder im Hundehaushalt, die über zehn Jahre alt sind, stellen meist kein Problem dar, da sie bereits in der Lage sind, Ihren Anweisungen zu folgen und die Schwierigkeiten des Welpen verstehen, wenn Sie ihnen diese kindgerecht erklären.

Nehmen wir aber an, dass keine Kinder im selben Haushalt leben, Sie aber doch wollen, dass Ihr Welpe zu einem kinderfreundlichen Hund heranwächst – oder zumindest zu einem Hund, der Kindern im Zweifelsfall aus dem Weg geht und ihnen nicht gefährlich wird. Nicht jeder Hund muss Kinder heiß lieben, doch jeder Hund kann lernen, Abstand zu halten und in Gegenwart von Kindern einen kühlen Kopf zu bewahren.

Geeignete Helfer finden

Wie auch beim Hund ist ein neues Kind pro Woche das absolute Minimum. Für einen entspannten, nervenstarken Welpen, der bereits beim Züchter gut aufs Leben vorbereitet wurde, mag das durchaus ausreichen. Für einen ängstlichen Welpen, der besonders Kinder unheimlich findet, empfiehlt es sich hingegen, eine möglichst große Anzahl Kinder anzupeilen – im Idealfall jeden zweiten Tag ein neues Kind. Zusätzlich ist es eine gute Idee, bereits bekannte Kinder zu einem oder zwei weiteren Besuchen einzuladen, damit Ihr Welpe auch tatsächliche Freundschaften zu Kindern aufbauen kann.

Haben Sie Enkelkinder, Neffen oder Nichten? Haben Ihre Freunde Kinder? Oft ist das die einfachste Möglichkeit, zu Helfern zu kommen, und vielleicht haben die Kinder in Ihrer Verwandtschaft sogar tierliebe Freunde, die gern mitkommen, um Ihnen und Ihrem Welpen weiterzuhelfen. Achtung: Holen Sie unbedingt die Erlaubnis der Eltern ein, bevor Sie fremde Kinder zu einem Hundebesuch einladen!

Haben Sie keine Kinder und auch keine Freunde oder Verwandten mit Kindern, gibt es wiederum die Möglichkeit, Nachbarn und Arbeitskollegen anzusprechen. Sollte auch das keine Möglichkeit sein, finden sich im Internet zahlreiche Gelegenheiten, über Foren oder Facebook-Gruppen mit freiwilligen Helfern in Kontakt zu treten.

Ich empfehle, Ihren ängstlichen Welpen einerseits mit Babys in Kinderwagen, Gitterbetten und auf Armen bekannt zu machen, und andererseits mit Kindern im Alter von sechs bis dreizehn Jahren. Bei Kindern, die bereits mobil sind, aber noch nicht das Kindergartenalter erreicht haben, halte ich bis auf Ausnahmefälle (ein Ausnahmefall wäre etwa in Zusammenarbeit mit einem erfahrenen Trainer) das Gefahrenpotenzial für zu groß für direkten Kontakt.

Die praktische Sozialisierungsarbeit mit Kindern

Sollten Sie selbst unsicher sein, ob Ihr Welpe ein Kind verletzen könnte, oder einen Welpen haben, der dazu neigt, seiner Angst im Sinne von „Angriff ist die beste Verteidigung“ Ausdruck zu verleihen, bietet es sich an, den Welpen erst an das Tragen eines Maulkorbs zu gewöhnen und diesen dann in der Arbeit mit Kindern einzusetzen. Der Maulkorb ist natürlich keine Lizenz zum Überfordern und Provozieren des Welpen, sondern eine zusätzliche Sicherheitsvorkehrung, die wir im Idealfall niemals benötigen – ähnlich wie ein Sicherheitsgurt im Auto.

Babys

Babys, die noch nicht mobil sind, haben den Vorteil, dass sie nicht ungewollt näher an den Hund herankrabbeln oder laufen können, was die Einrichtung einer kontrollierten Situation erleichtert. Andererseits ist es nicht möglich, die Lautäußerungen eines Babys zu kontrollieren: Babys weinen und schreien, lachen und glucksen vor Vergnügen, aber nicht auf Knopfdruck! Daher empfehle ich, den Stressfaktor Baby für Ihren Welpen in mehrere Teile zu zerlegen: Bevor er ein Baby kennenlernt, machen Sie ihn mit Babygeräuschen vertraut. Auch dafür empfehlen sich spezielle Geräusche-CDs und -Apps (siehe Anhang) oder ganz einfach eine Suche auf YouTube nach lachenden, weinenden und schreienden Babys. Schließen Sie CD-Player oder Computer an ein gutes Lautsprechersystem an, um die Geräusche möglichst realistisch klingen zu lassen, und spielen Sie sie dann in kaum hörbarer Lautstärke zu einem Zeitpunkt ab, zu dem Ihr Welpe wach und entspannt ist. Gerne können Sie die Geräuschkulisse mit einer entspannenden Massage verbinden. Reagiert Ihr Welpe unsicher auf die Geräusche? Dann sind diese zu laut. Drehen Sie die Lautstärke eine Spur zurück, bis der Welpe sich verhält, als ginge nichts

Außergewöhnliches vor sich. Reagiert der Welpe nicht auf die Geräusche? Wunderbar, das ist das Ziel. Spielen Sie die Geräusche für etwa zwei Minuten ab, gönnen Ihrem Welpen dann zwei Minuten Pause und beginnen schließlich die nächste Einheit mit einer minimal höheren Lautstärke. Bleibt Ihr Welpe entspannt? Großartig. Erhöhen Sie von Einheit zu Einheit die Lautstärke kleinschrittig, bis Ihr Welpe selbst dann entspannt bleibt, wenn die Babygeräusche eine realistische Lautstärke erreicht haben. Dabei sollten Sie maximal dreißig Minuten am Stück arbeiten und Ihrem Welpen dann eine wohlverdiente Ruhepause gönnen. Mit manchen Welpen kann bereits in der ersten Einheit die tatsächliche Lautstärke erreicht werden; andere brauchen wesentlich länger. Denken Sie daran: Ihr Welpe gibt das Tempo vor. Seine Körpersprache verrät Ihnen, wie schnell oder langsam Sie vorgehen können.

Um zu testen, ob die Desensibilisierung wirklich erfolgreich war, warten Sie mindestens zwei Stunden und testen dann auf der höchsten Lautstärke, mit der Sie in der letzten Einheit gearbeitet haben. Bleibt Ihr Welpe aufmerksam, aber entspannt? Toll! Sie sind bereit für den nächsten Schritt. Reagiert Ihr Welpe mit Furcht? Kein Problem – drehen Sie die Lautstärke zurück auf einen Pegel, bei dem sich der Welpe wohl fühlt, und arbeiten sich kleinschrittig erneut weiter nach oben.

Fühlt sich Ihr Welpe mit Babygeschrei und -gelächter in realistischer Lautstärke wohl, ist es Zeit, ihm ein echtes Baby vorzustellen!

Babys, die noch nicht mobil sind, können im Rahmen eines Sozialisierungsbesuches ausgesprochen gut kontrolliert werden. Laden Sie Eltern und Kind zu sich nach Hause ein. Empfangen Sie die junge Familie im Haus, empfiehlt es sich, den Welpen bei Empfang der Besucher in einem durch ein Kindergitter abgetrennten Nebenraum zu lassen. Dort sollte er Wasser, eine vertraute Decke und gegebenenfalls etwas zu kauen vorfinden und gute Sicht auf die eintretenden Besucher haben, aber zugleich weit genug von ihnen entfernt sein, dass er sich nicht fürchten muss.

Noch besser wäre es, wenn ein Helfer die Besucher hereinlässt, während Sie Ihrem Hund Gesellschaft leisten. Haben Sie diese Möglichkeit nicht, geben Sie Ihrem Welpen einen Kauknochen oder Kong, mit dem er sich beschäftigen kann, während er die Vorgänge im Besuchszimmer beobachtet. Bieten Sie den Gästen einen Sitzplatz in größtmöglicher Entfernung vom Hundegitter, aber mit freier Sicht auf die Besucher an, und verhalten Sie sich ganz natürlich: Es gibt Kaffee und Kuchen, Sie bewundern das Baby und unterhalten sich mit Ihren Gästen. Bleibt Ihr Welpe entspannt, öffnen Sie, wenn er mit dem Kauen fertig ist, das Babygitter. Locken Sie ihn nicht, sondern geben ihm die Möglichkeit, selbst zu entscheiden, ob er sich den Besuchern nähern will oder nicht. Sollte er Kontakt aufnehmen wollen, spricht ihn Ihr Gast freundlich an und kann ihn auch streicheln, falls er das mag. Achtung: Unter keinen Umständen sollte der Welpe das Baby direkt beschnüffeln dürfen. Welpen können ihre Kraft noch nicht einschätzen und haben spitze Milchzähne, die großen Schaden an der zarten Haut anrichten können! Zeigt der Welpe Interesse am Baby, bitten Sie Ihren Besucher um einen getragenen Babyschuh oder -socken, den der Hund genauestens beschnüffeln und untersuchen darf, um sich mit dem kleinen Erdenbürger vertraut zu machen.

Verhält sich Ihr Welpe ganz natürlich, fröhlich und entspannt, während er im selben Raum wie die Gäste ist und das Baby manchmal lacht, manchmal andere Geräusche von sich gibt, ist es Zeit für den nächsten Schritt. Bringen Sie Ihren Welpen zurück hinter das Kindergitter und geben ihm wieder etwas zu knabbern, damit ihm nicht langweilig wird – schließlich fühlen auch wir uns im Kino am wohlsten, wenn wir nicht nur den Film sehen, sondern dabei eine Tüte Popcorn am Schoß halten! Bitten Sie nun Ihren Gast, mit dem Baby langsam aufzustehen und sich parallel zum Babygitter, hinter dem Ihr Welpe wartet, durch den Raum zu bewegen. Ihr Gast sollte vermeiden, den Welpen direkt anzustarren oder frontal auf ihn zuzugehen. Ein Baby, das herumgetragen wird, wirkt noch einmal ganz anders als ein Baby, das mit seinen Eltern auf einem Stuhl sitzt. Ist Ihr Welpe auch in dieser Situation völlig entspannt, bitten Sie Ihren Helfer, sich auf einen neuen Platz zu setzen – auf die Couch oder auf einen neuen Sessel. Nach etwa dreißig

Cordulas Welpen sammeln bereits in den ersten Lebenswochen positive Erfahrungen mit Kindern unterschiedlichen Alters.

Sekunden steht der Helfer wieder auf und bewegt sich weiter durchs Zimmer. Die Schleifen werden jetzt größer, sodass er dem Hund hinter dem Babygitter näher kommt, ihn aber nach wie vor nicht direkt anstarrt. Bleibt Ihr Welpe weiterhin ruhig, entspannt und neugierig? Wunderbar! Ihr Helfer soll den Abstand erneut verringern. So arbeiten Sie sich kleinschrittig an den Hund heran und achten dabei immer darauf, den Abstand erst dann zu verringern, wenn der Welpe neugierig und entspannt wirkt: Er wedelt mit der Rute, legt den Kopf schief, spitzt die Ohren, streckt neugierig die Schnauze durch die Gitterstäbe. Seine Muskeln am gesamten Körper bleiben dabei immer weich und entspannt; Sie haben den Eindruck, dass er sich eher wie ein Stofftier statt eine Porzellanfigur anfühlen würde, wenn sie ihn hochheben würden. Beobachten Sie Spannung im Hundekörper, sind Sie zu schnell vorangegangen – erhöhen Sie den Abstand erneut, bis sich der Hund wieder wohlfühlt, und bauen die Distanz dann wieder kleinschrittig ab.

Können Sie schließlich direkt am Kindergitter vorbeigehen, ohne dass sich Ihr Welpe bedroht fühlt, ist es Zeit, dieses wieder zu öffnen. Wiederum wird der Welpe nicht gelockt, sondern hat die Möglichkeit, sich aus freien Stücken dem Besucher mit dem Baby, der immer wieder an unterschiedlichen Stellen im Raum sitzt und sich bewegt, zu nähern. Niemals betritt der Besucher den Rückzugsort des Hundes hinter dem Babygitter. Dieses bleibt offen stehen, sodass der Welpe jederzeit die Möglichkeit hat, auszuweichen.

Wenn etwa dreißig Minuten vergangen sind, ist es Zeit, die Einheit zu beenden. Bringen Sie Ihren Hund mit einem Kauartikel zurück hinter das Babygitter, sodass Sie sich nochmal in aller Ruhe von Ihren Gästen verabschieden und sich für die Hilfe bedanken können. Dann ist es Zeit, Ihrem Hund eine Ruhepause von mindestens einer Stunde zu gönnen, damit er seine Erlebnisse verarbeiten und die positiven Erfahrungen ins Langzeitgedächtnis speichern kann.

Kleinkinder

Kleinkinder neigen zu unerwarteten Bewegungen und haben eine kurze Aufmerksamkeitsspanne. Zu leicht kann ein Kleinkind den ängstlichen Welpen verschrecken oder ihn so sehr bedrängen, dass er sich nur durch einen Angriff zu helfen weiß – das ist gefährlich für das Kind und kann dazu führen, dass der Hund lernt, defensive Aggression zu zeigen! Kleinkinder und ängstliche Welpen sollten einander daher nur im geschützten Kontakt oder unter Anleitung eines erfahrenen Trainers kennen lernen. Geschützter Kontakt bedeutet, dass Kind und Hund durch einen Zaun oder ein hohes Kinder-Sicherheitsgitter voneinander getrennt sind, die weder von Kind noch Hund überwunden werden können. Das Kleinkind sollte an der Hand eines Erwachsenen in einem Abstand zum Zaun stehen, der es unmöglich macht, die Hand durch die Stäbe zu strecken. Haben Sie diese Möglichkeit nicht, gibt es vielleicht die Möglichkeit einer geschlossenen Glastür oder die Möglichkeit, Ihrem Welpen von einem Balkon aus Kleinkinder im Garten zu zeigen. Sollte das nicht möglich sein, beschränken Sie sich auf das anhand eines Spielplatzes im Kapitel *Geräusche im Freien* beschriebene Protokoll.

Auch wenn Sie Kleinkinder als Helfer zur Verfügung haben, beginnen wir damit, eine Geräusche-CD abzuspielen oder lachende, rufende und weinende Kinderstimmen auf YouTube zu suchen. Gehen Sie vor, wie im Abschnitt *Babys* beschrieben, um Ihren Welpen kleinschrittig an die Geräusche zu gewöhnen.

Auch als nächster Schritt bietet sich ein ähnlicher Aufbau wie im Abschnitt zum Thema Babys beschrieben an, allerdings sollten Sie in diesem Fall sicherstellen, dass das Babygitter wirklich kindersicher und hoch genug ist, das heißt, dass das Kleinkind keine Möglichkeit hat, den Welpen zu erreichen. Bieten Sie Ihren Gästen etwas an, das Kinder lecker finden und das am Tisch gegessen wird – zum Beispiel einen Eisbecher. Der Welpe sollte dabei allerdings, solange nicht sicher ist, dass er auch auf unerwartete Bewegungen eines Kleinkindes unbeeindruckt und freundlich reagiert, nicht in den Raum gelassen werden. Nach dem Eisessen bietet es sich an, gemeinsam mit dem Kind am Fußboden zu spielen – etwa ein Puzzle zu bauen oder etwas zu zeichnen. Der Welpe beobachtet die Vorgänge von der sicheren Zone hinter dem Hundegitter aus und ist mit Kauartikeln versorgt, damit ihm nicht langweilig wird. Sollte er dazu neigen, schnell unruhig zu werden, bitten Sie die erwachsene Begleitperson des Kleinkindes, sich mit dem Kind zu beschäftigen, während Sie dem Welpen hinter dem Gitter Gesellschaft leisten.

Bleibt Ihr Hund ruhig und gelassen, bitten Sie Ihren jungen Besucher um einen persönlichen Gegenstand – einen Schuh, einen Socken oder eine Kappe – und erlauben Ihrem Welpen, diesen gründlich zu beschnüffeln. Neigt er dazu, Stoffe zu zerfetzen, halten Sie den Gegenstand einfach außerhalb des Gitters und lassen ihn durch die Stäbe schnüffeln.

Funktioniert auch das problemlos, kann das Kind an der Hand der Begleitperson näher kommen – allerdings sollte immer ein Abstand eingehalten werden, der verhindert, dass das Kind die Finger durch die Stäbe strecken kann. Natürlich ist Ihr Welpe keine blutrünstige Bestie, aber er ist ein unberechenbares Hundekind. So kann es durchaus sein, dass er sich so wohl fühlt, dass er mit dem Kind spielen will und dabei mit der Schnauze, mit den Zähnen oder auch nur der Zunge die Kinderhand berührt. Das Kind könnte erschrecken und einen Schrei ausstoßen. Für einen selbstsicheren Welpen kein Problem – für einen ängstlichen Welpen hingegen unter Umständen eine traumatische Erfahrung. In einem Sicherheitsabstand von etwa einem Meter darf das Kind hingegen an der Hand des Erwachsenen am Hund vorbeigehen. Eine gute Idee ist auch, dem Kind zu erlauben, in diesem Abstand einen Keks auf den Boden zu legen. Dann verlassen Kind und Begleitperson den Raum, und Sie öffnen die Tür, sodass der Hund sich das leckere Geschenk holen kann. Daraufhin führen Sie den Welpen wieder zurück in seinen Bereich und holen Kind und Helfer zurück in den Raum, um das Spiel zu wiederholen. Natürlich dürfen Kind und Helfer gern durch ein Fenster oder eine Glastür beobachten, wie sich der Welpe seinen Leckerbissen holt. Hat Ihr ängstlicher Welpe schon gelernt, sich höflich zu setzen, wenn er etwas möchte, kann das Kind auch abwarten, bis der Hund sitzt und Sie zum Beispiel clicken oder ein Markerwort sagen, bevor es den Keks ablegt. Alternativ können Sie den Welpen an die Leine nehmen, sodass er sich den Keks holen kommen kann, während das Kind in sicherem Abstand am anderen Ende des Raumes an der Hand seiner Begleitperson wartet. Dabei ist allerdings wichtig, auch in dieser Situation ein Anlocken des Welpen zu vermeiden. Wir wollen verhindern, dass er dem Kind näher kommt, als er eigentlich will, weil er durch den Leckerbissen bestochen wird! Daher ist es – anders als bei selbstsicheren Hundekindern – wichtig, ängstliche Welpen nicht aus der Hand des Menschen zu füttern, der ihnen Angst macht. Es ist gerade die völlig freie Entscheidung, sich zu nähern, die das Selbstbewusstsein stärkt. Ein Welpe, der in eine Position gelockt wird, in der er sich nicht wohlfühlt, kann das realisieren, nachdem er den Leckerbissen geschluckt hat, und dann in Panik verfallen. Das wollen wir verhindern!

Wenn Sie dem Kind erlauben, Kekse für Ihren Hund auf den Boden zu legen, bietet es sich an, den Boden im Vorfeld mit bunten Klebebändern zu markieren: ein X für die Stelle, an der der Keks liegen soll, und ein Streifen für die Zone, in der Kind und Begleiter warten sollen, bis der Hund wieder sicher hinter dem Babygitter verwahrt ist. Erfahrungsgemäß sorgen solche visuellen Markierungen dafür, dass sich Ihre Helfer wirklich dort aufhalten, wo Sie das möchten, und nicht einfach irgendwo.

Sollten Sie Ihren jungen Besucher nicht im Haus, sondern im Garten empfangen wollen, funktioniert das Protokoll ganz ähnlich. Trennen Sie einen Teil des Gartens mit einem Zaun, der weder von Hund noch Kind überwunden werden kann, ab. Richten Sie dort den Rückzugsort des Hundes mit vertrauter Decke oder Box, Wasser und Kauartikel ein, und machen Sie es sich auf einem Gartentisch am anderen Ende des zweiten Bereiches gemütlich. Sollten Sie im Garten das Spiel mit den fressbaren Geschenken des Kindes für den Hund spielen wollen, bietet sich statt des bunten Klebebandes Kreidespray an, um die Zonen zu markieren.

Das Heranführen Ihres Welpen an größere Gruppen spielender Kinder im Öffentlichen Raum wird im Kapitel *Geräusche im Freien* ausführlich beschrieben. Beide Protokolle sind wichtig, da Hunde einzelne Menschen und Menschengruppen ganz unterschiedlich wahrnehmen und nicht automatisch von einer Situation auf die andere generalisieren!

Kinder im Alter zwischen sechs und dreizehn Jahren

Mit Kindern in diesem Alter ist das Sozialisieren des Welpen einfacher als mit Kleinkindern: Die Aufmerksamkeitsspanne und die Fähigkeit, Ihre Erklärung zu den Problemen des Welpen zu verstehen und Ihren Anweisungen zu folgen, sind größer. Reife Kinder können bereits im Volksschulalter auch im direkten Kontakt beim Sozialisieren helfen. Kinder, die sich sehr schwer tun, still zu sitzen oder der Anleitung von Erwachsenen zu folgen, sollten hingegen nicht zum Sozialisieren eingeladen werden.

Beginnen Sie die Übungseinheit wie bei den Babys und Kleinkindern, indem Sie Ihre Gäste hereinbitten, sich gemeinsam mit ihnen in größtmöglicher Entfernung vom sicher hinter einem Babygitter verwahrten Welpen setzen und plaudern, Kuchen oder Getränke servieren.

Zeigt sich der Welpe entspannt und neugierig, leiten Sie Ihren jungen Besucher an, am Tisch sitzen zu bleiben, und öffnen dann das Babygitter, sodass sich der Welpe entscheiden kann, näher zu kommen, wenn er das möchte. Bitten Sie Ihre Gäste, plötzliche Bewegungen zu vermeiden und den Hund nicht zu erschrecken, anzulocken oder anzustarren. Bewegt der Welpe sich neugierig und entspannt durch den Raum, schnuppert vielleicht an den Kinderbeinen und zeigt keinerlei Angst, können Kind und Begleitpersonen jeweils mit dem Welpen reden, ihn anlächeln und ihm kurz Blickkontakt schenken, sollten ihn aber weder berühren noch direkt in seine Augen schauen. Fühlt sich der Welpe weiterhin wohl, bringen Sie ihn zurück in seinen abgegrenzten Bereich, geben ihm einen Kauartikel

Cordula ermöglicht ihren Welpen nicht nur ein oder zwei, sondern zahlreiche Kinderkontakte in unterschiedlichen Situationen. Das vermeidet spätere Probleme!

und bitten das Kind, durch den Raum zu schlendern. Ihr junger Besucher soll hektische Bewegungen vermeiden; es kann helfen, neben ihm herzugehen und ihn in ein Gespräch zu verwickeln, um die Situation zu entspannen. Zeigen Sie ihm etwas im Bücherregal, bitten Sie ihn, kurz am Sofa Platz zu nehmen oder etwas aus dem gegenüberliegenden Kasten zu holen. Ihr Welpe beobachtet und lernt dabei, dass ihm niemand zu nahe kommt und dass nichts passiert, wenn ein Kind durch sein Haus geht.

Wirkt Ihr Welpe neugierig und entspannt, bitten Sie das Kind, sich weiter entspannt zu bewegen, und öffnen daraufhin das Babygitter, sodass der Welpe die Möglichkeit hat, den Besuchsraum zu betreten und Kontakt aufzunehmen. Bitten Sie das Kind, den Welpen nicht zu streicheln, sondern sich weiter durch den Raum zu bewegen. Wenn der Welpe Kontakt sucht, soll das Kind mit ihm sprechen und ihm kurz Blickkontakt schenken. Es hilft, Ihrem jungen Assistenten genaue Vorgaben zu geben, damit er ein Ziel und die Hände voll hat: Das Geschirr vom Tisch auf die Anrichte tragen, eine neue Flasche Wasser aus dem Kühlschrank holen, den Tisch abwischen, die Couchkissen aufschütteln ... Natürlich verdient sich Ihr fleißiger Haushaltshelfer ein paar Euro für seine Anstrengungen!

Hat der Welpe auch diese Aufgabe mit Bravour gemeistert und wirkt gar nicht mehr ängstlich, kann als letztes strukturiertes Spiel erneut das Keks-Geschenk-Spiel gespielt werden: Bringen Sie Ihren Welpen zurück hinter das Kindergitter und statten Ihren Assistenten mit einem Hundekeks aus. Bitten Sie Ihren Helfer, sich in zwei Metern Abstand vom Babygitter mit dem Keks zu positionieren. Sobald der Hund sich setzt, clicken oder markieren Sie mit einem Markerwort, und das Kind legt den Keks auf eine zuvor vereinbarte Stelle. Diese kann zum Beispiel mit Klebeband am Boden gekennzeichnet werden. Das Kind entfernt sich ans andere Ende des Zimmers, und Sie lassen den Welpen heraus, damit er sich den Keks holen kann.

Da wir verhindern wollen, dass der Welpe in eine Situation gelockt wird, die ihn noch überfordert, ist es wichtig, dass das Kind immer nur einen Keks am Körper trägt, wenn der Welpe hinter dem Babygitter wartet! Sobald der Welpe herausdarf, um sich den abgelegten Keks zu holen, soll Ihr Helfer nichts Essbares am Körper tragen und auf der anderen Seite des Raumes ruhig abwarten, ohne den Welpen anzulocken oder anzustarren. Nun kann der Welpe wieder selbstständig Kontakt aufnehmen, wenn er möchte, wird aber nicht gelockt. Spielen Sie das Spiel mit dem Ablegen des Kekses fünf bis zehn Mal. Klappt auch das ausgezeichnet und sind die dreißig Minuten Ihrer Übungseinheit noch nicht vergangen, erlauben Sie Kind und Hund, für einige Minuten ganz natürlich miteinander zu interagieren. Dazu bringen Sie den Hund erst wieder in seine sichere Zone und bitten das Kind dann, sich auf den Boden zu setzen, damit es auf einer Höhe mit dem Hund ist. Geben Sie ihm wiederum etwas zu tun, damit das Kind nicht aus Versehen dem Welpen zu lang in die Augen sieht und ihn verunsichert: Jüngere Kinder können zeichnen, ältere gemeinsam mit

Ihnen ein einfaches Kartenspiel spielen, das das Kind bereits beherrscht – UNO ist ein Klassiker. Der entspannte und neugierige Welpe darf ins Zimmer kommen und sich, wenn er möchte, dem am Boden sitzenden Kind nähern. Macht er das, darf das Kind ihn nun ansprechen, anschauen und, falls der Welpe gerne berührt wird, auch unterm Kinn oder an der Brust kraulen. Dabei sollte die Fünf-Sekunden-Regel beachtet werden: Fünf Sekunden streicheln oder massieren und dann die Hand wegnehmen. Nur, wenn der Welpe durch Pfotenbewegungen oder Anschmiegen an die Kinderhand deutlich dazu auffordert, dass er weiter gestreichelt werden möchte, geht es weiter. Niemals sollte der ängstliche Welpe in dieser Phase eingeschränkt oder hochgehoben werden – er muss immer die Möglichkeit haben, sich zurückzuziehen und die Interaktion zu beenden.

Behalten Sie die Körpersprache Ihres Hundes genau im Auge und beenden die Interaktion sofort, wenn der Welpe steif wird, unsicher wirkt oder zu überdrehen beginnt. Häufig finden Hunde Kinder ungeheuer aufregend. Daher kann es sein, dass die ersten Einheiten mit Kindern weit kürzer sind als die geplanten dreißig Minuten, weil Ihr Hund den kleinen Menschen zu spannend findet. Das ist in Ordnung: Hören Sie auf, zu üben, solange es gut läuft, nicht erst, wenn die Situation eskaliert! Erinnern Sie sich an die Eskalationsleiter? Idealerweise zeigt Ihr Welpe nicht einmal die Verhaltensweisen der untersten Sprossen.

Welpen und Kinder können gute Freunde werden, sollten aber niemals unbeaufsichtigt bleiben.

Gratuliere – Sie haben Ihren Welpen erfolgreich mit einzelnen Kindern unterschiedlichsten Alters vertraut gemacht! Das ist der wichtigste Schritt in der Sozialisierung eines ängstlichen Welpen gegenüber Kindern. Je nachdem, wie Ihr Welpe sich in dieser Situation verhalten hat, kann es sein, dass er bereit ist, auch mehrere Kinder gemeinsam kennenzulernen und sich mit laufenden und lärmenden Kindern auseinanderzusetzen. Für viele ängstliche Welpen habe ich allerdings festgestellt, dass sie sich in großen Menschenansammlungen und besonders großen Kindergruppen niemals wirklich wohlfühlen. Solange Ihr Welpe mit einzelnen Kindern zurechtkommt, kann man die Sozialisierung durchaus als erfolgreich betrachten, ohne mit großen Kindergruppen zu arbeiten, und dafür sorgen, dass der Hund in Zukunft nicht überfordert wird. Einzelne spielende Kinder im Park aus der Ferne zu beobachten und ein strukturiertes Spiel aus der Ferne zu spielen lernen wir weiter unten anhand des „Guck mal da!"-Spiels. Mehr ist nicht unbedingt notwendig – nicht jeder Hund muss auf Kindergeburtstagspartys oder beim Freundschaftsspiel des Junioren-Fußballvereins mit dabei sein.

Ungewohnte Outfits und Bewegungsmuster

Hunde sehen den Umriss eines Menschen und nehmen ihn dann als vertraut oder furchteinflößend wahr. Das führt dazu, dass Menschen mit Kapuzen, Motorradhelmen, Rucksäcken, gebückter Gangart oder Krücken ganz anders wirken als aufrecht gehende Menschen ohne die entsprechenden Outfits. Ein Hund, der immer nur Menschen sieht, deren Umrisse einander stark ähneln, wird in der Regel skeptisch reagieren, wenn ihm zum ersten Mal jemand begegnet, dessen Silhouette nicht in das bekannte Schema passt.

Hunde schätzen jenes Schema Mensch als ungefährlich und normal ein, das ihnen am häufigsten begegnet. In Westeuropa sind das in den meisten Fällen erwachsene Menschen durchschnittlicher Größe und Statur, die weder Kopfbedeckungen tragen noch Gehhilfen verwenden oder humpeln.

Kompetente Züchter machen bereits ihre Welpen mit unterschiedlichsten Kleidungsstücken, Kopfbedeckungen und Bewegungsmustern bekannt: Ob auf einem Bein hüpfende Kinder, Rollstuhlfahrer oder Inlineskater, Menschen mit Reithelm oder Sombrero – im Idealfall kennt Ihr Welpe all das schon, wenn er bei Ihnen einzieht.

Die Tatsache, dass Sie dieses Buch lesen, lässt vermuten, dass dieser Idealfall nicht auf Sie zutrifft – vielmehr kämpft Ihr Welpe mit Ängsten vor jedem Outfit oder Bewegungsmuster, das ihm nicht vertraut ist. Wenn der Züchter bereits gute Vorarbeit geleistet hat, können meine Klienten die Outfit- und Bewegungsmuster-Hausaufgabe auf der Checkliste meist ganz einfach in der Öffentlichkeit erledigen: Sie nehmen ihre Welpen mit, wenn sie Opa im Seniorenheim besuchen, sodass er dort sämtliche seiner Rollstuhl fahrenden und am Stock gehenden Freunde kennen lernen und sich von ihnen mit Keksen

Rottweiler-Mischling Tigger hatte keinen einfachen Start ins Leben gehabt und in seinen ersten Lebensmonaten wenig kennengelernt. Als Lisa ihn aufnahm, war er ein ängstlicher Junghund. Unter ihrer sanften Konsequenz und ihrem Einfühlungsvermögen entwickelte er sich aber bald zu einem ausgesprochen sozialen Zeitgenossen: Lisa lebte in einem von Anarchisten besetzten Haus, das heißt in einer großen Wohngemeinschaft, in der hauptsächlich Punks ein- und ausgingen. Hier war jede Menge los; immer war irgendjemand zu Hause und so gut wie jeder mochte Hunde. Tiggers Alltag bestand darin, von einem rauchenden und biertrinkenden, schwarz gekleideten Menschen mit Kapuze oder schwarzer Schirmkappe zum nächsten zu gehen und sich Streicheleinheiten abzuholen, während im Hintergrund White Lung spielten. Der Freundeskreis wuchs stetig, und Tigger nahm jeden Neuankömmling freundlich auf. Auf der Straße hingegen tat er sich schwer – er neigte dazu, in die Leine zu springen und Menschen lautstark zu verbellen. Interessant dabei war, dass Tigger dieses Verhalten zwar bei so gut wie jeder Begegnung zeigte, allerdings niemals, wenn es sich bei einem Passanten um einen schwarz gekleideten Menschen handelte, der seine Kappe oder Kapuze tief ins Gesicht gezogen hatte.

vollstopfen lassen kann, und schon ist die Aufgabe mit Bravour gemeistert. Für ängstliche Welpen empfiehlt sich diese Vorgehensweise nicht – wie Sie bereits gelernt haben, sollten Sie immer nur an einem Problem zugleich arbeiten. In der Öffentlichkeit können Sie nicht garantieren, dass nicht gleichzeitig mit dem Rollstuhlfahrer ein freilaufender Hund auftaucht und Sie von einem neugierigen Kind unterbrochen werden. Das wird schnell zu viel für einen ohnehin schon ängstlichen Hund, und die Situation eskaliert. Wir wollen also auch in diesem Bereich systematisch und kleinschrittig in einer kontrollierten Umgebung arbeiten.

Die Maskenball-Methode

Für das Maskenball-Spiel brauchen Sie ein paar Freunde oder Familienmitglieder, mit denen Ihr Welpe gut vertraut ist, die regelmäßig mit ihm interagieren und zu denen er bereits eine starke, auf Vertrauen basierende Beziehung aufgebaut hat. Außerdem benötigen Sie die unterschiedlichsten Outfits: verschiedene Hüte, Kappen und Hauben, eine Kapuzenjacke, einen Bademantel, Umhang oder bodenlangen Mantel, einen langen Rock oder ein Kleid, einen Fahrrad- oder Reithelm, einen Motorradhelm, Gummistiefel, Stöckelschuhe, einen Regenschirm, Krücken, einen Spazierstock, eine Sonnenbrille – und alles, worauf Sie sonst noch Lust haben! Wer will, kann sich sogar mit Faschingskostümen verkleiden.

Wählen Sie einen Zeitpunkt, zu dem Ihr Welpe munter und aufmerksam, aber nicht überdreht ist. Setzen Sie sich und Ihre Helfer mit dem Welpen gemütlich auf den Wohnzimmerboden und beschäftigen sich einige Minuten mit ihm. Dann stehen Sie auf und holen das erste neue Kleidungsstück – zum Beispiel eine Schirmkappe. Zeigen Sie Ihrem Hund den Gegenstand und erlauben ihm, ihn gründlich zu beschnüffeln, während Sie weiter fröhlich mit ihm plaudern. Erlauben Sie ihm, den Gegenstand zu untersuchen, bis er seine Neugier befriedigt hat und ihn langweilig findet. Dann gewinnen Sie seine Aufmerksamkeit, etwa durch ein Schnalzgeräusch mit der Zunge oder indem Sie seinen Namen sagen, setzen die Kappe in einer langsamen Bewegung auf und reden dabei weiter mit Ihrem Welpen, als hätte sich nichts verändert. In den meisten Fällen wird ein Welpe, der Sie beim Aufsetzen beobachtet, verstehen, dass immer noch Sie hinter der veränderten Silhouette stecken, und sich nicht fürchten. Bleiben Sie etwa dreißig Sekunden sitzen, stehen dann langsam auf und gehen eine Runde durch den Raum, sodass der Welpe Ihre veränderte Silhouette auch im Stehen und in Bewegung betrachten kann. Dann kommen Sie zurück, lassen sich wieder inmitten Ihrer Helfer nieder und nehmen die Kappe ebenso langsam ab, wie Sie sie aufgesetzt haben. Lassen Sie den Welpen erneut ausführlich daran schnuppern, wenn er das möchte, und reichen die Kappe dann an den Nächsten in der Runde weiter, der ebenso vorgeht wie Sie. Sind Sie mit dem ersten Gegenstand durch und der Welpe hat immer noch Interesse am gemeinsamen Spiel

Tanya zeigt Olive einen Hut und setzt ihn schließlich auf.

und nicht ängstlich reagiert, tragen Sie die Kappe weg und bringen das nächste Kleidungsstück ins Spiel – zum Beispiel den bodenlangen Rock.

Erneut setzen Sie sich zu Ihrem Welpen auf den Boden und zeigen ihm den Rock, indem Sie ihn langsam am Boden ausbreiten. Ihr Welpe darf ihn sich ansehen, beschnuppern, draufsteigen und, wenn er will, auch probehalber hineinbeißen – stellen Sie sicher, kein teures Designerstück zu wählen! Fühlt er sich mit dem am Boden liegenden Stoff wohl, heben Sie diesen langsam an, um das Bild zu verändern. Immer noch in Ordnung? Wunderbar. Stehen Sie in aller Ruhe auf, treten zwei Meter vom Welpen zurück und ziehen, während Sie weiter mit ihm reden, den Rock über. Wirkt Ihr Welpe alarmiert, bleiben Sie ruhig stehen und reden freundlich mit ihm. Entscheidet er sich, näher zu kommen und zu schnüffeln, darf er das. Vermeiden Sie Bewegungen, die den Rock in Schwingung versetzen könnten, bis der Welpe Mut gefasst hat und entspannt, ja, fast schon gelangweilt wirkt. Dann gehen Sie eine langsame Runde durch den Raum. Wirkt es, als würde der Welpe überdrehen, bleiben Sie sogleich stehen. Gern können Sie ihm ein paar beruhigende Worte sagen. Spannt sich sein Körper an, wenn Sie gehen, bleiben Sie ebenfalls stehen und warten, bis der Welpe wieder entspannt ist, um dann einen erneuten Versuch zu starten, sich zu bewegen.

Hat der Welpe auch die Herausforderung Rock gemeistert, ziehen Sie das Kleidungsstück aus, lassen den Welpen erneut

Tanya zeigt Olive eine Federboa. Auch im Gehen ist diese nicht unheimlich!

daran schnüffeln und reichen die Verkleidung dann an den nächsten Helfer weiter, der ebenso vorgeht wie Sie.

So verfahren Sie mit allen Kleidungsstücken und Gegenständen, von der Haube über die Sonnenbrille bis zum Spazierstock. Nach maximal dreißig Minuten gönnen Sie Ihrem Welpen eine Pause von mindestens einer Stunde, damit der er die neuen Eindrücke verarbeiten und ins Langzeitgedächtnis übertragen kann.

Für manche Welpen sind Maskenball-Spiele ganz schön aufregend. Das erkennen Sie daran, dass der Welpe bei neuen Outfits anfangs etwas unsicher wirkt, bevor er sich entspannen kann. Dauert die Anspannung Ihres Welpen in Gegenwart eines neuen Kleidungsstücks oder Gegenstandes länger als zehn Sekunden, ist das ein wichtiger Hinweis für Sie, die Einheit zu beenden, nachdem alle Helfer das entsprechende Kleidungsstück getragen haben: Der Stresspegel Ihres Welpen steigt mit jeder Erfahrung, die ihn kurz verunsichert, weiter an, und um zu verhindern, dass der Stress über ein akzeptables Level hinausgeht, ist es in diesem Fall wichtig, die Übungseinheit abzukürzen. Meistert Ihr Welpe hingegen eine Herausforderung nach der anderen mit Bravour, arbeiten Sie wie gewohnt für dreißig Minuten.

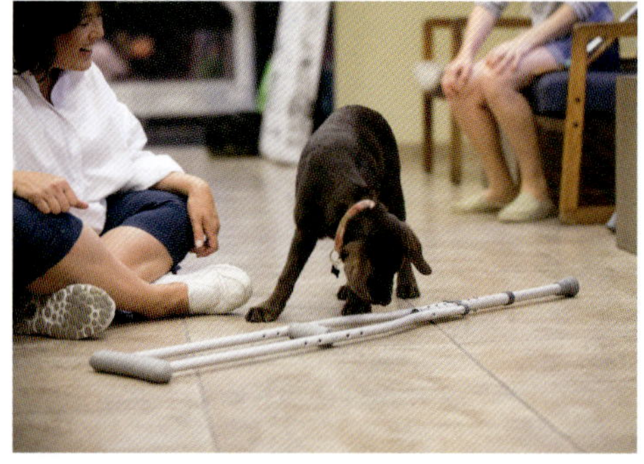

Tanya gibt Olive Zeit, sich die Krücken aus der Nähe anzusehen, bevor sie damit durch den Raum geht.

Die Maskenball-Methode light

Und was, wenn der Welpe alarmiert zu kläffen beginnt, sobald Sie sich Kappe oder Sonnenbrille aufsetzen, oder wegläuft, sich unterm Sofa verkriecht und nicht mehr hervorwagt? Haben Sie alles falsch gemacht und Ihren Welpen noch mehr traumatisiert, als er das ohnehin schon ist? Nein, das haben Sie nicht. Atmen Sie tief durch. Ihr Welpe hat Ihnen mitgeteilt, dass er ganz besonders sensibel auf Veränderungen der menschlichen Silhouette reagiert. Da er kein Deutsch kann, musste er das anders ausdrücken. Jetzt, wo Sie das wissen, können Sie auf seine besonderen Bedürfnisse eingehen, indem Sie noch kleinschrittiger vorgehen als im obigen Protokoll beschrieben. Gönnen Sie Ihrem Welpen und auch sich eine Pause und fangen dann nochmal von vorne an.

Setzen Sie sich mit Ihren Helfern auf den Boden und beschäftigen sich einige Minuten mit dem Welpen wie oben beschrieben. Dann holen Sie den ersten Gegenstand und legen ihn in etwa zwei Metern Abstand vom Welpen auf den Boden. Geben Sie Ihrem Welpen Zeit. Früher oder später wagt er sich in die Nähe der Sonnenbrille oder des Reithelms. Loben Sie ihn. Erlauben Sie ihm, den Gegenstand zu untersuchen, bis er nicht mehr interessant ist, und entfernen Sie ihn dann wieder. Gehen Sie mit allen neuen Gegenständen so vor und beenden dann die Einheit.

In der nächsten Einheit legen Sie einen bereits bekannten Gegenstand auf den Boden. Nun sollte der Welpe keinerlei Angst mehr davor zeigen, ihn etwa sofort aus der Nähe betrachten oder gar nicht beachten. Sehr gut! Sie sind bereit, ein Shaping-Spiel mit dem Gegenstand zu spielen (siehe Kapitel *Shaping und Tricks* im Trainingsabschnitt).

Hat der Welpe das Shaping-Spiel mit einem Gegenstand erfolgreich hinter sich gebracht, sollte sein Selbstbewusstsein gegenüber dem vormals unheimlichen Objekt rasant gewachsen sein. In der Regel können Sie nun mit der Maskenball-Methode weitermachen wie oben beschrieben, ohne dass der Welpe sich ängstlich zeigt.

Olive ist die Sonnenbrille nicht geheuer.

Olive lernt mittels freiem Formen, die Sonnenbrille aufzuheben.

Die überraschende Ankunft

Hat Ihr Welpe durch die Maskenball-Methode sämtliche Gegenstände und Kleidungsstücke kennengelernt, ist es Zeit, den Überraschungs-Faktor einzuführen. Hunde neigen dazu, plötzlich und unerwartet auftauchende Überraschungen als unheimlich einzuschätzen. Das wollen wir jetzt ändern, indem wir dem Welpen, zeigen, dass Überraschungen nichts Schlimmes bedeuten, sondern sogar mit Köstlichkeiten verbunden sind.

Zwei ideale Trainingszeitpunkte sind die Ankunft eines geliebten Menschen, zum Beispiel, wenn Ihr Partner abends nach Hause kommt und sich Ihr Welpe ungemein freut, sowie die Futterzeit.

Legen Sie Ihrem Partner vor der Haustüre einen der Gegenstände oder eines der Kleidungsstücke bereit, mit denen Sie Maskenball gespielt haben. Er setzt sich die Sonnenbrille auf, nimmt den Spazierstock oder spannt den Regenschirm auf und dreht dann wie üblich den Schlüssel im Schloss. Der Welpe kommt freudig angelaufen, der Ankömmling legt die Verkleidung ab, sobald ihn der Welpe damit gesehen hat, und das Begrüßungsritual läuft ab wie immer – Sie haben eine unheimliche Silhouette erfolgreich mit einem geliebten Menschen verknüpft! Selbst wenn der Welpe im ersten Schreckmoment kurz bellt oder zurückschreckt – das sofortige Ablegen der Verkleidung sollte dazu führen, dass er sich umgehend erholt.

Wiederholen Sie dieses Spiel bei jeder Ankunft eines bei Ihrem Welpen beliebten

Menschen. Jedes Mal, wenn Sie vom Einkaufen oder aus der Arbeit zurückkommen, bietet sich eine Gelegenheit. Wiederholen Sie es mit jedem Gegenstand so lange, bis der Welpe nicht mehr darauf reagiert, das heißt weder bellt noch zurückschreckt, wenn einer seiner Freunde damit nach Hause kommt. Setzen Sie sich zum Ziel, täglich mindestens dreimal überraschend anzukommen!

Auch den Fütterungszeitpunkt können Sie für eine überraschende Ankunft nutzen, falls Ihr Welpe einen Teil seines Futters aus einem Napf erhält. Verschwinden Sie ohne Welpen in der Küche, um das Futter zuzubereiten, und verkleiden sich mit einem Kleidungsstück oder Gegenstand aus dem Maskenball-Spiel. Treten Sie dann umgehend mit Verkleidung und Futternapf zurück in den Raum, in dem sich der Welpe befindet, stellen den Futternapf ab und verschwinden wieder in der Küche, wo Sie die Verkleidung ablegen, bevor Sie zu Ihrem Welpen zurückkehren: Jemand im unheimlichen Outfit hat ihm sein Abendessen serviert! Wenn das kein Grund ist, Menschen in unheimlichen Outfits zu mögen!

Achten Sie dabei darauf, den Welpen nicht mit dem Futternapf zu locken, wenn Sie ihm unheimlich sind. Treten Sie in den Raum, stellen den Napf ab und verschwinden umgehend wieder, um die Verkleidung abzulegen. Locken eignet sich nicht zum Sozialisieren eines ängstlichen Welpen! Auch die überraschende Ankunft des Futternapfes oder des täglichen Kauartikels in Verbindung mit der Verkleidung sollten Sie bei jeder Gelegenheit üben, die sich Ihnen bietet.

Überraschende Ankunft mit Futterschüssel: Die verkleidete Tanya überrascht Olive mit ihrem Abendessen.

Neue Orte

Die meisten meiner Klienten wünschen sich einen Hund zum Überall-hin-Mitnehmen: einen vierbeinigen Freund, der mit in den Urlaub fährt und sie ins Restaurant begleitet, mit dem sie wandern gehen und in der Hundezone spielen können. Sie träumen von einem Gefährten, der gerne mit dabei und in der Lage ist, sich an jedem neuen Ort zu entspannen, nachdem er ihn neugierig untersucht hat.

Die süße Schnauzer-Mix-Hündin einer Klientin war leider keiner der Welpen, die das vom ersten Tag an können: Sie fürchtete sich an neuen Orten erst mal ausgiebig. Alleine daheim bleiben konnte sie aufgrund ihrer Trennungsangst aber auch nicht, was ein nicht zu unterschätzendes Problem darstellte. Ich bot Ingrid an, die kleine Akira für einige Wochen bei mir aufzunehmen und ihr die ersten wichtigen Schritte der Sozialisierungsarbeit abzunehmen.

Im Alter von neun Wochen sah Akiras Sozialisierungsplan drei tägliche Kurzausflüge vor. Mit der Box, in der sie sich sicher fühlte, verbrachten wir pro Einheit circa 20 Minuten an unterschiedlichsten Orten: in den Gärten und Wohnzimmern von Freunden, an öffentlichen Wiesen, Parks und Wäldern, auf denen kaum etwas los war, auf ruhigen Parkplätzen, in hundefreundlichen Buchhandlungen und sogar in einem schlecht besuchten Fast-Food-Lokal ohne Konsumzwang.

Akira ist einer jener Hunde, auf die ich heute noch stolz bin. Dank gut durchdachter, intensiver Sozialisierung, die auch Ingrid fortsetzte, als Akira wieder bei ihr wohnte, hatte sie sich, als sie die Pubertät erreichte, zu einem selbstsicheren Hundekind entwickelt. Heute ist sie tatsächlich ein Hund zum Überall-hin-Mitnehmen, und wer das fröhliche Mädchen kennenlernt, kann sich kaum vorstellen, dass sie zu Beginn ihres Sozialisierungsprogrammes nicht gewagt hatte, auch nur eine Pfote aus ihrer Box zu strecken.

Neue Orte riechen ungewohnt, klingen ungewohnt, sehen ungewohnt aus und fühlen sich unter den Pfoten ungewohnt an. Kein Wunder, dass sie einem Welpen, dem nicht bewusst beigebracht wurde, alles Neue zu lieben, erst einmal Angst machen! Anders als das Sozialisierungsprogramm für neue Menschen und Hunde verlangen neue Orte allerdings weniger Planung, und Sie können die nötigen Ausflüge ohne Helfer durchführen.

Meine Sozialisierungs-Checkliste empfiehlt, jede Woche mindestens einen neuen Ort zu besuchen. Für Welpen, die an jedem neuen Ort erst einmal große Angst zeigen, ist das allerdings auf jeden Fall zu wenig. In diesem Fall empfehle ich, pro Woche ein Minimum an drei neuen Orten anzupeilen. Die Besuche müssen nicht lang ausfallen; kürzer ist in der Regel sogar besser – allerdings sollten sie möglichst häufig stattfinden. Wählen Sie nach Möglichkeit Orte, die mit dem Auto innerhalb weniger Minuten erreichbar sind, um Stress bei der Anfahrt zu vermeiden. Besonders ängstliche Welpen gehen meist noch nicht gern selbstständig an der Leine durch die Welt. Im Auto, mit dem sie hoffentlich schon vertraut sind, können sie in der sicheren Transportbox mitfahren, ohne bereits bei der Anreise von neuen Eindrücken überwältigt zu werden.

Sie sollten neue Orte in folgenden drei Kategorien in Ihr Sozialisierungsprogramm für ängstliche Welpen einbauen:

- private Häuser und Gärten
- öffentliche Wiesen, Parks und Wälder
- die städtische Umgebung

An öffentlichen Orten ist wichtig, dass Sicherheit an erster Stelle steht – meiden Sie Orte und Zeiten, zu denen viel los ist und die Gefahr besteht, von Kindergruppen oder fremden Hunden überrascht zu werden. Gute Zeiten sind in der Regel vormittags unter der Woche, wenn die meisten Menschen auf der Arbeit sind, nachts, nachdem die Menschen und ihre Hunde bereits wieder zuhause sind, und früh am Morgen, wenn viele noch schlafen.

Private Häuser und Gärten

Ist es Ihnen wichtig, Ihren Hund später zu Besuchen bei Familie und Freunden mitzunehmen, sollten Sie Ihren ängstlichen Welpen darauf vorbereiten, solange er noch flexibel ist. Privatbesuche sind meist die unkompliziertesten aller Ausflüge, weil Sie sich in sicher eingezäunten Gärten oder Räumen bewegen, in denen keine unliebsamen Überraschungen warten, die Ihren Schützling erschrecken

Rush und Tracy erkunden den Stadtpark.

könnten. Machen Sie Besuchstermine bei Eltern und Kindern, Cousinen und Cousins, Nichten und Neffen, Freunden und Bekannten aus! Erklären Sie den zu Besuchenden, dass Sie nur zwanzig Minuten bleiben wollen und nur ein wenig plaudern, während Sie sich auf den Hund konzentrieren. Es ist nicht nötig, Ihnen Getränke oder Kuchen anzubieten; es handelt sich auch nicht um einen Besuch, an dem alle Anwesenden mit dem Welpen spielen können. Erklären Sie, welche besonderen Ängste und Bedürfnisse Ihr Welpe hat, und versprechen Sie bei Interesse, dass die Freunde oder Familienmitglieder den Welpen sicher bald näher kennen lernen dürfen – aber heute ist es noch nicht so weit. Bedanken Sie sich herzlich für die Hilfe und Kooperation.

Bringen Sie die vertraute Box Ihres Welpen als Rückzugsort mit und legen seine Decke davor. Leiten Sie Ihren Gastgeber an, sich gemeinsam mit Ihnen in einigem Abstand und leicht schräg gemütlich auf den Boden zu setzen und direkten Blickkontakt zum Welpen zu vermeiden, sich sonst aber ganz natürlich zu verhalten. Statten Sie die Box mit einem Kauartikel aus, falls Ihr Hund diesen gern annimmt, und stellen bei warmem Wetter eine Schüssel Wasser bereit.

Sind Gastgeber und Sicherheitszone in Position gebracht, holen Sie Ihren Welpen aus dem Auto. Er muss nicht laufen, falls ihm das Sorgen bereitet – tragen Sie ihn einfach in den Garten oder ins Haus und setzen ihn in die vertraute Box, die offen steht. Er hat nun die Möglichkeit, die Welt zu beobachten, während er an einem Knochen kaut, oder sich auf die Decke vor der Box zu wagen. Ganz mutige Welpen können sogar ganz herauskommen, den Garten oder das Zimmer erforschen und Kontakt zu Ihrem Gastgeber aufnehmen.

Der Welpe bestimmt, was passiert, und wird nicht gelockt. Sollte er Kontakt aufnehmen wollen, ist das schön und Ihr Gastgeber darf ihn gerne ansprechen und auch unterm Kinn und an der Brust streicheln, wenn der Welpe das mag. Ein Anfassen von oben sollte vermieden werden, und auch ein Festhalten oder Hochheben des Welpen sind tabu – wie immer muss der Welpe jederzeit die Möglichkeit haben, sich zurückzuziehen. Das Streicheln sollte alle fünf Sekunden unterbrochen und nur dann fortgesetzt werden, wenn der Welpe es einfordert.

Bleibt Ihr Welpe die ganzen zwanzig Minuten lang in seiner Box und beobachtet die Welt aus dieser sicheren Zone, ist das ebenfalls in Ordnung. Auch so lernt er Neues über die Welt und sammelt wichtige Erfahrungen – unter anderem, dass Sie ihn niemals zu etwas zwingen und dass es in Ihrer Umgebung sicher ist. Er nimmt Gerüche und Geräusche wahr und hört Ihnen und Ihrem Gastgeber beim Sprechen zu, während nichts Schlimmes passiert.

Sollte Ihr Welpe im Laufe der zwanzig Minuten den neuen Ort neugierig untersucht und Ihren Gastgeber aus der Nähe kennengelernt haben, ist das wunderbar – beim nächsten Mal besuchen Sie einen neuen Ort. Bleibt Ihr Welpe die ganze Einheit über in der Box, besuchen Sie zwar in den nächsten Tagen neue Orte, sollten aber auch diesen Besuch wiederholen.

Manche Welpen benötigen zwei oder drei Einheiten, um sich an einem neuen Ort aus ihrem sicheren Versteck zu wagen. Auch diese Möglichkeit wollen wir ihnen bieten.

Wiesen, Parks und Wälder

Achtung: Ängstliche Welpen sollten im nicht eingezäunten Gebiet immer an der Leine sein, um zu verhindern, dass sie in Panik weglaufen, falls etwas Unerwartetes geschieht! Ich empfehle eine etwa fünf Meter lange, leichte Leine und ein Brustgeschirr. Die Leine sollte locker durchhängen. Sie dient nicht dazu, den Welpen zu steuern oder zu ziehen, sondern als Sicherheitsgurt für den Ernstfall. Solange Ihr Welpe ruhig und entspannt ist, folgen Sie ihm an der lockeren Leine und erlauben ihm, Tempo und Richtung vorzugeben, als wäre er im Freilauf – im Idealfall merkt er gar nicht, dass er an der Leine hängt!

Je nachdem, was Sie in Zukunft gern mit Ihrem Welpen unternehmen wollen, hätten Sie wahrscheinlich gerne, dass er sich beim Spaziergang oder Picknick in der Natur oder im Stadtpark wohl fühlt und entspannen kann. Wählen Sie Orte, die Ihren liebsten Ausflugszielen entsprechen, aber möglichst wenig besucht sind. Leben Sie in einer ländlichen Umgebung, finden Sie sicher einen geeigneten Ort. Leben Sie hingegen in der Stadt, empfiehlt es sich, anfangs an den Stadtrand zu fahren statt im Zentrum zu arbeiten.

Beginnen Sie mit dem einfachsten Ort – also etwa einem abgelegenen Wald, in dem Sie außer Rehen und Hasen nur hin und wieder einem Pilzsammler oder einem einsamen Wanderer begegnen. Parken Sie möglichst nah, bauen Sie die Sicherheitszone Ihres Welpen auf wie im vorigen Abschnitt beschrieben und setzen den angeleinten Welpen dann in die vertraute Box und sich selbst daneben, das andere Ende einer langen Leine in der Hand. Hier kann Ihr kleiner Angsthase Grillen und Vögel hören, Grashüpfern zusehen und dem Plätschern eines Bächleins lauschen. Geben Sie Ihrem Welpen Zeit und die Möglichkeit, entweder in seiner sicheren Zone zu bleiben oder die Gegend zu erkunden.

Nach zwanzig Minuten packen Sie Welpen und Box wieder ein und fahren nach Hause, wo Ihr Kleiner seine neuen Erfahrungen erst einmal schlafend oder rastend verarbeiten darf.

Besuchen Sie nach und nach etwas belebtere Orte: eine Wiese an einer Straße, auf der hin und wieder Autos, Radfahrer und Spaziergänger vorbeigehen, oder einen von Joggern frequentierten Weg. Achten Sie dabei darauf, immer die Möglichkeit zu haben, Ihren sensiblen Welpen im Ernstfall vor freilaufenden Hunden zu schützen, indem Sie ihn abschirmen oder etwa die Box schließen und sich schützend davor stellen!

Klappen auch belebtere Gegenden, ist es Zeit, sich in einen öffentlichen Park (keine Hundezone!) zu wagen. Hier gibt es Ball spielende Kinder, Tauben und Eichhörnchen, Menschen mit Kinderwagen, Spaziergänger, picknickende Familien und Menschen, die Ihre Hunde ausführen. Ich empfehle einen Park, in dem Leinenpflicht herrscht, um die Wahrscheinlichkeit, dass Ihr Welpe von einem frei laufenden Hund überrumpelt wird, zu minimieren. Wählen Sie für den ersten Besuch eine Tageszeit, zu der wenig los ist. Wiederholen Sie den Besuch, bis sich Ihr Welpe zu dieser Tageszeit gern aus der Box wagt, und gehen Sie dann dazu über, den Park zu lebhafteren Zeiten zu besuchen.

Die städtische Umgebung

Diese Kategorie ist nur dann interessant, wenn Sie entweder in der Stadt wohnen oder planen, Ihren Welpen hin und wieder in die Stadt mitzunehmen. Sollten Sie auf dem Land zuhause sein und Ihren Hund auch später nicht auf Stadtausflüge mitbringen wollen, müssen Sie ihn natürlich auch nicht daran gewöhnen.

Die meisten meiner Klienten kommen aus Wien und Wien-Umgebung. Viele wünschen sich, ihren Hund beim Einkaufen dabei zu haben und Kaffeehäuser und andere Lokale oder auch zum Städteurlaub im Hotel mitbringen zu können. Haben Sie ähnliche Erwartungen an Ihren Hund, ist es unumgänglich, ihn an die Stadt, ihre Gerüche und Geräusche zu gewöhnen und das nachzuholen, was er in den ersten Lebenswochen auf diesem Gebiet versäumt hat!

Unter freiem Himmel

In der Stadt ist einiges los: Autos und Motorräder, Radfahrer, Menschen mit Einkaufstüten, Kindern an der Hand und Hunden an der Leine. Da fegt jemand den Gehsteig, aus einem Gastgarten dringt Musik, und wenn man in Wien unterwegs ist, kann es sogar sein, dass erst lauter werdendes Hufgetrappel zu hören ist und dann ein Fiaker um die Ecke biegt. Es ist bunt, laut und schrill; alle haben es eilig und hin und wieder heulen Sirenen oder Autoalarmanlagen los.

Es ist keineswegs verwunderlich, dass sich manche Hunde vor all der Hektik fürchten – was hingegen erstaunlich ist, ist, wie ausgezeichnet sich viele Hunde mit der turbulenten Menschenwelt zurechtfinden! Wer den heutigen Lebensraum unserer Familienhunde mit dem ihrer Vorfahren vergleicht, kommt nicht umhin, die Vierbeiner für ihre enorme Anpassungsfähigkeit zu bewundern.

Der Stadttrubel gehört zu den schwierigsten Umgebungen, in denen sich ein Hund zurechtfinden muss. Ängstliche Welpen, die beim Züchter keine Erfahrungen mit Menschenansammlungen und lauten Geräuschen sammeln durften, werden sich unter Umständen immer ein wenig schwer damit tun. Anderen wieder gelingt es, in den ersten Wochen im Zuhause einiges nachzuholen und sich später fast wie ein Hund zu entwickeln, bei dem schon in den ersten Lebenswochen alles optimal gelaufen ist. Andere Hunde wiederum tun sich trotz bester Kinderstube ein Leben lang schwer mit dem Trubel.

Machen Sie sich keine Vorwürfe, wenn es nicht auf Anhieb klappt, und versuchen Sie, die städtische Welt durch die Augen Ihres Welpen zu sehen, statt mit menschlichen Erwartungen an ihn heranzutreten. Ein Hund, der in der Großstadt zurechtkommt, ohne mit der Wimper zu zucken U-Bahn fährt, sich durch verstopfte Fußgängerzonen schlängelt und am turbulenten Weihnachtsmarkt seelenruhig zu Füßen seiner Punsch trinkenden Familie schlummert, ist keine Selbstverständlichkeit, sondern ein Privileg. Unterstützen Sie Ihren sensiblen Welpen dabei, sein Potenzial an Selbstsicherheit und Großstadttauglichkeit auszuschöpfen, aber bringen Sie ihm auch Verständnis entgegen, wenn er niemals ein Fan der Großstadt wird.

Ob sich in der Einkaufstüte des Passanten wohl etwas Tolles verbirgt?

Da die Großstadt aus starken visuellen, auditiven und olfaktorischen Reizen besteht, ist es eine gute Idee, zumindest den auditiven Reiz erst einmal separat einzuführen. Dabei hilft wiederum eine Geräusche-CD (siehe Ressourcen) oder App oder auch ein YouTube-Video vom städtischen Treiben. Beginnen Sie wie im Baby-Kapitel beschrieben, indem Sie gute Boxen anschließen, um den Ton möglichst lebensecht zu gestalten, und drehen Sie die Stadtgeräusche dann erstmal ganz leise auf. Zeigt sich Ihr Hund unbeeindruckt, lassen Sie die aktuelle Lautstärke für drei Minuten im Hintergrund laufen und gönnen Ihrem Hund dann eine zweiminütige Pause. In der nächsten Sound-Einheit spielen Sie die Geräusche ein klein wenig lauter ab. So arbeiten Sie sich langsam immer weiter nach oben, bis schließlich Autohupen, quietschende Bremsen, die schnellen Schritte vieler Menschen und Gesprächsfetzen in realistischer Lautstärke durch Ihr Wohnzimmer schallen. Wirkt Ihr Welpe zu irgendeinem Punkt des Trainings verunsichert, reduzieren Sie die Lautstärke umgehend auf ein Niveau, mit dem er sich wohl fühlt, und arbeiten sich dann kleinschrittig wieder nach oben.

Bevor Sie Ihren Welpen tatsächlich in die Stadt mitnehmen, testen Sie seine Reaktion auf die Geräusche in realistischer Lautstärke nach einer Hörspiel-Pause von mindestens zwei Stunden. Das dient dazu, zu sehen, ob die Desensibilisierung tatsächlich erfolgreich war, und zu vermeiden, dass unser Welpe zwar mit langsam steigendem Lärmpegel zurechtkommt, aber nicht mit plötzlichem Stadtlärm in seiner tatsächlichen Lautstärke. Zeigt er sich unbeeindruckt, ist er bereit für den nächsten Schritt. Erschrickt er oder wirkt unsicher, beginnen Sie erneut bei einer etwas niedrigeren Lautstärke, arbeiten sich langsam nach oben und führen dann den Test erneut durch.

Liegt die Vermutung nahe, dass Ihr Welpe sich konkret vor Straßenlärm oder lachenden, rufenden und laufenden Kindern fürchtet, empfehle ich Ihnen, erst im Abschnitt *Geräusche im Freien* das Straßenprotokoll und das Spielplatzprotokoll durchzuführen, bevor sie mit den in diesem Kapitel beschriebenen weniger strukturierten Ausflügen in die Stadt beginnen. Die klar definierten Protokolle helfen Ihnen, Ihren Welpen einschätzen zu lernen, und bereiten den kleinen Angsthasen auf die folgenden Übungen vor.

Beginnen Sie an einem verhältnismäßig ruhigen Ort in der Stadt mit den Ausflügen. Eine gute erste Möglichkeit stellen Parkplätze vor Einkaufszentren dar, wenn sie eine Zeit wählen, zu der wenige Menschen einkaufen gehen – zum Beispiel vormittags an einem Werktag. Bauen Sie Ihre gewohnte Sicherheitszone, in den meisten Fällen eine Hundebox, auf und legen Sie wie üblich eine Decke davor. Dann setzen Sie Ihren Hund in die Box, nehmen das andere Ende der Leine in die Hand und machen es sich gemütlich. Ihr Welpe kann Passanten, Einkaufswagen und Verkehrslärm aus der Ferne beobachten. Will er herauskommen, darf er das auch und Sie folgen ihm an der lockeren Leine, während er vorgibt, wo er gern hingehen möchte.

Wagt Ihr Hund sich innerhalb von dreißig Minuten hervor, wählen Sie beim nächsten Mal ein etwas lebhafteres Ausflugsziel. Zeigt er sich furchtsam und bleibt in der Box, wählen Sie ein ähnliches Ausflugsziel erneut oder kommen an denselben Ort zurück. Wagt er sich beim zweiten Besuch noch immer nicht hervor, wählen Sie eine noch ruhigere Zeit oder einen etwas weniger stark frequentierten Parkplatz.

Hat Ihr schüchterner Welpe sein Parkplatz-Training erfolgreich hinter sich gebracht und gibt sich selbstsicher und neugierig, ist es Zeit für einen schwierigeren Ort.

Steigern Sie den Schwierigkeitsgrad in kleinen Schritten. Hat Ihr Hund sich auf einem ruhigen Parkplatz wohlgefühlt, ist vielleicht ein etwas belebterer Gehsteig vor einem Einkaufszentrum ein guter nächster Schritt – aber bitte nicht gleich zur Stoßzeit! Funktioniert auch das problemlos, suchen Sie sich eine Location in größerer Nähe zu einer stark befahrenen Straße. Vielleicht eine Autobahn-Raststation? Hier ist die Lautstärke größer, dafür begegnen Ihnen weniger Passanten. Klappt auch das, kombinieren Sie die Elemente Lautstärke und Menschenaufkommen und üben vor einem Bahnhof oder einer U-Bahn-Station. Ebenfalls erfolgreich? Gratuliere – Ihr Welpe ist jetzt schon weiter, als viele jemals kommen werden! Wagen Sie sich an die Herausforderung Fußgängerzone? Auch das klappt? Ausgezeichnet – Ihr schüchterner Welpe hat sich zu einem selbstbewussten Stadtbummler entwickelt! Sie dürfen sich auf die Schulter klopfen: Sie haben jede Menge Zeit, Geduld und Einfühlungsvermögen investiert. Ihr Hund wird es Ihnen ein Leben lang danken.

Viele Hunde, die keinen optimalen Start ins Leben hatten, erreichen nie einen Punkt, an dem sie sich in größeren Menschenansammlungen oder lautstarken Umgebungen wohlfühlen. Das ist okay. Es liegt nicht an Ihnen – Sie haben sich bemüht, Ihrem Welpen Zeit und Geduld geschenkt und ihm geholfen, sein Potenzial voll auszuschöpfen. Dank Ihnen kann er sich jetzt in kleineren Menschengruppen entspannen, und Sie können Ihn auch hin und wieder an einen ruhigen Ort mitnehmen. Und wenn mehr Action auf dem Programm steht, nun, dann darf er an diesen

Tagen eben zuhause bleiben. Nicht jeder Hund muss extrovertiert sein – schließlich gibt es auch Menschen, die sich lieber alleine oder mit einzelnen guten Freunden beschäftigen, als auf jeder Party zu tanzen.

Läden und Lokale

Auch der Besuch von Läden und Lokalen will gelernt sein! Auch hier empfiehlt sich, mit einem ruhigen Ausflug zu beginnen und den Schwierigkeitsgrad dann langsam zu steigern.

Ich empfehle als ersten Ort gern Buchläden oder Schreibwarenhandlungen zu Zeiten, zu denen wenig los ist – etwa vormittags unter der Woche. In Buchläden gibt es kaum laute Geräusche oder laufende Kinder; die meisten Kunden bewegen sich langsam oder verhalten sich ruhig und blättern in einem Buch. Hier ist die Wahrscheinlichkeit, zu erschrecken, relativ gering – allerdings sollte dennoch darauf geachtet werden, dass plötzlich um die Ecke biegende Menschen Ihrem Welpen Angst einjagen können. Daher ist es eine gute Idee, seine Sicherheitszone – seine Box – mitzubringen, damit er sich zurückziehen kann. Wählen Sie einen Laden, in dem Sie selbst Kunde sind, und sprechen Sie mit dem Besitzer, bevor Sie die Box und den Welpen holen. Wenn Sie Ihr Anliegen freundlich erklären, werden die meisten Menschen, sofern sie Hunde mögen, Sie gerne kurz in Ihrem Geschäftslokal üben lassen – vor allem, wenn Sie gern und regelmäßig hier einkaufen. Sollte die Box nicht erlaubt werden, bedanken Sie sich freundlich und suchen einen anderen Laden. Alternativ können Sie auch nur eine dem Hund vertraute Decke verwenden und diese in einer Ecke im Laden ausbreiten, sodass sie zumindest an zwei Seiten von Wänden umgeben ist.

Rush lernt, im Café zu entspannen.

Als zweiten Ort empfehle ich ein ruhiges Café. Bauen Sie den sicheren Ort Ihres Hundes auf, bestellen und bezahlen Sie, bevor Sie Ihren Hund aus dem Auto holen. So können Sie sich während der Sozialisierungszeit ganz auf Ihren Hund konzentrieren und haben auch die Möglichkeit, jederzeit zu gehen, falls etwas Unvorhergesehenes passiert. Auch hier bietet es sich an, zu fragen, ob Sie die Box mitbringen dürfen. Wird Ihnen das nicht gestattet, suchen Sie sich einen Tisch in einer Ecke und breiten die vertraute Decke an die geschützteste Stelle. Zusätzlich können Sie Sessel verwenden, um Ihren Hund vom Geschehen abzuschirmen.

Rush hat Spaß beim Shopping!

Klappt auch das? Wunderbar! Jetzt ist es Zeit, ein etwas belebteres Lokal zu wählen! Gehen Sie essen – in ein Restaurant, in dem mehr los ist: mehr Menschen, mehr klapperndes Besteck, mehr Gesprächsfetzen, mehr umhereilendes Personal. Bevor Sie zur belebtesten Zeit an einem Wochenende ein Lokal aufsuchen, sollten Sie einen etwas ruhigeren Durchlauf unter der Woche planen.

Klappen Lokalbesuche bereits problemlos, ist es an der Zeit, den Schwierigkeitsgrad erneut zu steigern: Wie wäre es mit einem Besuch im Zoobedarfsladen? Im Tierarztwartezimmer? Im Reitstall Ihres Sohnes? Im Baumarkt, an dem Ihr Welpe mit den unterschiedlichsten Geräuschen konfrontiert wird? Geben Sie ihm Zeit, überfordern ihn nicht, steigern Geräuschpegel und Menschenaufkommen kleinschrittig und halten sich an das Boxen-Protokoll mit der Decke davor, und Ihr Welpe wird nach und nach größeres Selbstbewusstsein entwickeln.

Hat Ihr Welpe all diese Ausflugsziele mit Bravour gemeistert, ist es wichtig, sie bis zum Alter von einem, besser zwei Jahren in regelmäßigen Abständen – etwa einmal im Monat – ganz bewusst aufzusuchen, damit Ihr Hund sein entspanntes Verhalten bis ins hohe Alter behält.

Unheimliche Dinge im Freien

Unter den Dingen, die ängstliche Welpen bei Ausflügen durch Dorf und Stadt als unheimlich erleben, sind meiner Erfahrung nach besonders häufig zwei- und vierrädrige Objekte, die geschoben oder gezogen werden, das Gangbild des Menschen verändern und dabei laute Geräusche machen, sowie im Wind flatternde Planen, Fahnen, Absperrbänder und Tüten zu finden: unbelebte Stoffe, die sich auf scheinbar unvorhersehbare Art selbstständig bewegen! Regelmäßig arbeite ich mit ängstlichen Kundenwelpen daran, die Angst vor diesen doch relativ häufig auftauchenden Dingen zu überwinden. Im folgenden Abschnitt möchte ich Ihnen die Strategien vorstellen, mit denen wir bei *Click for Joy!* Hundetraining sensiblen Welpen zeigen, dass sie sich nicht davor zu fürchten brauchen.

Kinderwagen, Skateboards, Fahrräder und Einkaufswagen …

Besonders im Frühjahr und Sommer bewegt sich der gesundheitsbewusste Städter gern mal mit dem Fahrrad durch die Stadt, schickt sein Kind mit dem Skateboard nach draußen oder dreht eine Runde mit dem Baby im Kinderwagen oder Buggy. Das ist schön zu sehen und macht Lust, selbst das Auto in der Garage stehen zu lassen und sportlich aktiv zu werden – es sei denn, Sie gehören zu jenen Menschen, für die das sommerliche Wetter einen Spießrutenlauf mit Angstwelpen am anderen Ende der Leine bedeutet. Versuchen Sie, Kinderwagen und Radfahrer, Inlineskater und mit Tretrollern und Skateboards über die Gehsteige flitzende Jugendliche zu vermeiden, kann Ihnen schnell der Spaß am Spaziergang mit Hund vergehen. Statt also ständig von einer Straßenseite auf die andere zu wechseln, hinter parkenden Autos in Deckung zu gehen und mit dem Welpen im Arm in die nächste Einfahrt zu hechten, bevor der sensible Vierbeiner seinen Trigger wahrgenommen hat, wollen wir, solange er noch jung und flexibel ist, seine emotionale Reaktion auf die vermeintlichen Monster ändern, ganz gleich, ob Ihr Welpe flüchten will oder in Gebell ausbricht.

Wie schon bei anderen unheimlichen Dingen beschrieben wollen wir auch hier das Monster in seine einzelnen Elemente zerlegen: das Wahrnehmen eines stationären Stressors, das Wahrnehmen eines bewegten Stressors, und das Geräusch eines näherkommenden Stressors. Wir wollen das am Beispiel Kinderwagen durchspielen; bei Skateboards, Trolleys, Rollern, Fahrrädern und Einkaufswagen gehen Sie ebenso vor.

Sollten Sie keinen eigenen Kinderwagen haben, borgen Sie sich entweder einen von Bekannten aus, oder besuchen Sie ganz einfach den Kinderwagen-Abstellraum

Ihres Wohnhauses oder Ihrer Firma. Wenn kein solcher vorhanden ist, lässt sich meist problemlos einer in einem nahegelegenen Wohnhaus finden, der sich zum Üben nutzen lässt. Ich möchte das Protokoll anhand eines solchen öffentlich zugänglichen Raumes erklären. Mit eigenen oder ausgeliehenen Kinderwagen können Sie natürlich ganz ähnlich vorgehen.

Öffnen Sie die Türe zum Kinderwagen-Abstellraum, schalten gegebenenfalls das Licht an und erlauben Ihrem Welpen, selbst zu entscheiden, ob er den Raum näher unter die Lupe nehmen möchte. Lassen Sie ihm den Vortritt und locken ihn nicht hinein. Tritt der Welpe in den Raum, folgen Sie ihm an der lockeren Leine, ohne die Tür hinter sich zu schließen. Es ist wichtig, dass der Welpe jederzeit eine Rückzugsmöglichkeit hat und nicht mit den Kinderwagen eingeschlossen wird! Im Falle von automatisch zufallenden Türen, wie sie Fahrrad- und Kinderwagenräume häufig haben, klemmen Sie einen Keil unter die Tür oder halten sie mithilfe eines abgestellten Rucksacks oder anderen Gegenstandes offen. Erlauben Sie Ihrem Welpen, sich anzusehen und zu beschnuppern, was er möchte, ohne ihn zu locken oder zu drängen. Möchte er sich nur kurz umsehen und dann wieder gehen, ist das in Ordnung. Wagt er sich näher an die Kinderwagen heran, ist das ebenfalls ausgezeichnet und kann durch ruhiges Lob bestätigt werden. Ist Ihr Welpe besonders mutig und möchte einen Kinderwagen mit der Nase anstupsen, halten Sie diesen fest, sodass er sich nicht bewegen und den Welpen erschrecken kann. Wenn der Welpe den Raum verlassen möchte oder sich hinsetzt und Sie erwartungsvoll ansieht, ist es Zeit, die Einheit zu beenden und zu gehen. Gönnen Sie ihm eine Ruhepause von mindestens zwanzig Minuten, damit er die neuen Eindrücke verarbeiten und positive Erfahrungen im Langzeitgedächtnis abspeichern kann. Nachdem derartige Ausflüge meist weniger Zeit in Anspruch nehmen und weniger aufregend für den Welpen sind als Sozialisierungsbesuche bei Menschen und Hunden, ist die Mindestdauer der Ruhepause hier kürzer. Die zwanzig Minuten sollten allerdings nicht unterschritten werden.

Fuse entdeckt den Kinderwagen auf unserer Trainingswiese. Was soll er davon halten?

In der nächsten Übungseinheit kehren Sie in den Kinderwagenraum zurück und gehen ebenso vor wie beim ersten Mal. Erlauben Sie Ihrem Welpen, sich frei zu entscheiden, durch die offene Tür zu treten, schließen Sie diese nicht hinter sich und lassen Sie den Welpen selbstständig entscheiden, ob und auf welche Weise er mit den Kinderwagen interagieren will. Auch diesmal halten Sie die Kinderwagen still, wenn er sie mit Nase oder Pfote anstupst, und machen sich auf den Heimweg, sobald der Welpe gehen möchte oder sich zu langweilen beginnt. Es folgt eine weitere Ruhepause von mindestens zwanzig Minuten.

Dieses Spiel wiederholen Sie so lange, bis Ihr Welpe sich gegenüber den stationären Kinderwagen völlig furchtlos zeigt und so verhält, wie man das von einem gut sozialisierten Welpen unter zwölf beziehungsweise sechzehn Wochen erwarten würde: Er geht neugierig darauf zu und versucht, damit zu interagieren, oder scheint sich

Fuse beschließt, sich den Kinderwagen aus der Nähe anzusehen.

damit zu langweilen und ihnen keine weitere Beachtung zu schenken. Je nach Alter Ihres Welpen (je jünger, desto schneller) und Ausmaß seiner Angst erreichen Sie diesen Punkt bereits in der ersten Übungseinheit oder nach mehreren Einheiten. Sollten Sie länger als fünf Einheiten brauchen, um einen im Kinderwagenraum entspannten Welpen zu haben, empfehle ich, einen kompetenten Trainer zu Rate zu ziehen.

Fühlt sich Ihr Welpe mit unbewegten Kinderwagen wohl, treten Sie ebenso in den Kinderwagenraum wie bisher, lassen die Türe abermals offen und bewegen dann einen möglichst weit vom Welpen entfernt stehenden Kinderwagen ganz leicht vor und zurück – nur wenige Zentimeter Spielraum reichen aus. Schieben Sie ihn für etwa fünf Sekunden hin und her. Der Welpe nimmt Geräusch und Bewegung wahr und wird sich vielleicht kurz erschrecken. Das ist in Ordnung. Stellen Sie sicher, dass die Leine lang genug ist, dass er nach hinten ausweichen kann, wenn er das möchte. Hören Sie nach wenigen Sekunden auf, den Kinderwagen zu bewegen, und beenden Sie die Einheit so wie die früheren Einheiten: mit stationären Kinderwagen, mit denen der Welpe in dem von ihm selbst gewünschten Ausmaß interagieren kann, bis er gehen möchte. Einziger Unterschied: Nun erlauben Sie dem Welpen auch, den Kinderwagen selbst mit der Nase zu bewegen, und halten diesen nicht mehr fest, wenn der Welpe dagegen stößt. Auf diese Einheit folgt die gewohnte Ruhepause.

In der folgenden Einheit warten Sie wieder, bis Ihr Welpe sich im Kinderwagenraum wohlfühlt, was Sie an seiner entspannten oder neugierigen Körpersprache ablesen können. Vielleicht dauert es ein wenig, bis er sich wohl fühlt, weil sie den Kinderwagen in der letzten Einheit zum ersten Mal bewegt haben. Das ist in Ordnung – lassen Sie ihm Zeit. Fühlt er sich wohl, wiederholen Sie das Spiel vom letzten Mal und bewegen den am weitesten vom Welpen entfernt parkenden Kinderwagen circa fünf Sekunden lang für wenige Zentimeter vor und zurück. Das ergibt einen Bewegungsreiz und ein neues Geräusch. Danach läuft die Einheit ab wie gehabt – der Welpe kann sich durch den Kinderwagenraum bewegen und selbst entscheiden, ob er die Kinderwagen beschnuppern oder sogar anstupsen möchte.

Nicole bewegt den Kinderwagen erst nur wenige Zentimeter vor und zurück. Rush ist nicht beeindruckt, und bald schon können die beiden eine Runde mit dem Kinderwagen spazieren!

Spielen Sie dieses Spiel so viele Einheiten lang, bis Ihr Welpe nicht mehr reagiert, wenn Sie den Kinderwagen bewegen. Bei manchen Welpen ist das bereits in der ersten Einheit der Fall, bei anderen dauert es bis zu fünf Einheiten. Ist es Ihnen nach der fünften Einheit noch nicht gelungen, dem Welpen die Angst vor einem vor- und zurückschaukelnden Kinderwagen zu nehmen, oder ist seine Angst sogar schlimmer geworden, wenden Sie sich an einen kompetenten Hundetrainer.

In den meisten Fällen sind Angstwelpen spätestens in der dritten Einheit entspannt, obwohl sich der Kinderwagen bewegt. Nun ist es an der Zeit, den Bewegungsspielraum zu vergrößern und die Zeitdauer der Bewegung zu verlängern. Sie bewegen den Kinderwagen nicht mehr zehn Zentimeter vor und zurück, sondern dreißig. Klappt das auch? Dann versuchen Sie‘s mit fünfzig. Macht auch das keine Probleme, halten Sie die Bewegung nicht nur fünf, sondern zehn Sekunden lang aufrecht. Wenn auch das funktioniert, gehen Sie zu zwanzig Sekunden über. Steigern Sie den Schwierigkeitsgrad kleinschrittig, loben Ihren Welpen für seinen Mut und lassen ihm am Ende einer Einheit jeweils Zeit, sich nochmal selbstständig im Kinderwagenraum umzusehen. Auch wenn Ihr Welpe schnelle Fortschritte macht, sollten Sie maximal zehn Minuten am Stück an dieser Übung arbeiten und Ihrem Welpen dann eine Ruhepause gönnen. Manche Welpen brauchen nur ein oder zwei Einheiten, um sich von einem kaum merklich bewegten zu einem über die ganze Länge des Raumes geschobenen Kinderwagens hinaufzuarbeiten. Andere brauchen länger – auch das ist in

Ordnung. Widmen Sie sich mit Einfühlungsvermögen und Geduld dem Individuum, das Ihr Welpe heute ist. Wir alle haben gute und schlechte Tage, und manche Dinge gehen uns leichter von der Hand als andere. Unseren Hunden geht es genauso. Langsam und stetig kommen Sie ans Ziel und halten Ihre Beziehung intakt, weil Ihr Welpe ganz nebenbei lernt, dass er in Ihrer Nähe sicher ist. Wenn Sie zu schnell vorgehen und ihn immer wieder überfordern, verliert er hingegen das Vertrauen. Bei ängstlichen Welpen, die wichtige Sozialisierungsgrundlagen verpasst haben, gilt also ganz besonders: Lassen Sie sich Zeit und hören im Zweifelsfall lieber etwas früher auf, als Ihren Schützling zu überfordern.

Klappen die Vorwärts- und Rückwärtsbewegungen des Kinderwagens, mit dem Sie bisher gearbeitet haben, ist es Zeit, die entspannte Einstellung Ihres Welpen auf die übrigen Kinderwagen im Raum zu generalisieren. Schieben Sie nacheinander alle vorhandenen Wagen vor und zurück und achten stets darauf, dass Ihr Welpe entspannt oder neugierig und interessiert bleiben kann, ohne sich fürchten zu müssen. Klappt auch das, schaukeln Sie die einzelnen Kinderwagen ein wenig auf und ab. Oft führt das zu quietschenden Gelenken und bringt etwaige über dem Sitz hängende Spielzeuge zum Schaukeln, Klappern oder Rasseln – ein weiteres wichtiges Element des Kinderwagentrainings.

Klappt auch das, sind Sie und Ihr Welpe bereit, sich den Kinderwagen im echten Leben zu stellen! Statt mit einem Hechtsprung auszuweichen und sich zu verstecken, wenn Ihnen die ehemaligen Stressoren begegnen, können Sie jetzt auf die andere Straßenseite ausweichen und von dort aus vorbeiziehende Eltern oder Babysitter mit Kinderwagen beobachten. Gestalten Sie diese Situation ruhig und entspannend für Ihren Welpen. Wirkt seine Körperhaltung neugierig und entspannt, können Sie ihn, sobald er den Kinderwagen wahrgenommen hat, mit Leckerlis füttern. Ist der Kinderwagen hinter der nächsten Kurve verschwunden, hören Sie zu füttern auf. Das Lernziel: Das Auftauchen eines Kinderwagens ist ein Grund zur Freude: Es kündigt an, dass es gleich etwas Gutes zu fressen gibt! Dabei arbeiten Sie mit klassischer Gegenkonditionierung. Das Futter sollte allerdings erst dann eingesetzt werden, wenn der ängstliche Welpe die vorhergehende Trainingsphase in einer kontrollierten Situation (zum Beispiel im Kinderwagenraum) ohne Futterbelohnungen oder Lockmittel erfolgreich beendet hat.

Eine Alternative zum ständigen Füttern, die sich vor allem für jene Welpen anbietet, die den Kinderwagen anstarren und den Blick dann nicht mehr abwenden können – das Gefährt ist ihnen noch nicht geheuer und sie wollen dem Feind nicht den Rücken zuwenden! – ist das „Guck mal da"-Spiel, das im Kapitel *Welpentraining* erklärt wird.

Plastikplanen und andere flatternde Monster

Zur zweiten besonders unheimlichen und im Alltag leider häufig anzutreffenden Gattung Monster, mit der die ängstlichen Welpen unter meinen Klienten häufig zu kämpfen haben, gehören flatternde Plastikplanen, vom Wind über den Parkplatz gewehte Tüten, der aus einem Fenster im Nachbarhaus wallende Vorhang und das Absperrband an der Baustelle. Stoffe und Planen im Wind bewegen sich auf unvorhersehbare Weise wie durch Zauberhand, und wenn der Wind stark geht, kommen häufig Geräusche dazu, die, sollte der Welpe in den ersten Lebenswochen kein Vertrauen zu derartigen Dingen gefasst haben, wie eine deutliche Warnung klingen, nur ja keinen Schritt weiterzugehen.

Pace, die bereits im Schuld-Kapitel erwähnte Border-Collie-Hündin, blieb stocksteif stehen und starrte in Richtung des Supermarktparkplatzes auf der anderen Straßenseite. Anna folgte ihrem Blick und sah, dass ein Teil des Parkplatzes mit einem breiten rot-weiß-roten Plastikband abgesperrt worden war, dessen Enden im Wind flatterten. Die Absperrung war fast zweihundert Meter von ihnen entfernt und lag direkt auf dem Weg, den sie mit Pace hatte gehen wollen.

Sie lockte die kleine Hündin mit freundlichen Rufen, doch Pace machte keinen Schritt. Ihre Ohren waren zurückgelegt, das Gewicht in die Hinterbeine verlagert, der Kopf leicht gesenkt und die Rute, die eben noch fröhlich gewedelt hatte, zeigte gerade zwischen ihren Hinterbeinen nach unten. Anna hielt Pace ein Keks unter die Nase, doch auch dieses würdigte ihre vierbeinige Begleiterin keines Blickes. Anna war bereits spät dran, also nahm sie Pace kurzerhand auf den Arm und trug sie auf die andere Straßenseite und über den Parkplatz, bis das Absperrband nicht mehr zu sehen war. Beim Vorbeigehen spürte sie Paces Körper in ihren Armen steif werden und ihr Herz so heftig schlagen, als hätte sie gerade einen Hundert-Meter-Sprint hinter sich gebracht.

Pace ist kein Einzelfall: Flatternde Stoffe sind verdammt unheimlich, wenn man sie nicht in den ersten Lebenswochen kennengelernt hat! Eine befreundete Züchterin beugt dem vor, indem sie die Bäume in ihrem Garten, durch den auch die Welpen toben dürfen, regelmäßig mit den unterschiedlichsten Stoffen dekoriert: Plastiktüten, Planen und Stoffstreifen flattern dort im Wind, als hätte sie auf exzentrische Art und mitten im Sommer Weihnachtsbäume dekoriert. Doch keine Angst: Selbst wenn Ihr Welpe eine entsprechende Frühförderung verpasst hat, können wir ihm helfen.

Bei *Click for Joy!* Hundetraining beginnen wir für Welpen wie Pace damit, eine Tüte oder Ähnliches in einem dem Welpen vertrauten Innenraum (kein Wind!) auf den Boden zu legen. Der Welpe sieht uns beim Platzieren der Tüte oder des Stoffes zu und kann, wenn er will, näherkommen, um ihn zu untersuchen. Die meisten Welpen machen das bald und gerne und stellen dann fest, dass der Stoff oder die Tüte relativ langweilig sind. Manche entdecken darin auch ein Spielzeug, das sie zerfetzen oder herumtragen. Wunderbar – all das sind gute Reaktionen. Lachen Sie, wenn Ihr Welpe den Clown spielt, und loben Sie seinen Mut.

Als nächsten Schritt tauschen Sie die Tüte, sofern diese noch ganz ist und der Welpe sich dafür interessiert, gegen ein Stück Futter, um sie zurückzubekommen,

Olive untersucht eine Papiertüte.

und schwenken Sie dann ein wenig am ausgestreckten Arm durch die Luft: Jetzt bewegt sich das Ding! Die meisten Welpen werden weiterhin interessiert sein und ihr Spielzeug zurückwollen oder unbeeindruckt zusehen. Wunderbar! Geben Sie es dem Welpen zurück und lassen ihn erneut kurz damit spielen oder legen es zur Seite.

Als nächstes wählen Sie ein etwas größeres Tuch – eine Fahne oder ein großes Stück Stoff. Holen Sie es wiederum in einem Ihrem Welpen vertrauten Innenraum hervor und legen es auf den Boden. Wenn sich der Welpe dafür interessiert, geben Sie ihm Zeit, es sich gründlich anzusehen, daran zu riechen und vielleicht auch daran zu ziehen oder darauf zu treten. Verwenden Sie etwas, worum es nicht schade ist – es ist okay, wenn der Welpe ein Loch hineinbeißt! Wir wollen, dass er Mut fasst, damit zu interagieren – auf welche Art und Weise auch immer. Wirkt der Welpe entspannt und wenig beeindruckt, falten Sie das Tuch zu seiner vollen Größe auf und legen es wiederum auf den Boden. Nach wie vor keine Angst erkennbar? Wunderbar. Heben Sie das Tuch nun langsam hoch, sodass es vertikal nach unten hängt. Sagt Ihnen die Körpersprache des Hundes, dass er unsicher ist (steif werden, ausweichen, Ohren wachsam spitzen und über die Lefzen schlecken, alarmiert bellen etc.), senken sie das Tuch langsam wieder zu Boden, bis Ihr Welpe abermals entspannt wirkt. Dann heben Sie es wieder an, aber diesmal nur ein kleines Stückchen. Alles okay? Wunderbar. Loben Sie Ihren Welpen und legen das Tuch zurück auf den Boden, warten Sie mindestens fünf Sekunden und heben das Tuch dann etwas höher an als beim letzten Mal. Wieder warten Sie, bis Ihr Welpe sich wohl fühlt, und legen das Tuch wieder ab. Pausieren Sie einige Sekunden und wiederholen das Ganze dann. Bei manchen Welpen werden Sie das Tuch in nur ein oder zwei Anläufen bereits so hoch in die Luft heben können, wie Ihre Arme reichen, ohne dass der Welpe ein Zeichen von Nervosität zeigt. Bei anderen müssen Sie kleinschrittig vorgehen und das Tuch nur jeweils zehn Zentimeter weiter anheben als beim vorigen Mal. Beides ist okay – jeder ängstliche Welpe ist anders. Einer, der besonders großen Respekt vor Tüchern und Planen hat, lernt dafür vielleicht umso schneller, Vertrauen zu neuen Menschen zu fassen – und umgekehrt!

Üben Sie maximal zehn Minuten am Stück und gönnen dem Welpen dann eine Pause von mindestens zwanzig Minuten. Wie weit Sie in einer Zehn-Minuten-Einheit kommen, kommt ganz auf Ihren Welpen und Ihr Fingerspitzengefühl an. Es gibt kein richtiges oder falsches Fortschrittstempo und es geht nicht darum, besonders schnell zu sein, sondern darum, Ihrem Hund stets ein Gefühl der Sicherheit zu vermitteln. Gehen Sie in seinem Tempo vor, ganz gleich, wie langsam oder schnell dieses ist. Sollten Sie allerdings nach über fünf Einheiten mit demselben Stoff noch nicht über die erste Phase (Stoff am Boden) hinausgekommen sein, empfehle ich, einen kompetenten Trainer zu Hilfe zu holen.

Können Sie die Plane erst einmal zügig vom Boden hochheben, beginnen Sie, diese langsam zu schwenken. Drehen Sie sich langsam im Kreis, sodass das Tuch hinter Ihnen herfliegt! Ein einziger Kreis reicht vorerst aus; dann legen Sie den Stoff wieder auf den Boden und loben Ihren Welpen. Die meisten ängstlichen Welpen sehen sich das ganze interessiert aus einigem Abstand an; manch ein besonders mutiger entscheidet auch, dass es sich um ein neues Spiel handelt, und läuft der fliegenden Plane hinterher. Das ist in Ordnung! Bei dieser Übung geht es nicht um Impulskontrolle, sondern darum, den Mut Ihres Welpen zu steigern. Wählen Sie alte Bade- oder Leintücher für diese Übung, in die Ihr Welpe sich auch gern verbeißen darf, um ein Zerrspiel zu spielen.

Wenn der Welpe nicht besorgt zusieht, sondern entspannt und interessiert, beziehungsweise wenn er versucht, mit Ihnen und dem Stoff zu spielen, sind Sie bereit, sich schneller zu drehen. Halten Sie die Einheiten wiederum etwa zehn Sekunden kurz und pausieren die Aktion danach. Wir wollen den Welpen nicht vollständig hochpushen, sondern in einem Zustand halten, in dem auch sein Gehirn noch funktionstüchtig ist.

Im nächsten Schritt hängen Sie das Tuch über einen Sessel, eine Couch, eine Lampe oder einen Wäscheständer, um Ihren Hund auch mit diesem Anblick vertraut zu machen. Klappt auch das, gehen Sie zum nächsten Übungs-Stoff über. Je nach Hund und Trainingserfahrung Ihrerseits brauchen Sie für diese Übungen wenige oder viele Zehn-Minuten-Einheiten. Arbeiten Sie mit insgesamt zehn Flattermonstern mit folgenden Eigenschaften: unterschiedliche Materialien (Leinen, Seide, Papier, Plastik ...), unterschiedliche Größen, unterschiedliche Farben und unterschiedliche Formen (Dreieck, Quadrat, Streifen). Achten Sie weiterhin darauf, niemals mehr als zehn Minuten am Stück zu üben und Ihrem Hund dann jeweils eine zwanzigminütige Ruhepause zu gönnen, um das Gelernte zu verarbeiten.

Hat Ihr Hund kein Problem mit zehn Flattermonstern in Ihrem Wohnzimmer oder Ihrer Küche, sind Sie bereit für den nächsten Schritt. Bisher haben wir die Monster hervorgeholt, während unser Hund uns dabei beobachtet hat. Jetzt drapieren wir sie im Raum, ohne dass der Hund dabei ist! Legen Sie das einfachste Flattermonster (zum Beispiel eine Papiertüte) auf den Wohnzimmerboden. Holen Sie dann den Hund ins Zimmer und tun so, als hätte sich nichts verändert. Die meisten Welpen sind an diesem Punkt bereit, sich die Tüte anzusehen, ohne beunruhigt zu sein. Setzen Sie sich zum Ziel, täglich ein neues Flattermonster an einem unerwarteten neuen Ort in Ihrem Haus zu platzieren: Ein Handtuch hängt über der Sessellehne, ein bunter Plastikstreifen baumelt von der Küchenlampe bis auf den Boden, ein Leintuch verdeckt den Kaffeetisch. Beginnen Sie mit möglichst kleinen Monstern – eine Tüte ist in der Regel wesentlich einfacher für einen ängstlichen Welpen als ein Leintuch. Reagiert Ihr Welpe an irgendeinem Punkt dieser Übung über, gehen Sie zur Quelle seines Unbehagens und falten diese zusammen, sodass sie kleiner ist. Fürchtet sich Ihr Hund zum Beispiel vor dem Leintuch am Kaffeetisch, falten Sie dieses langsam so weit zusammen, dass nur wenige Zentimeter über die Tischkante hängen. Ihr Welpe hat Ihnen mit seiner Reaktion gezeigt, dass er noch nicht bereit für die Herausforderung ist, die Sie ihm gestellt haben. Das ist in Ordnung. Sie machen das Monster etwas weniger unheimlich und verlängern dann kleinschrittig von Einheit zu Einheit die Länge des Stoffes, der über die Tischkante zu Boden hängt, bis Ihr Welpe kein Problem mehr damit hat, einen Raum zu betreten, in dem unerwartet ein bodenlanges Tisch- oder Leintuch zu finden ist. Wiederholen Sie die Übung in den anderen Räumen des Hauses. Die Flattermonster tauchen mal hier auf, mal da – wir teilen uns einen Lebensraum mit ihnen und sie tun uns nichts. Hält Ihr Welpe stets einen gewissen Sicherheitsabstand zu den Monstern ein, können Sie auch mehrmals täglich daran vorbeigehen und die Planen, Tücher und Tüten vor den Augen Ihres Welpen jeweils kurz mit der Hand berühren. Ihre „magische Hand“ kann dabei helfen, dem Welpen zu zeigen, dass das Ding ungefährlich ist.

Können Sie Ihre mindestens zehn Flattermonster an den unterschiedlichsten Orten im Haus drapieren, ohne dass Ihr Hund Angst bekommt? Wunderbar! Sie haben einen weiteren wichtigen Beitrag zur Steigerung seiner und Ihrer Lebensqualität geleistet. Ein Hund, der keine Angst vor Flattermonstern hat, ist weniger gestresst und stresst in Folge auch seinen Besitzer weniger!

Im nächsten Schritt bewegen wir uns nach draußen – in den eigenen Garten, den Gehsteig vor dem Haus oder den Hinterhof. Wählen Sie einen windstillen Tag. Gehen Sie hier genauso vor wie im Haus und beginnen wiederum mit dem ersten Schritt: Legen Sie vor den Augen Ihres Hundes eine Tüte auf den Boden und erlauben Ihrem Welpen, diese zu untersuchen oder damit zu spielen. Ist ihm die Tüte völlig egal? Auch das ist ein Erfolgserlebnis! Nach und nach führen Sie jetzt die übrigen Flattermonster ein wie oben beschrieben. Keine Angst – nachdem Sie das Ganze bereits einmal durchgespielt haben, geht es jetzt schneller. Nachdem Ihr Welpe kein Problem mehr damit hat, dass Sie die unterschiedlichsten Flattermonster auf den Boden legen, hochheben, sich damit bewegen und Fahrräder, Fahrradständer, Büsche, Bäume und Gartenbänke damit dekorieren, ist er bereit für den nächsten Schritt: das unerwartete Auftauchen eines Flattermonsters.

Auch dafür wählen Sie am besten einen windstillen Tag. Beginnen Sie mit dem einfachsten Flattermonster (meist eine Tüte oder ein kleines Tuch) und drapieren dieses, ohne dass Ihr Hund zusieht, in der gewohnten Umgebung im Garten, im Hinterhof oder vor dem Haus. Gehen Sie so vor, wie Sie es schon bei derselben Übung innerhalb der eigenen vier Wände gemacht haben.

Klappt auch das mit allen zehn Flattermonstern unterschiedlichster Materialien, testen Sie die Reaktion Ihres Hundes an einem etwas windigeren Tag. Lassen Sie ihn erst dabei zusehen, wie Sie ein Flattermonster auspacken und aufhängen, das sich dann im Wind bauscht. Funktioniert das gut, gehen Sie dazu über, auch an windigen Tagen mit überraschend drapierten Flattermonstern zu arbeiten. Klappt das ebenfalls, ist es Zeit für den letzten Schritt: die Generalisierung auf neue Umgebungen.

Bevor Sie Ihren Hund um den Block spazieren führen oder zur geplanten gemeinsamen Wanderung aus dem Auto aussteigen lassen, gehen Sie alleine ein Stück voraus und bringen eines Ihrer Flattermonster an einem Baum, Gartenzaun, einer Laterne oder Ähnlichem an. Holen Sie Ihren Hund und gehen die gewohnte Strecke. Wie reagiert er auf das Flattermonster? Ist er wenig beeindruckt oder neugierig und interessiert, loben Sie ihn und erlauben ihm, sich das Monster entweder gemeinsam mit Ihnen aus der Nähe anzusehen oder einen Bogen herumzugehen – je nachdem, womit er sich wohler fühlt. Für die meisten Welpen, deren Besitzer das bisherige Programm durchgeführt haben, ohne die Dinge zu überstürzen, ist zu diesem Zeitpunkt auch das Auftauchen von Flattermonstern im echten Leben kein Problem mehr. Sollte Ihr Hund dennoch mit Angst reagieren, machen Sie sich keine Vorwürfe, sondern überdenken Ihren Trainingsplan. Kann es sein, dass Sie bei den vorigen Übungen zu schnell vorgegangen sind? Dann gehen Sie nochmal ein paar Übungsschritte zurück und bauen diese erneut auf. Wir alle haben es manchmal eilig, ans Ziel zu kommen, und überstürzen einzelne Trainingsschritte. Das passiert selbst den erfahrensten Trainern von Zeit zu Zeit. Haben Sie andererseits den Schwierigkeitsgrad immer erst gesteigert, wenn Ihr Welpe am aktuellen Schwierigkeitsgrad vollkommen entspannt und unbeeindruckt war, nehmen Sie das aktuelle Überreagieren Ihres Hundes einfach als Hinweis darauf wahr, dass er sich schwertut, das Gelernte zu generalisieren. In diesem Fall lautet die Lösung, auch diesen Schritt in kleinere Teile zu zerlegen. Drehen Sie erst einmal um und bringen Ihren Hund zurück an einen Ort, an dem er sich sicher fühlt. Gönnen Sie ihm und sich eine Pause, damit sich die Stresshormone wieder beruhigen können. Zum nächsten Spaziergang an einem windstillen Tag bringen Sie dann ein besonders kleines, unscheinbares Flattermonster mit. Packen Sie es vor den Augen Ihres Hundes aus und hängen es an einen Baum, einen Zaunpfosten oder eine Laterne und gehen Sie vor wie im und vor dem Haus. Ihre Aufgabe ist es, ab sofort auf jeden Spaziergang ein Flattermonster mitzunehmen und es während jedes Spaziergangs mindestens einmal vor den Augen Ihres Welpen auf- und wieder abzubauen. Nach einer Woche führen Sie den Test mit dem unerwartet auftauchenden Flattermonster erneut durch. Ich wette, nun kommt Ihr Welpe schon viel besser damit zurecht. Gratuliere! Sie haben ihm über ein schwieriges Problem hinweggeholfen.

Fortbewegungsmittel

Je nachdem, ob Sie in der Stadt oder am Land leben, ob Sie ein Auto besitzen oder öffentlich unterwegs sind, ob Hunde in Ihrer Stadt in öffentlichen Verkehrsmitteln gestattet sind oder nicht können die Alltagsanforderungen an Ihren Hund ganz unterschiedlich aussehen. Auch seine Größe spielt eine Rolle – kleine Rassen fahren vielleicht sogar im Fahrradkorb mit oder werden in Tragetaschen transportiert.

Privatverkehr

Autofahrten

Ganz gleich, ob Sie viel mit dem Auto unterwegs sind oder keinen Führerschein haben – irgendwann kommt bestimmt ein Zeitpunkt, zu dem Ihr Hund im Auto mitfahren muss: Vielleicht geht es in den Urlaub, vielleicht muss er zum Tierarzt, vielleicht ziehen Sie um ... Es gibt zahlreiche Situationen, in denen es von Vorteil ist, einen Vierbeiner zu haben, der im Auto entspannen kann.

Im Idealfall lernen Welpen so wie Cordulas Kurzhaarcollies das Autofahren bereits beim Züchter kennen.

Nicht nur aufgrund der gesetzlichen Pflicht zum Sichern des Transportguts, sondern auch um die Sicherheit Ihres Welpen zu gewährleisten, empfiehlt es sich, im Auto eine Transportbox zu verwenden. Gerade für ängstliche Welpen bietet die Box zahlreiche Vorteile: Sollte Ihr Hund sich erschrecken, hat er keine Möglichkeit, auf den Schoß des Fahrers zu springen und einen Unfall zu verursachen. In einer Box in der richtigen Größe hat der Hund auch nicht die Möglichkeit, aufgeregt im Auto hin- und herzuspringen und sich selbst dadurch noch mehr aufzustacheln oder zu verletzen: Er kann in der Box zwar stehen und sich drehen, am gemütlichsten ist es aber, sich niederzulegen. Sollten die Außenreize Ihren Hund überfordern, können Sie eine Decke über die Box hängen und damit ganz einfach verhindern, dass Ihr Hund die vorbeifliegende Umwelt durchs Fenster sieht. Außerdem können Sie ihm einen Kong oder ein anderes Kauspielzeug in die Box legen und sicher sein, dass Ihr Hund höchstens daran kaut und nicht etwa an den teuren Ledersitzen. Gerade bei gestressten Tieren ist auch das ein wichtiger Faktor, da diese versuchen können, Ihren Stress durch Kauen oder Buddeln abzubauen. Für Ihren ängstlichen Hund werden derartige Stresssymptome aber hoffentlich gar nicht erst auftreten, da wir auch das Autofahren kleinschrittig aufbauen. Auch dabei hilft uns die Box.

Beginnen Sie mit dem Boxentraining so, wie im ersten Abschnitt des Sozialisierungsteils beschrieben! Wenn Sie sich die einzelnen Übungen des Sozialisierungskapitels in ihrer chronologischen Reihenfolge erarbeitet haben, sollten Sie bereits einen Hund haben, der jederzeit und überall gern in seiner Box ist. Ausgezeichnet!

Ist Ihr Welpe auch schon mit Motorengeräuschen vertraut und hat kein Problem damit, in der Nähe eines startenden Autos zu sein? Wunderbar! Sollte Ihr Welpe sich damit noch unwohl fühlen, lesen Sie bitte den Abschnitt zum Thema Geräusche weiter oben und arbeiten sich wie dort beschrieben schrittweise näher an das eigene Auto heran.

Als Anna Pace vom Züchter abholte, stellte sie schnell fest, dass es ihrer kleinen Hündin im Auto schlecht wurde: Ganze drei Mal übergab sie sich auf der einstündigen Nach-Hause-Fahrt. Kein Wunder, dass die junge Hündin von da an keine Lust mehr hatte, ins Auto zu steigen, und zu zittern begann, sobald sie merkte, dass eine Fahrt anstand – ihre erste Fahrt hatte das Auto effektiv so konditioniert, dass es für Pace ein ausgesprochen unangenehmer Ort war.

Bevor Sie die Box ins Auto stellen, statten Sie diese mit einer rutschfesten Unterlage aus. Auf den Böden von Hartplastikboxen schlittern Hunde, sobald das Auto in Bewegung ist, hin und her, was unangenehm und furchteinflößend sein kann. Auch gewöhnliche Hundebetten neigen dazu, beim Anfahren und Bremsen auf Plastikböden hin- und herzurutschen, und eignen sich daher nicht für nervöse

Fahranfänger. Ideal ist ein an der Unterseite mit Gumminoppen ausgestattetes Hundebett (zum Beispiel „Vetbed“) – die Noppen verhindern das Rutschen. Alternativ können Sie auch eine Yogamatte oder einen gummierten Fußabstreifer auf die Größe der Box zuschneiden und Hundebett oder -decke darauf platzieren, um ein Rutschen des Hundes zu verhindern.

Hat Ihr Welpe schlicht und einfach keine Erfahrungen mit dem Autofahren, sollten Sie an dieser Stelle relativ flott vorangehen können. Stellen Sie die Box ins Auto, heben Sie Ihren Welpen hinein, servieren Sie ihm sein Frühstück, Mittag- oder Abendessen in der Box oder werfen ein paar Leckerlis durch die Gitterstäbe und holen den Welpen dann wieder heraus. Gönnen Sie ihm einige Minuten Pause und wiederholen Sie dann das Spiel. Sobald er sich in der im Auto aufgestellten Box wohlfühlt – mit guten Boxen-Grundlagen sollte das innerhalb kürzester Zeit der Fall sein –, setzen Sie sich in den Fahrersitz, sprechen von hier aus in ruhiger Stimme mit Ihrem Welpen und bleiben etwa drei Minuten sitzen, bevor Sie Ihren Schützling wieder herausholen und ihm eine Pause gönnen. Beachten Sie Ihn nicht, wenn er jault oder an der Box kratzt, doch sprechen Sie mit ihm, wann immer er ruhig und entspannt ist. Nachdem Sie bereits beste Vorarbeit geleistet haben, sollten Sie innerhalb von maximal fünf Einheiten an diesen Punkt kommen. In den meisten Fällen ist sogar schon die erste Einheit unproblematisch.

Nun ist es an der Zeit, den Motor zu starten. Gehen Sie vor wie bisher, mit dem Unterschied, dass Sie nun den Motor starten, diesen für dreißig Sekunden laufen lassen, ihn wieder abschalten und dann den Welpen aus der Box holen und ihm eine Pause gönnen. Zuckt Ihr Welpe nicht einmal mit dem Ohr? Wunderbar, er ist bereit für den nächsten Schritt. Hat er Angst, winselt oder presst sich in eine Ecke? Kein Problem. Sie haben einen sensiblen Welpen; ein Tier mit besonderen Bedürfnissen. Lassen Sie ihm Zeit und verlieren Sie nicht die Geduld. Wiederholen Sie über den Tag verteilt mehrere 30-Sekunden-Motoreinheiten, bis Ihr Welpe ruhig und entspannt bleibt.

Wenn das Starten des Motors und der laufende Motor kein Problem mehr für Ihren Welpen darstellen, sind Sie bereit für die erste Fahrt. Halten Sie diese kurz – maximal drei Minuten. Fahren Sie entweder eine Runde um den Block und holen Ihren Hund dann zuhause wieder aus dem Auto, um für ein paar Minuten mit ihm zu spielen oder ihm sein Abendessen zu servieren – auf jeden Fall sollte unmittelbar eine Aktivität auf die Autofahrt folgen, an der Ihr Hund Spaß hat. Danach gönnen Sie ihm wie üblich eine Ruhepause, damit er die neuen Erfahrungen verarbeiten kann. Alternativ können Sie mit dem Auto ein nicht mehr als drei Minuten weit entferntes Ziel ansteuern, das Ihr Welpe gern hat: Vielleicht wollen Sie Nachbarn besuchen fahren, die Ihr Hund gern hat? Vielleicht fahren Sie bis zu einer Wiese am Ende Ihrer Straße und belohnen sein geduldiges Mitfahren mit einem lustigen Spiel oder einem Schnüffel-Spaziergang auf der Wiese? Seine Sie kreativ. Auf jeden Fall sollte das, was auf die Fahrt folgt, Ihrem Hund großen Spaß machen, um mittels klassischer Konditionierung positive Assoziationen zum Fahren zu schaffen. Danach fahren Sie nach Hause, belohnen Ihren Welpen erneut und gönnen ihm eine Ruhepause.

Wenn sich Ihr Hund mit dreiminütigen Ausflügen wohlfühlt, können Sie die Zeit, die er im fahrenden Auto verbringt, langsam steigern: zehn Minuten, zwanzig Minuten, dreißig Minuten ... Wunderbar! In kürzester Zeit haben Sie Ihren Schützling zu einem Hund erzogen, der für sein Leben gern ausfährt!

Anders sieht die Sache aus, wenn Ihr Welpe bereits negative Erfahrungen mit dem Auto gemacht hat. Welpen, die beim Züchter nicht ans Autofahren gewöhnt wurden, wird auf der ersten Autofahrt leicht schlecht. Das kann entweder ohne Folgen bleiben oder zu klassischer Konditionierung von Angstreaktion und Meideverhalten im Zusammenhang mit dem Auto führen. Sollte dies der Fall sein, ist es wichtig, kleinschrittig gegenzukonditionieren und zu desensibilisieren, um neue positive Assoziationen zum Auto zu schaffen.

Beginnen Sie auch in diesem Fall mit Boxentraining im eigenen Zuhause wie am Anfang des Sozialisierungsteils für ängstliche Welpen beschrieben, und spielen Sie auch das unter Geräuschangst beschriebene kleinschrittige Annähern an ein parkendes und startendes Auto durch. Bei einem Welpen, der bereits starke negative Assoziationen zum Autofahren mitbringt, ist es besonders wichtig, dass Sie sich Zeit lassen und ihn nicht überfordern. Stellen Sie sich vor, Sie hätten Angst vor Spinnen. Ein Ihnen wichtiger Mensch legt großen Wert darauf, dass Sie diese Angst überwinden. Meinen Sie, das würde Ihnen leichter fallen, wenn Ihr Partner Ihre Hand nimmt und immer nur dann einen Schritt weiter auf das Terrarium zugeht, wenn Sie ihn wissen lassen, dass Sie sich im aktuellen Abstand entspannen können, oder wenn er Sie drängt, schneller näherzukommen, und ungeduldig an Ihrer Hand zieht, obwohl Sie bereits am ganzen Körper schwitzen? Genau so geht es Ihrem Welpen – auf das Auto zuzugehen kann sich für Ihn ebenso schwierig anfühlen wie für manche Menschen das Annähern an eine Spinne. Zeigen Sie sich verständnisvoll und geduldig, so wächst das Vertrauen Ihres Welpen in Sie und in die Übung.

Können Sie direkt an das Auto heran- und wieder weggehen, ohne dass Ihr Welpe Unruhe zeigt, ist es Zeit für den nächsten Schritt: Setzen Sie ihn im Auto in seine Box, geben Sie ihm darin etwas zu kauen oder sein Abendessen und bleiben Sie daneben sitzen, bis Sie ihn wieder herauslassen. Warten Sie anfangs nur etwa dreißig Sekunden, dann vierzig, dann fünfzig. Ab einer Minute verlängern Sie die Zeit in 15-Sekunden-Schritten, ab drei Minuten in 30-Sekunden-Schritten. Kann Ihr Welpe fünf Minuten in der Box im nicht gestarteten Auto bleiben, ohne sich zu fürchten? Wunderbar! Der erste wichtige Schritt ist geschafft!

Bleiben Sie bei fünfminütigen Einheiten, ändern aber etwas Wesentliches: Schließen Sie die Box, bleiben dreißig Sekunden neben Ihrem Welpen stehen und schließen dann die Autotür. Je nachdem, ob Ihre Box im Kofferraum oder am Rücksitz steht, sind das die Kofferraumklappe oder die hintere Tür. Öffnen Sie diese umgehend wieder, ohne Ihren aufgeregten Welpen groß zu beachten – das Öffnen und Schließen der Autotür ist die normalste Sache der Welt und kein Grund, Ihren Welpen so zu begrüßen, als hätte er gerade einen Luftangriff überlebt. Warten Sie weitere dreißig Sekunden oder so lange, bis Ihr Welpe sich wieder in der Box entspannt hat, und schließen die Tür dann erneut, um sie umgehend wieder zu öffnen. Wiederholen Sie das Spiel, bis Ihr Hund vor lauter Langeweile fast dabei einschläft, üben anfangs aber nicht länger als fünf Minuten am Stück.

Bleibt Ihr Welpe tiefenentspannt, wenn Sie die Autotür schließen, ist er bereit, nach und nach mehr Zeit im geschlossenen Auto zu verbringen. Gehen Sie vor wie oben, schließen die Autotür und warten dann fünf Sekunden, bevor Sie sie wieder öffnen. Es empfiehlt sich, einen Timer zu verwenden, um weder zu schnell noch zu langsam vorzugehen. Die meisten Handys haben eine Stoppuhr-Funktion, die sich dafür nutzen lässt. Fühlt sich Ihr Welpe mit fünf Sekunden wohl? Wunderbar. Öffnen Sie die Tür, bleiben neben der geschlossenen Box stehen, bis Ihr Welpe sich entspannt hat, und schließen die Tür dann wieder. Waren die fünf Sekunden schwierig, bleiben Sie bei dieser Zeitdauer. Waren Sie kein Problem, lassen Sie die Autotür nun zehn Sekunden lang geschlossen. Klappt auch das problemlos, verlängern Sie die Zeit im nächsten Durchgang auf fünfzehn Sekunden und im Fünfzehn-Sekunden-Rhythmus weiter, bis Sie bei drei Minuten angekommen sind. Wunderbar! Ab jetzt gehen Sie im Dreißig-Sekunden-Rhythmus vor, bis Ihr Welpe fünf entspannte Minuten alleine im geschlossenen Auto verbringen kann. Toll! Ihre Geduld hat sich gelohnt!

Im nächsten Schritt steigen Sie ein. Setzen Sie sich in den Beifahrersitz. Lesen Sie ein Buch und reden Sie hin und wieder mit Ihrem Welpen, wenn dieser ruhig und entspannt ist. Sollte er winseln, jaulen oder an der Box kratzen, beachten Sie ihn nicht, um nicht unabsichtlich unerwünschtes Verhalten zu verstärken. Gerne können Sie die Box auch mit einem Kauartikel ausstatten, der Ihr Hundekind eine Zeitlang beschäftigt. Bauen Sie die Zeitdauer, die Sie miteinander im stehenden Auto entspannen, langsam aus: dreißig Sekunden, eine Minute, zwei Minuten, drei Minuten, fünf Minuten, acht Minuten, zwölf Minuten, sechzehn Minuten, zwanzig Minuten, fünfundzwanzig Minuten, dreißig Minuten. Klappt das? Wunderbar. Mittlerweile haben Sie gemeinsam so viel entspannte Zeit im Auto verbracht, dass es zu einem angenehmen, positiv konnotierten Ort geworden ist. Durch die Übungen aus dem Geräusche-Kapitel ist Ihr Welpe außerdem bereits mit Motorengeräuschen vertraut.

Nun ist es an der Zeit, den Motor zu starten. Steigen Sie ein, sagen Sie „Achtung!" und starten den Motor. Lassen Sie diesen für fünfzehn Sekunden laufen und schalten ihn danach wieder ab. Entspannen Sie mindestens dreißig Sekunden und jedenfalls so lange, bis Ihr Welpe wieder ruhig und gelassen wirkt, bei kaltem Motor. Dann starten Sie Ihr Auto erneut für fünfzehn Sekunden, drehen danach wieder ab und entspannen gemeinsam bei kaltem Motor. Wiederholen Sie dieses Spiel so lange, bis Ihr Welpe nicht mehr auf das Starten und den laufenden Motor reagiert. Je nach Hund kann das bereits in der ersten Übungseinheit der Fall sein oder mehrere Tage dauern. Erreichen Sie nach zwanzig Start-Einheiten keinen Punkt, an dem Ihr Welpe trotz Starten entspannen kann, konsultieren Sie einen kompetenten Trainer.

Lässt sich Ihr Welpe von fünfzehn Sekunden bei laufendem Motor nicht mehr aus der Ruhe bringen, verlängern Sie die Zeit auf dreißig Sekunden, dann auf eine Minute, zwei Minuten, drei Minuten, fünf Minuten. Klappt das problemlos und kann Ihr Welpe bei laufendem Motor ebenso gut entspannen wie bei kaltem Motor, sind Sie bereit für die letzte große Hürde: die erste Fahrt.

Beginnen Sie Ihr Ritual wie üblich, starten den Motor und fahren dann los – einfach nur einen Parkplatz weiter oder fünf Meter die Straße entlang. Fahren Sie sanft an, bremsen Sie sanft und fahren Sie langsam. Lassen Sie den Motor weiter laufen, nachdem Sie wieder stehen geblieben sind, und warten Sie ab, bis sich Ihr Welpe wieder vollständig beruhigt hat. Am besten bleiben Sie noch einige Minuten im Auto und lesen ein paar Seiten in Ihrem Buch. Dann stellen Sie den Motor ab und beenden die Einheit. Eine einzige kurze Fahrt ist beim ersten Mal mehr als genug. Gönnen Sie Ihrem Welpen eine Ruhepause!

Wiederholen Sie diesen Übungsschritt so lange, bis Ihr Welpe kein Problem mehr mit der Fünf-Meter-Fahrt hat. Damit ist der schwierigste Teil geschafft! Im nächsten Schritt fahren Sie zehn Meter, dann zwanzig, dreißig, fünfzig und hundert. Verlängern Sie die Strecke nur dann, wenn Ihr Hund mit der jeweils vorigen Strecke problemlos zurechtkommt. Meist geht das, sobald die ersten fünf Meter geschafft sind, in Windeseile. Haben Sie die ersten hundert Meter gemeistert, ist Ihr Welpe bereit, um den Block zu fahren und Sie auf die ersten kleinen Ausflüge zu begleiten: Warum nicht die Nachbarn besuchen fahren, die er gerne mag, oder zur Wiese am Ende Ihrer Straße, wo Sie gemeinsam ein Schnüffelspiel spielen? Die schönen Ziele sollten die weniger schönen bei Weitem überwiegen. Auf jede Fahrt zum Tierarzt sollten also mindestens zehn Fahrten an angenehme Orte kommen.

Tragetaschen und Fahrradkörbe

Teilen Sie Ihr Leben mit einem klein bleibenden Hund, ist es gut möglich, dass Sie ihn manchmal in einer Tragetasche oder sogar im Fahrradkorb transportieren werden. So kann er bei Ausflügen in die Natur dabei sein, die ihn körperlich überfordern würden, und es ergibt sich sogar die Möglichkeit, einen kleinen Hund in einer Tasche mit in den Supermarkt zu nehmen. Auch Fahrten in öffentlichen Transportmitteln und Taxis können mit dem Hund in der Tasche problemlos durchgeführt werden. In manchen Städten fahren Hunde sogar gratis mit den öffentlichen Verkehrsmitteln – solange sie in eine Tasche passen und in dieser transportiert werden!

Wählen Sie eine Tasche oder einen Korb, die sich auch von der Seite öffnen lassen, nicht nur von oben. Das ermöglicht Ihrem

Welpen, selbstständig einzusteigen. Beim Kauf eines Hunde-Fahrradkorbes sollte außerdem darauf geachtet werden, dass Sie den Hund sicher anschnallen können, sodass dieser keine Möglichkeit hat, während der Fahrt herauszuspringen! Gerade bei ängstlichen Welpen sind derartige Sicherheitsmaßnahmen unabdingbar.

Für das Taschen- oder Fahrradkorb-Training empfehle ich ein Shapingspiel. Gehen Sie dazu ebenso vor wie beim Boxentraining: Stellen Sie erst die neue Tasche oder den neuen Korb auf den Wohnzimmerfußboden und erlauben Ihrem Hund, die Gegenstände selbstständig zu erkunden, wenn er bereit dazu ist. Dann beginnen Sie das Shapingspiel wie oben beschrieben. Ersetzen Sie einfach die Hundebox durch den Korb oder die Tasche und setzen Sie sich eine entspannte Ruhezeit von fünfzehn Minuten zum Ziel.

Was im Falle der Box nicht unbedingt nötig, aber durchaus praktisch ist, sollten Sie bei Taschen auf jeden Fall einführen: ein Signal, mit dem Sie Ihren Welpen zum selbstständigen Einsteigen auffordern können! Beim freien Formen kann das Signal eingeführt werden, sobald Sie fünfzig Euro darauf verwetten würden, dass der Welpe, sobald Sie die Tasche auf den Boden stellen und Clicker und Leckerli zur Hand nehmen, freudig hineinläuft. In diesem Fall sagen Sie das Signal einen Sekundenbruchteil bevor der Hund dazu ansetzt, einzusteigen. Für einen Beobachter sieht es so aus, als würde Ihr Welpe bereits auf Ihr Signal reagieren; tatsächlich haben Sie es nur in einer Situation eingesetzt, in der er sowieso in die Tasche geklettert wäre. Wiederholen Sie das Signal von nun an beim Üben jedes Mal, wenn Sie sicher sind, dass Ihr Welpe sogleich einsteigen wird. Klappt das Ganze im Wohnzimmer, versuchen Sie‘s in den übrigen Räumen Ihrer Wohnung und schließlich im Freien. Je öfter das Signal direkt vor dem In-die-Tasche-Klettern Ihres Welpen kommt, desto stärker wird die Verbindung zwischen Signal und Verhalten – und bald haben Sie einen Hund, der tatsächlich auf Ihre Aufforderung hin einsteigt und weiß, was das Signal bedeutet!

Wenn sich Ihr Hund entspannt in Tasche oder Korb aufhalten kann, ist es Zeit für einen nächsten Schritt, den wir im Boxentrainings-Kapitel noch nicht besprochen haben: Er muss sich auch daran gewöhnen, dass sich sein neuer Rückzugsort bewegt und sogar hochgehoben wird!

Beginnen Sie, indem Sie die Tasche oder den Korb etwa fünf Zentimeter vom Boden hochheben, ihn umgehend wieder abstellen und Ihrem Welpen unmittelbar darauf ein Leckerli zustecken. Wissenschaftlich gesehen arbeiten wir hier mit klassischer Konditionierung: Wir verbinden den Bewegungsreiz mit etwas Angenehmem (Futter). Gönnen Sie Ihrem Hund dreißig Sekunden Pause und wiederholen Sie daraufhin das Anheben des Transportbehälters für fünf Sekunden. Stellen Sie den Behälter wieder ab und füttern ein Leckerli. Nach einer Pause von dreißig Sekunden führen Sie die nächste Wiederholung durch. Wiederholen Sie das Spiel bis zu zehn Mal und gönnen Ihrem Hund dann eine Pause von mindestens einer Stunde. Es kann sein, dass Sie diesen ersten Schritt (Anheben der

Tasche für fünf Zentimeter) bis zu fünf Einheiten lang durchführen müssen. Viele Hunde entspannen aber schon beim zweiten Mal. Sobald die Körpersprache Ihres Hundes Ihnen zeigt, dass er sich keine Sorgen mehr macht, wenn er hochgehoben wird, können Sie den Schwierigkeitsgrad steigern: Heben Sie die Tasche nun ganze fünfzig Zentimeter hoch und stellen sie dann umgehend wieder ab. Vergessen Sie nicht, unmittelbar darauf zu füttern. Das Gefühl, hochgehoben zu werden, kündigt an, dass gleich ein Leckerli folgt. So wie Pavlovs Hunden beim Glockenton läuft Ihrem Welpen im Idealfall das Wasser im Maul zusammen, sobald sich die Tasche bewegt.

Klappen auch die fünfzig Zentimeter problemlos, haben Sie bereits ungefähr jene Höhe erreicht, in der die Tasche getragen wird! Gratuliere – gut gemacht! Im nächsten Schritt führen wir die horizontale Bewegung ein: Heben Sie die Tasche hoch, gehen Sie einen Schritt und stellen sie wieder ab. Unmittelbar darauf folgt ein Leckerli, dann dreißig Sekunden Pause. Klappt ein Schritt problemlos mit entspanntem Hund, verlängern Sie auf zwei Schritte, dann drei, vier, fünf und so weiter. Arbeiten Sie auf das Ziel hin, Ihren Welpen zehn Schritte weit durch die Wohnung tragen zu können. Erfahrungsgemäß erreichen Sie dieses sehr schnell, sobald die ersten drei Schritte erfolgreich positiv konnotiert wurden.

Klappen zehn Schritte? Wunderbar. Beim nächsten Mal stellen Sie den Korb nicht am Boden, sondern auf einer Bank oder einem Sessel ab. Füttern Sie Ihren Welpen in dieser Position und stellen ihn danach auf den Boden, wo Sie ihn wieder aussteigen lassen.

Zwischen den Einheiten, in denen Sie den Welpen daran gewöhnen, dass die Tasche getragen und in unterschiedlichen Positionen abgestellt wird, sollten Sie auch immer wieder mal fünfzehn Minuten stationäre Entspannung einbauen. Diese kann nicht nur am ursprünglichen Trainingsort, sondern bald auch am Sessel, auf der Küchenanrichte, am Schreibtisch und im Badezimmer stattfinden, damit der Hund das entspannte Abwarten in der Box generalisiert.

Fühlt er sich im Haus komplett wohl mit all diesen Übungen, ist es Zeit für den ersten Ausflug ins Freie. Lassen Sie Ihren Hund in die Tasche steigen und tragen ihn die ersten zehn Meter des täglichen Spaziergangs! Zur Belohnung fürs geduldige Abwarten folgt dann die Möglichkeit, ausgiebig zu schnüffeln. Versuchen Sie, diese Übung täglich einmal durchzuführen. Zusätzlich können Sie die Tasche auch für den Transport zum Nachbarn, mit dem Sie zum Kaffeetrinken verabredet sind, oder zum Transport auf die Schnüffelwiese am anderen Ende der Straße einsetzen. Wichtig ist: Ihr Hund lernt, dass am Ende des Getragen-Werdens immer etwas Tolles wartet! Das kann entweder ein Leckerbissen oder eine gemeinsame Unternehmung sein.

Was Ihr nächstes Ziel ist, hängt davon ab, was Sie in Zukunft mit Ihrem Hund vorhaben. Wollen Sie ihn am Fahrrad mitnehmen, ist es jetzt erstmals Zeit, den Korb an die Lenkstange zu schnallen oder auf den Gepäckträger zu klemmen und Ihren

Hund zehn Meter spazieren zu schieben. Es fühlt sich für Ihren Welpen anders an, auf ein Rad geschnallt zu sein als getragen zu werden. So spürt er hier etwa auch die Bodenunebenheiten, Schlaglöcher und Schotterkörner – genau wie Sie, wenn Sie auf einem schlecht gepolsterten Sattel sitzen. Beginnen Sie daher langsam und schieben das Fahrrad nur wenige Meter, bevor Sie Ihren Welpen wieder herauslassen. Klappt das problemlos, verlängern Sie die Fahrrad-Schiebe-Runde und bauen zwischendurch kurze Strecken ein, die Sie mit dem Fahrrad laufen, um Ihren Schützling an das größere Tempo zu gewöhnen. Klappt auch das problemlos, können Sie sich in den Sattel schwingen und die erste gemeinsame Runde drehen. Gratuliere – das haben Sie toll gemacht!

Haben Sie vor, die Fahrradklingel einzusetzen, so empfiehlt es sich, Ihren Hund gezielt dagegen zu desensibilisieren und mittels klassischer Konditionierung positive Assoziationen zum Klingeln zu schaffen. Der Ton kann sehr laut sein und Ihren Welpen ansonsten stark erschrecken – vor allem, wenn sein Korb an der Lenkstange hängt. Setzen Sie zum Desensibilisieren eine Geräusche-CD ein wie oben beschrieben oder schrauben Sie Ihre Fahrradglocke vom Rad und bitten einen Helfer, im Nebenzimmer im Abstand von 15 Sekunden zu klingeln. Immer, wenn es klingelt, füttern Sie Ihren Hund. Sobald sich Ihr Hund ganz offensichtlich über den Klingelton freut, klingeln Sie im selben Raum und füttern wiederum unmittelbar danach. Sieht Ihr Welpe erwartungsvoll zu Ihnen, sobald er die Klingel hört, schrauben Sie diese wieder ans Fahrrad und üben das Klingeln mit dem Welpen in seinem Korb. Wiederum folgt unmittelbar ein Leckerli. Wenn das Klingeln auch in diesem Kontext Vorfreude auslöst, haben Sie das Klingelgeräusch nicht nur erfolgreich desensibilisiert, sondern sogar zu einem sekundären Verstärker gemacht – wenn Sie Lust haben, können Sie es nun anstelle des Clickers im Training einsetzen!

Wollen Sie Ihren Welpen hingegen in seiner Tasche zum Einkaufen oder an ähnliche Orte mitnehmen, so üben Sie genau das: Besuchen Sie Läden erst zu Zeiten, zu denen kaum etwas los ist, und halten die Besuche kurz. Wirkt Ihr Welpe dabei entspannt, können Sie nach und nach längere Ausflüge und besser besuchte Läden einführen.

Öffentliche Verkehrsmittel

In meiner Heimatstadt Wien sind Hunde im öffentlichen Verkehr willkommen. Mit Maulkorb und Leine dürfen sie mit Bus, U-Bahn, Straßenbahn und Zug fahren. Vor allem das U-Bahn-Fahren stellt eine große Herausforderung für ängstliche Hunde dar: Nicht nur, dass sie in einen dunklen Kellerschacht hinuntersteigen müssen, in dem es seltsam riecht und die Schritte hallen – hier ist es auch unglaublich laut, wenn die U-Bahn einfährt. Dazu kommen Lautsprecherdurchsagen und Menschenmengen, die sich am Bahnsteig drängen. Für jeden Hund, aber ganz besonders für einen ängstlichen Zeitgenossen empfehle ich, das vielerorts für die Fahrt in den öffentlichen Verkehrsmitteln erforderliche Maulkorbtraining unbedingt zuhause zu beginnen und kleinschrittig vorzugehen. Wird dem Welpen der Maulkorb erst dann das erste Mal umgeschnallt, wenn er die ohnehin schon unheimliche U-Bahn-Station betritt, kann er leicht überfordert werden.

In der U-Bahn-Station

Vielerorts ist eine Voraussetzung für den Transport von Hunden in öffentlichen Verkehrsmitteln, dass diese mit Maulkorb und Leine ausgestattet sind. Führen Sie das unter *Bevor Sie mit der Sozialisierungsarbeit beginnen* beschriebene Maulkorb-Training durch, bevor Sie an den Übungen in diesem Abschnitt arbeiten!

Das Training der unterschiedlichsten Fortbewegungsmittel sieht sehr ähnlich aus. Nachdem es sich bei der U-Bahn aufgrund ihrer Lautstärke und der unterirdischen Lage der Stationen für die meisten ängstlichen Welpen um die größte Herausforderung handelt, wollen wir das Training für die öffentlichen Verkehrsmittel anhand dieses Beispiels näher unter die Lupe nehmen.

Beginnen Sie wie im Geräusche-Kapitel beschrieben, indem Sie Ihren Welpen mithilfe einer CD, einer App oder eines entsprechenden YouTube-Clips an den Lärm einer einfahrenden U-Bahn, Lautsprecherdurchsagen und die Geräuschkulisse einer turbulenten U-Bahn-Station gewöhnen. Führen Sie die einzelnen Desensibilisierungsschritte sowohl im eigenen Haus als auch im Freien (im Garten oder vor der Haustür) durch.

Bevor Sie sich tatsächlich mit Ihrem sensiblen Vierbeiner in eine U-Bahn-Station begeben, sollten Sie auch die Übungen zum Kapitel *Stadttraining* erfolgreich durchgeführt haben. Ihr Hund sollte mit spielenden Kindern und lärmenden Autos vertraut sein. Auch mit fremden Hunden und Menschen, die ungewohnte Bewegungsmuster zeigen oder Kleidungsstücke tragen, die die Silhouette verändern, sollte er bereits positive Erfahrungen gesammelt haben. All diese Dinge können in U-Bahn-Stationen und Waggons auftauchen, ohne dass Sie die Möglichkeit haben, auszuweichen. Daher ist es wichtig, Ihren Hund bereits an die einzelnen Bausteine einer solchen Erfahrung gewöhnt zu haben, bevor Sie die erste Ausfahrt unternehmen. Haben Sie das bisher vorgestellte Sozialisierungs-Programm für Welpen Schritt für Schritt durchgeführt und ist Ihr Hund in den beschriebenen Situationen neugierig oder entspannt, aber nicht furchtsam? Dann sind Sie bereit für eine der größten Herausforderungen, denen sich Stadthunde zu stellen haben: die U-Bahn.

Wählen Sie eine tendenziell ruhige Station und eine Tageszeit, zu der erfahrungsgemäß wenig los ist. Vormittage eignen sich dazu meist sehr gut. Parken Sie in der Nähe der Station, um zu verhindern, dass Ihr Welpe bereits am Weg dorthin durch andere Stressoren beunruhigt wird. Sie wollen sich ganz und gar auf das Thema U-Bahn konzentrieren, um Ihrem Hund die Möglichkeit zu geben, schnell zu lernen, dass er davon nichts zu befürchten hat.

Spazieren Sie mit Ihrem Welpen an der lockeren Leine auf die Station zu. Geben Sie ihm die Möglichkeit, sich umzusehen, am Boden zu schnüffeln und alles zu untersuchen und wahrzunehmen, wofür er sich interessiert. Wir arbeiten ganz bewusst nicht daran, dass Ihr Welpe sich in der Öffentlichkeit auf Sie konzentriert, sondern geben ihm die Möglichkeit, sich mit seiner Umwelt auseinanderzusetzen. Nur, wenn er sich auf die Umwelt konzentriert, kann er lernen, dass diese ungefährlich ist. Konzentriert er sich hingegen ausschließlich auf Sie, kann es sein, dass er die Umwelt gar nicht wahrnimmt – bis ein Reiz so intensiv wird, dass er davon überwältigt wird. Fokustraining ist ein wichtiges Element, vor allem, wenn Sie Interesse am Hundesport haben. Allerdings kommt es bei sensiblen Welpen erst nach dem Sozialisieren, und niemals davor. Aus diesem Grund arbeiten wir in diesem Kapitel auch wenig über Futterbelohnungen, da diese den Welpen von der Umwelt ablenken oder in Situationen locken können, für die er noch nicht bereit ist.

Hat Ihr Begleiter den Eingangsbereich zur U-Bahn-Station ausgiebig untersucht, warten Sie auf die nächste einfahrende U-Bahn, bevor Sie eintreten. Achten Sie auf die Körpersprache Ihres Welpen, während er die U-Bahn heranbrausen und bremsen hört. Ist er neugierig oder entspannt? Wunderbar. Ist sein Körper hingegen verkrampft, macht er sich klein oder zieht die Rute ein, sollten Sie den Abstand zum Eingang vergrößern und hier auf die nächste U-Bahn warten.

Weil dieser Welpe bereits bei seiner Züchterin Erfahrungen am Bahnhof sammeln durfte, wartet er entspannt auf den einfahrenden Zug.

Je größer der Abstand, desto leiser der Lärm und desto leichter fällt es Ihrem Welpen, ruhig zu bleiben. Bei besonders geräuschsensiblen Welpen kann es vorkommen, dass Sie in einigem Abstand zur U-Bahn-Station beginnen und sich dann kleinschrittig weiter heranarbeiten müssen. Geben Sie Ihrem Welpen die Zeit, die er braucht, und überstürzen Sie nichts. So bleibt sein Vertrauen zu Ihnen intakt und Sie legen eine ausgezeichnete Grundlage für sein Selbstbewusstsein, indem Sie ihm vermitteln, dass er zwar manchmal gefordert, aber niemals überfordert wird. Warten Sie jeweils eine einfahrende U-Bahn ab, bevor Sie den Abstand verringern!

Fühlt sich Ihr Welpe im Eingangsbereich wohl und lässt sich weder von den Geräuschen eines einfahrenden Zuges noch von den damit einhergehenden Lautsprecherdurchsagen oder den Menschen, die nun nach draußen drängen, aus der Ruhe bringen? Wunderbar! Er ist bereit für den nächsten Schritt. Betreten Sie die Station und erlauben Ihrem Welpen auch hier, zu entscheiden, wo er schnüffeln möchte. Folgen Sie ihm und lassen ihn die neue Umgebung nach Herzenslust erkunden. Halten Sie den größtmöglichen Abstand zum Bahnsteig selbst ein, wenn der nächste Zug einfährt, und beobachten Sie Ihren Welpen genau. Wie reagiert er auf die Geräusche und den Luftzug? Zeigt Ihnen seine Körpersprache, dass er Angst hat, weichen Sie nach draußen aus und üben noch zwei Mal, die einfahrende U-Bahn vom Eingangsbereich aus zu beobachten beziehungsweise zu hören, bevor Sie sich wieder in die Station begeben. Bleibt Ihr Welpe hingegen neugierig und entspannt, treten Sie bis zur nächsten einfahrenden U-Bahn einige Meter näher an den Bahnsteig. Klappt auch das problemlos, können Sie den Abstand weiter verringern – bis Sie direkt an der Bahnsteigkante stehen, während der Zug einfährt, sich die Türen öffnen, die Passagiere aussteigen und der Zug wieder abfährt. Nach etwa zwanzig Minuten, spätestens jedoch, nachdem Ihr Welpe direkt am Bahnsteig erfolgreich war, ist es Zeit, die Einheit zu beenden. Gönnen Sie Ihrem Welpen eine Ruhepause von mindestens zwei Stunden, um die neuen Erfahrungen zu verarbeiten.

In der nächsten Einheit können Sie die Station gleich direkt betreten. Warten Sie zum Aufwärmen eine U-Bahn mit großem Abstand zum Bahnsteig ab, dann eine direkt am Bahnsteig. Den dritten einfahrenden Zug betreten Sie gemeinsam mit Ihrem Welpen. Je nachdem, wie groß, leicht und selbstsicher Ihr Welpe ist, heben Sie ihn hoch und tragen ihn in den Waggon oder lassen ihn selbst hineingehen. Noch bevor die U-Bahn abfährt, steigen Sie mit Ihrem Welpen erneut aus – auf dieselbe Art, wie Sie eingestiegen sind. Sollten Sie den Welpen dabei im Arm halten, ist es nicht nötig, ihn jetzt schon abzusetzen. Sollte er selbstständig eingestiegen sein, sollte er sich bereits am Boden befinden. Loben Sie ihn für seinen Mut!

Führen Sie das Ein- und Aussteigen immer wieder durch. Haben Sie Ihren Welpen anfangs getragen, sehen Sie nach einigen Wiederholungen, ob er selbstständig einsteigt! Wenn nicht – kein Problem. Solange er keine Furcht zeigt, können Sie ihn hochheben und hineintragen. Üben Sie für etwa zwanzig Minuten, ohne den

Schwierigkeitsgrad weiter zu steigern, und gönnen Ihrem Welpen dann eine mindestens zweistündige Ruhepause.

Wie ist es Ihrem Welpen beim Ein- und Aussteigen ergangen? Viele eher ängstliche Welpen neigen dazu, anfangs im Waggon ein wenig unsicher zu sein. Hier riecht es nochmal anders, es ist relativ eng, der Boden vibriert ein wenig, selbst wenn der Zug steht, und verschiedene Menschen sitzen und stehen in unterschiedlichsten Positionen im Waggon. Ist Ihr Welpe einer von jenen, denen der Aufenthalt im Zug nach der ersten Einheit noch nicht so ganz geheuer ist, wiederholen Sie die oben beschriebene Einheit mit Ein- und Aussteigen in zwei weiteren Zwanzig-Minuten-Einheiten. Es gibt auch immer wieder Welpen, die länger auf dieser Stufe hängen bleiben. Das ist okay – versuchen Sie, mehrmals in der Woche eine U-Bahn-Station aufzusuchen. Sie werden sehen, es wird von Mal zu Mal leichter.

Wirkt Ihr Welpe schließlich völlig entspannt, ist es Zeit für die erste Fahrt! Suchen Sie sich einen ruhigen Platz und halten Ihren Welpen entweder im Arm oder an der kurzen Leine nah bei sich. Fahren Sie eine einzige Station und steigen dann aus. Gönnen Sie Ihrem Welpen eine kurze Verschnaufpause und fahren die Station dann zurück. Damit ist die erste Fahrten-Einheit beendet! Das war ein erlebnisreicher und eindrucksvoller Tag – bringen Sie Ihren Welpen nach Hause und gönnen ihm eine mindestens zweistündige Ruhepause.

Wiederholen Sie das Fahren einer einzigen Station in mehreren Einheiten, bis Ihr Welpe auch in dieser Situation entspannt bleibt. Das ist ein großer Schritt: Der Boden zittert beim Fahren und die Fahrtgeräusche klingen anders, wenn man sich im Waggon befindet. Widerstehen Sie der Versuchung, mehr als eine Station und zurück zu fahren. Für den Anfang ist das mehr als genug!

Haben Sie eine sehr kleine Rasse, so ist es wichtig, Ihren Hund auch daran zu gewöhnen, in öffentlichen Transportmitteln auf Ihrem Schoß zu sitzen. Wenn Sie einmal zu einer Tageszeit unterwegs sind, zu der viel los ist und die Menschen sich dicht an dicht drängen, könnte es sonst passieren, dass jemand auf ihn tritt. Das ist nicht nur schmerzhaft, sondern kann auch traumatisieren. Daher müssen kleine Rassen auf jeden Fall lernen, sich am Schoß Ihres Menschen oder in einer Tasche wohl zu fühlen, wenn Sie öffentliche Transportmittel benutzen. Sollte Ihr kleiner Hund sich mit Berührungen am Körper nicht wohlfühlen, blättern Sie zurück zum Kapitel Berührungen und arbeiten erst an diesem Protokoll.

Wenn Sie hingegen einen Welpen einer großen Rasse und diesen bisher in der U-Bahn getragen beziehungsweise am Schoß gehalten haben, ist es jetzt an der Zeit, ihm beizubringen, dass er auch selbstständig einsteigen, aussteigen und am Waggonboden sitzen kann: In ein paar Wochen ist er vielleicht zu schwer, um getragen zu werden, und dann sollte er das bereits können! Beginnen Sie, indem Sie Ihren Hund, der das Fahren einer einzigen Station bereits kennt, zu sich in den Waggon rufen, statt ihn hineinzuheben. Steigt er nicht selbstständig ein, heben Sie ihn hoch und setzen ihn drinnen wieder auf den Boden. In der nächsten Station rufen Sie ihn hinter sich her, wenn Sie aussteigen. Vielen Hunden fällt das Aussteigen anfangs leichter als das Einsteigen! Loben Sie ihn, wenn es ihm gelingt. An dieser Stelle können Sie auch gerne ein Leckerli einsetzen, um ihn zu belohnen, wenn ihm das Aus- oder Einsteigen erfolgreich geglückt ist. Üben Sie das Ein- und Aussteigen immer wieder. Sie können zwischenzeitlich auch wieder einen Übungsschritt zurückgehen und nicht jedes Mal eine Station fahren, sondern Ihren Welpen einfach nur selbstständig einsteigen lassen, im Waggon füttern und dann wieder aussteigen. Einsteigen, im Waggon füttern, wieder aussteigen. Und dann gleich noch einmal! Immer noch gilt, dass die Dauer Ihrer Einheiten zwanzig Minuten nicht überschreiten sollte. Diese Zeit reicht beispielsweise aus, um einige Male ein- und auszusteigen, eine Station zu fahren, auch hier einige Male ein- und wieder auszusteigen und dann nochmal eine Station zurückzufahren, bevor Ihr Welpe seine wohlverdiente Pause macht.

Es kann sein, dass sie fünf oder mehr Einheiten brauchen, bis Ihr Welpe selbstständig ein- und auch aussteigt. Sollten Sie allerdings nach acht Einheiten keinen Fortschritt bemerken, empfehle ich, einen kompetenten Trainer zuzuziehen, der Ihnen helfen kann, die Übung so zu gestalten, dass auch Ihr Schützling Erfolg hat.

Steigt Ihr Welpe selbstsicher ein und aus und fühlt sich auch dann wohl, wenn Sie eine Station fahren? Wunderbar! Sie sind bereit für den nächsten Schritt! Bleiben Sie bei der gewohnten kurzen Dauer der Fahrt, aber wählen Sie eine Zeit, zu der mehr los ist! Früh am Morgen oder abends, wenn viele zur Arbeit oder nach Hause fahren, stehen die Chancen gut, die Herausforderung für Ihren Welpen zu steigern. Fahren Sie abermals eine Station und dann wieder zurück, allerdings während der Trubel in der Station und im Waggon größer ist als bisher. Wiederholen Sie die Übung so lange, bis sich Ihr Welpe in der neuen Situation entspannen kann.

Gratuliere! Sie haben die schwierigsten Schritte geschafft und nun einen Welpen, der auch für längere Fahrten bereit ist!

Das U-Bahn-Protokoll lässt sich natürlich ebenso für Busse, Züge oder sogar Fähren und Boote anwenden. Arbeiten Sie mit jenen Transportmitteln, mit denen Ihr Hund später fahren soll! Überlegen Sie sich im Vorfeld einen kleinschrittigen Plan für jene Herausforderungen, die in Ihrem Alltag wichtig sind, und legen Sie los!

Welpentraining: Selbstbewusst und sicher durch den Alltag

Wer das Glück hat, einen ausgezeichnet sozialisierten und selbstbewussten Welpen bei sich aufzunehmen, kann sich bereits in den ersten gemeinsamen Wochen darauf konzentrieren, seinem Welpen das beizubringen, worauf er Wert legt: Alltagsmanieren wie das Gehen an der lockeren Leine und das höfliche Begrüßen von Besuchern, das Erlernen lustiger Tricks oder die Grundlagen für eine spätere hundesportliche Laufbahn. Wer hingegen einen ängstlichen Welpen bei sich aufnimmt, sollte sich aufs Nachholen verpasster Sozialisierungserfahrungen konzentrieren – alles andere ist zweitrangig. Verhaltensweisen kann ein Hund in jedem Alter lernen, doch Sozialisieren im eigentlichen Sinne ist längstens bis zur sechzehnten Lebenswoche möglich und wird mit jedem Tag, den der Welpe älter wird, schwieriger.

Dennoch ist es eine gute Idee, bereits jetzt, wenn die Zeit es zulässt, ein wenig mit Ihrem ängstlichen Welpen zu trainieren. Einerseits schaffen Sie durch gemeinsame Aktivitäten, die Sie beide genießen, eine starke Beziehung zu Ihrem Welpen – und diese wiederum ist Voraussetzung für die erfolgreiche Sozialisierungsarbeit. Andererseits stärkt das Training bestimmter Verhaltensweisen mittels positiver Verstärkung und Shaping auf Umwegen das Selbstvertrauen Ihres Welpen und unterstützt dadurch auch das Sozialisierungsprogramm, in dem es in erster Linie genau darum geht: um ein wachsendes Selbstbewusstsein. Nach den Sozialisierungsprotokollen, die für Mensch und Hund ganz schön anstrengend sein können, möchte ich Ihnen daher eine Reihe von Tricks und Aktivitäten vorstellen, die zum Aufbau einer starken Beziehung und eines größeren Selbstbewusstseins beitragen.

Shaping: Tricks, Tricks, Tricks!

Freies Formen, auch unter der englischen Bezeichnung Shaping bekannt, ist die Königsdisziplin des Clickertrainings: Ohne dem Welpen durch Locken, Vormachen, Gesten oder Ähnliches zu helfen, lotsen Sie Ihren Schüler an den gewünschten Ort oder in die gewünschte Position. Ihr einziges Kommunikationswerkzeug? Der Clicker (oder ein anderes Markersignal Ihrer Wahl)!

Kennen Sie das „Heiß/Kalt"-Spiel? In meiner Kindheit war es sehr beliebt: Ein Spieler bewegte sich durch den Raum, der andere lenkte ihn mit „Warm!", „Wärmer!", „Noch wärmer!" und „Heiß!" bzw. „Kalt!", „Noch kälter!", „Eiskalt!" durch den Raum: Je näher er dem gewünschten Ort kam, desto „wärmer" wurde es. So konnte man einander etwa dazu bringen, eine Türe zu öffnen oder einen Lichtschalter zu betätigen, ohne konkrete Anweisungen zu geben. Das freie Formen eines Verhalten

Über freies Formen lässt sich alles trainieren, wozu der Hund physisch in der Lage ist – sogar komplexe Tricks wie der Slalom!

Ihres Welpen funktioniert ganz ähnlich – nach der Maxime „Der Weg ist das Ziel" clicken wir für kleinschrittige Annäherungen an unser Zielverhalten. Die Kunst liegt darin, kleinste Bewegungen und subtile körpersprachliche Veränderungen unseres Welpen zu erkennen und eine gewaltige Reaktionsgeschwindigkeit zu entwickeln: Clicken Sie zu spät, verstärken Sie nicht das gewünschte Verhalten, sondern das, was danach gekommen ist! Wollen Sie Ihren Welpen etwa dazu bringen, zwei Meter nach links zu gehen, clicken aber nicht den Schritt nach links, sondern das darauf folgende Stehenbleiben, wird Ihr Welpe Ihnen beim nächsten Versuch nicht zwei Schritte nach links anbieten, sondern länger stehen bleiben! Geshapte Hunde lügen nicht: Am Fortschritt Ihres Hundes können Sie ablesen, wie geschickt Sie im Timing und Umgang mit dem Clicker sind. Jeder Hund kann durch freies Formen lernen – und nicht nur das: Auch sämtliche andere Tierarten sind dazu in der Lage. Sehr beliebt ist etwa das Clickern von Hühnern in der Hundetrainer-Fortbildung. Wenn selbst ein Huhn durch freies Formen dazu gebracht werden kann, Gegenstände zu apportieren, sich im Kreis zu drehen oder über ein Hindernis zu hüpfen, haben Sie keine Ausrede: Wenn Ihr Hund keine Fortschritte macht, ist er nicht etwa dumm, sondern Sie müssen an Ihrem Timing arbeiten!

Anfangs ist es anstrengend, aber je besser Sie und Ihr Hund im freien Formen werden, desto größeren Spaß haben Sie beide daran. Wenn ich Phoebe einen neuen Trick beibringe, fühlt es sich an, als führten wir ein intensives Gespräch. Jede ihrer Bewegungen ist eine Frage an mich, jeder Click und jedes Ausbleiben des Clicks eine Antwort. Phoebe hat durch freies Formen Ihr „Expert Trick Dog"-Zertifikat erworben. Sie kann Skateboard fahren, Lichtschalter bedienen, Türen öffnen, Bierdosen apportieren, die Waschmaschine zumachen, Geldscheine aus Hosentaschen klauen, mir ein Taschentuch bringen, Einkaufswagen schieben und vieles mehr.

Macht das Lust, selbst etwas zu shapen? Wunderbar – legen wir los! Bevor Sie den Clicker und die Leckerlis holen, möchte ich Sie bitten, nicht zu viel zu erwarten: Komplexe Tricks zu shapen erfordert viel Übung bei Mensch und Hund. Je mehr Sie üben, desto besser wird Ihr Timing und Ihr Beobachtungsvermögen und umso klarer können Sie mit Ihrem Hund kommunizieren. Je öfter Ihr Hund etwas durch freies Formen lernt, desto größer wird sein Mut, selbstständig Neues auszuprobieren und mit Objekten zu interagieren. Das ist auch der Grund, aus dem freies Formen eine ganz ausgezeichnete Trainingsmethode für ängstliche Hunde ist. Viele dieser Hunde trauen sich kaum, sich selbstständig durch die Welt zu bewegen, und neigen dazu, reglos zu verharren, bis sie Anweisungen bekommen. „Nur ja nichts falsch machen" scheint ihre Devise zu sein. Freies Formen hilft dabei, diese Passivität zu überwinden, indem es den Welpen ermutigt, sich zu bewegen und zu experimentieren. Kreativität und Selbstvertrauen wachsen zusehends. Der Welpe lernt, dass er selbstständig Dinge ausprobieren kann. Er kann neue Oberflächen betreten, Gegenstände aufheben, seinen Körper auf unterschiedlichste Art einsetzen ... Im schlimmsten Fall bleibt der Click aus, im besten Fall regnet es Kekse! Was für ein Deal! Im Gegensatz zum Training mittels Locken ist es beim freien Formen ganz allein die Aktion des Hundes, die zum Click führt. Der Welpe findet heraus, dass er selbst dazu in der Lage ist, den Click hervorzurufen – ein gewaltiger Ego-Booster! Der Click führt zur Dopaminausschüttung; mit Erhalt des Leckerlis, eines primären Verstärkers, folgt eine Ladung Endorphine auf dem Fuß. Die Neugier des Welpen wird damit gleich doppelt verstärkt – und je größer die Neugier, desto größer das Selbstvertrauen!

Es gibt viele gute Bücher speziell zum Thema Clickertraining und Shaping, die auch Ideen zu einfachen und komplexen Tricks liefern (siehe Anhang). Hier möchte ich Ihnen ein paar Tipps mit auf den Weg geben, die Ihnen zu einem guten Start verhelfen.

Üben Sie erst Ihr Timing und Ihre Beobachtungsfähigkeit ohne Hund! Nehmen Sie den Clicker mit, wenn Sie durch die Stadt schlendern, und clicken jedes Mal, wenn Sie jemanden mit roten Schuhen entdecken. Drehen Sie den Fernsehapparat auf und clicken jedes Mal, wenn die Szene wechselt (eine Idee von Sue Ailsby, mit deren Hilfe ich gern selbst meine Clickertechnik verfeinere). Bitten Sie einen Freund, einen Ball auf- und abspringen zu lassen, und clicken Sie jedes Mal in exakt dem Moment, in dem der Ball den Boden berührt. Sind Sie mit Ihrem Timing zufrieden? Wunderbar. Dann wenden wir uns der Verstärkungsrate zu. Neben schlechtem Timing ist der häufigste Anfängerfehler, zu viel zu erwarten und zu selten zu clicken. Gerade bei einem Hund, der die hohe Kunst des freien Formens selbst erst erlernt, ist eine hohe Verstärkungsrate wichtig – ansonsten wird Ihr Welpe aufgeben oder Frustrationsverhalten zeigen. Clicken Sie mindestens alle fünf Sekunden – besser öfter. Ja, Sie haben richtig gelesen: Alle fünf Sekunden ein Click ist die niedrigste akzeptable Verstärkungsrate. Geizen Sie nicht mit Clicks. Halten Sie nicht nach dem Zielverhalten Ausschau, sondern nach winzig kleinen Schritten in die richtige Richtung. Keine Annäherung ist zu klein! Abgesehen von der Verstärkungsrate ist auch die Zeit, die zwischen Click und Leckerli vergeht, wichtig: Idealerweise ist der Keks 0,5 Sekunden nach dem Click bereits im Hund! Warum? Weil auch alles, was zwischen Click und Belohnung passiert, mit zum Verstärkungszyklus gehört. Je mehr Zeit vergeht, desto mehr unerwünschtes Verhalten kann sich einschleichen und mit verstärkt werden.

Lassen Sie uns in einer einfachen Übung Clicker-Mechanik und Timing auf Vordermann bringen, bevor Sie mit Ihrem Hund arbeiten. Zählen Sie fünfzehn Leckerlis in Ihre Tasche oder einen Leckerlibeutel ab. Diese sollten weich, erbsengroß und ohne Kauen schluckbar sein. Stellen Sie einen Timer (Eieruhr, Handy) auf eine Minute und eine Schale auf den Tisch vor sich. Halten Sie Clickerhand und Futterhand hinterm Rücken. Dann starten Sie den Timer und legen los: Click, die Futterhand greift in die Tasche und legt ein Leckerli in die Schale. Beide Hände hinter den Rücken. Click, die Futterhand greift in die Tasche und legt ein Leckerli in die Schale. Beide Hände hinter den Rücken und so weiter. Gelingt es Ihnen, in sechzig Sekunden fünfzehn Leckerlis aus der Tasche in die Schale zu befördern und dabei die Mechanik lupenrein zu halten, das heißt die Futterhand immer erst nach dem Click zu bewegen? Filmen Sie sich oder bitten einen Helfer, Sie zu beobachten und Ihnen Feedback zu geben! Je besser Ihre Fingerfertigkeit ist, bevor Sie den Hund dazuholen, desto erfolgreicher wird die erste Clickereinheit für Ihren Welpen.

Sie sind bereits ein alter Clickerprofi oder haben alle Trockenübungen erfolgreich gemeistert? Wunderbar! Dann ist es an der Zeit, mit dem Shaping Ihres Welpen zu beginnen! Stellen Sie den Timer auf eine Minute (die Maximallänge einer Shaping-Einheit für Anfänger und Welpen). Als erste Übung empfehle ich das im Kapitel „Sozialisierung“ beschriebene Boxentraining. Das Betreten der Box bietet nicht nur ein klar definiertes Zielverhalten, sondern ist auch ausgesprochen praktisch. Gerade im Leben mit ängstlichen Welpen geht viel Zeit für die Sozialisierung drauf. Anstatt einfach nur irgendwelche Tricks zu trainieren, empfiehlt es sich, freies Formen in der kritischen Sozialisierungsphase für nützliche Übungen einzusetzen. Und keine Sorge – freies Formen macht immer Spaß, ganz gleich, ob Sie einem Welpen beibringen, in die Box zu laufen, oder einem erfahrenen Trickhund, Ihnen ein Getränk aus dem Kühlschrank zu bringen.

Signale einführen

Im freien Formen führen wir das Signal erst dann ein, wenn wir fünfzig Euro darauf wetten würden, dass der Hund das gewünschte Verhalten gleich ausführen wird. So sage ich etwa beim Boxentraining genau dann zum ersten Mal „In die Box!", wenn ich weiß, dass der Hund, mit dem ich arbeite, diese gleich betreten wird – und sei es nur, weil wir mitten in einer Shaping-Einheit sind und er soeben bereits drei Mal ohne meine Hilfe oder Aufforderung in die Box gegangen ist, was ich dann jeweils clicken konnte. Geben Sie das Signal einen Sekundenbruchteil bevor der Hund dazu ansetzt, das Wunschverhalten zu zeigen. Für einen Beobachter sollte es aussehen, als würde Ihr Welpe bereits auf Ihr Signal reagieren; tatsächlich haben Sie es nur in einer Situation eingesetzt, in der er dieses Verhalten sowieso gezeigt hätte. Wiederholen Sie das Signal von nun an beim Üben jedes Mal, wenn Sie sicher sind, dass Ihr Welpe so reagieren wird, wie Sie sich das wünschen – je nach Übung zum Beispiel, dass er in die Box läuft und sich dort niederlegt. Klappt das Ganze im Wohnzimmer, versuchen Sie's in den übrigen Räumen Ihres Hauses und schließlich im Freien. Je öfter das Signal direkt vor dem In-die-Box-Laufen Ihres Welpen kommt, desto stärker wird die Verbindung zwischen Signal und Verhalten – und bald haben Sie einen Hund, der tatsächlich auf Ihre Aufforderung hin die Box betritt und weiß, was das Signal bedeutet!

Das Handtarget

Neben dem Boxentraining ist das Handtarget eine weitere nützliche und einfache Übung, die sich leicht mittels freiem Formen lehren lässt. Füllen Sie Ihre Tasche mit Leckerlis, stellen Sie den Timer auf eine Minute und setzen Sie sich mit Ihrem Welpen in einer ablenkungsarmen Umgebung auf den Boden. Halten Sie die Clickerhand hinterm Rücken. Wenn der Welpe aufmerksam ist, strecken Sie die zweite Hand mit der Handfläche zu Ihrem Welpen in etwa achtzig Zentimeter Abstand vor der Hundenase aus. Sobald der Welpe den Kopf in Richtung Ihrer Hand dreht, clicken Sie, greifen dann in die Tasche und lassen den darauf folgenden Belohnungskeks so auf den Boden fallen, dass Ihr Welpe wieder in seine Ausgangsposition zurückläuft. Präsentieren Sie Ihre Hand erneut; diesmal clicken Sie für Blick und Kopfbewegung in Richtung Targethand. Der Keks kann wieder dazu verwendet werden, den Welpen in die Ausgangsposition zurückzulotsen. Beim nächsten Mal clicken Sie einen Schritt in Richtung Targethand. Dann zwei Schritte, drei Schritte, vier Schritte und so weiter, bis Sie schließlich genau in dem Moment clicken, in dem Ihr Hundekind die flache Hand mit der Nase berührt. Achtung: Es geht nicht darum, in möglichst wenigen Clicks zum Zielverhalten zu gelangen, sondern darum, möglichst kleine Bewegungen wahrzunehmen, die einen Click verdient haben! Versuchen Sie nicht, möglichst selten, sondern möglichst häufig zu clicken – immer noch peilen wir mindestens fünfzehn Kekse pro Minute an! Nach maximal einer Minute gönnen Sie Ihrem Welpen eine Pause: Freies

Formen ist ganz schön anstrengend für den Hund, und wir wollen immer dann aufhören, wenn unser Welpe noch gern weiterarbeiten würde. Falls Sie beobachten, dass Ihr Welpe das Interesse verliert, bevor eine Minute um ist, reduzieren Sie die Einheiten auf dreißig Sekunden. Sollte Ihr Welpe immer noch aufgeben, bevor die Zeit abgelaufen ist, clicken Sie höchstwahrscheinlich zu selten. Filmen Sie sich beim Üben oder bitten einen Freund oder Trainer, Sie zu beobachten und Ihnen Feedback zu geben!

Zeigt Ihr Welpe das Zielverhalten verlässlich, das heißt, sobald er, wenn Sie die flache Hand präsentieren, diese ohne zu zögern mit der Nase berührt, sind Sie bereit, ein Signal einzuführen: Präsentieren Sie die Hand und sagen „Touch!" oder ein anderes Signal Ihrer Wahl, wenn Sie bereit wären, fünfzig Euro darauf zu verwetten, dass Ihr Welpe das gewünschte Verhalten im nächsten Moment zeigen wird.

Nun sind Sie bereit, dieselbe Übung auch an neuen Orten aufzubauen, damit Ihr Welpe lernt, zu generalisieren: Die ausgestreckte Hand und das „Touch"-Signal bedeuten überall dasselbe – ganz gleich ob in der Küche, im Schlafzimmer, im Garten, am Hundeplatz oder in der Stadt. Erwarten Sie an neuen Orten nicht gleich das Zielverhalten, sondern beginnen bei einer einfacheren Variante. Hunde sind notorisch schlecht im Generalisieren. Oft ist es nötig, ihnen ein und dasselbe Verhalten an mehreren verschiedenen Orten von Null auf zu erklären, bevor sie erkennen, dass das entsprechende Signal überall dieselbe Bedeutung hat. An wie

Henry lernt mittels Shaping, Chrissis Handfläche zu berühren.

vielen Orten Sie geduldig bei Null beginnen müssen, kann individuell stark variieren. Mein Pudel braucht besonders bei komplexen Verhaltensweisen bis zu zehn Durchgänge an unterschiedlichen Orten. Der Border Collie meines Freundes hingegen generalisiert oft schon nach zwei Wiederholungen.

Jetzt ist es außerdem an der Zeit, den Schwierigkeitsgrad zu steigern: Ein gut aufgebauter Handtouch erlaubt uns, den Hundekopf überall hinzuführen, wo wir ihn haben wollen – und der restliche Hundekörper folgt bekanntlich immer dem Kopf. Das können wir uns einerseits für zahlreiche Tricks zunutze machen und mithilfe des Handtouches etwa einen Beinslalom aufzubauen oder unserem Hund beibringen, über ein Hindernis zu springen. Andererseits stellt der Handtouch eine große Hilfe im Alltag mit reaktiven oder ängstlichen Hunden dar: Wir können die Hundenase an der Hand andocken lassen und den Hund so auf die andere Straßenseite oder im Bogen um einen Trigger herumführen, wenn uns dieser überrascht. Mit der Nase an der Hand konzentriert sich der Hund ganz auf uns und hat keine Möglichkeit, zur Seite oder nach hinten zu schauen. So können wir ihn an Situationen, die ihn überfordern würden, vorbei lotsen. Anders als beim simplen Gehen an der lockeren Leine sind Kopf und Nase so sehr auf

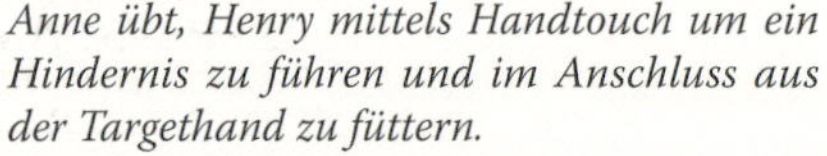

Anne übt, Henry mittels Handtouch um ein Hindernis zu führen und im Anschluss aus der Targethand zu füttern.

unsere Hand fokussiert, dass keine Zeit bleibt, sich nach dem Trigger umzusehen.

Auch beim Aufbau des bewegten Handtouch gehen wir kleinschrittig vor und steigern den Schwierigkeitsgrad systematisch, um unseren Hund nicht zu frustrieren. Beginnen Sie wieder in einer ablenkungsarmen Umgebung, am besten zuhause. Zücken Sie die Targethand in einem halben Meter Abstand vor Ihrem Welpen und bewegen diese langsam zwanzig bis dreißig Zentimeter in einer geraden Linie von seiner Schnauze weg. Die Bewegung sollte langsam genug sein, dass der Welpe die Hand in etwa einer Sekunde eingeholt und berührt hat. Sobald Sie seine feuchte Nase spüren, clicken Sie. Achtung: Diesmal belohnen Sie nicht, indem Sie den Keks werfen und den Welpen in seine Ausgangsposition zurückbringen, sondern an genau der Stelle, an der er Ihre Hand berührt hat. Verwenden Sie den Daumen, um den Keks an die Handfläche der Targethand zu drücken und an dieser Stelle zu verfüttern. Sobald wir an der Ausdauer eines bestimmten Verhaltens arbeiten oder große Präzision wollen, füttern wir möglichst nahe an der Wunschposition des Hundekopfes – in diesem Fall aus der Targethand.

Klappt die langsame Bewegung für zwanzig bis dreißig Zentimeter problemlos, verlängern Sie die Strecke, die der Welpe Ihrer Hand folgen muss, von Durchgang zu Durchgang um etwa zehn Zentimeter. Scheitert Ihr Hund, spielen Sie „300 Pecks“ und beginnen wieder bei zehn oder zwanzig Zentimetern. Können Sie Ihre Hand bereits einen Meter weit bewegen? Wunderbar! Stehen Sie auf und führen den Hund zwei Schritte mit der Targethand neben sich her. Dann drei, vier, fünf und so weiter. Können Sie im Haus problemlos acht bis zehn Schritte mit der Hundenase an Ihrer Handfläche gehen, bauen Sie dieselbe Übung nochmal von vorne auf – allerdings im Garten oder am Gehsteig vor Ihrem Haus. Klappt es auch hier, können Sie beginnen, auf jedem kleinen Spaziergang ein oder zwei Targethand-Sessions einzubauen. Spazieren Sie Kurven, gehen Sie rückwärts ... Das Ziel ist, Ihrem Hund zu vermitteln, dass Targeting einfach ist, Spaß macht und immer zu einem Leckerli führt. Das Ergebnis? Ein Hund, der sich freut, sobald Sie ihm die flache Hand anbieten, und ohne nachzudenken die Übung ausführt. Nun sind Sie bereit, diese im Ernstfall einzusetzen und Ihren ängstlichen Welpen mithilfe der Targethand an potenziellen Triggern vorbeizuführen. Achtung: Dabei handelt es sich um eine reine Management-Übung. Sie ersetzt kein Sozialisierungstraining – ein Hund, der seinen Trigger nicht wahrnimmt, weil seine Nase an Ihrer Hand klebt, macht zwar keine negative Erfahrung, lernt aber auch nicht, dass der Trigger ungefährlich ist! Unser oberstes Ziel sollte immer sein, unserem Hund zu vermitteln, dass die Welt ein sicherer Ort ist. Schließlich wollen wir nicht bis ans Ende unseres Lebens immer die Augen offenhalten müssen, um jeden potenziellen Trigger vor unserem Vierbeiner zu entdecken – wir wollen bald in der Lage sein, ganz unverkrampft spazieren zu gehen und darauf zu vertrauen, dass auch unser Hund entspannt bleibt.

Das Ziel sollte immer ein Welpe sein, der ohne viel Management entspannt durch die Welt gehen kann.

Selbstvertrauen formen

Manche meiner Leser, die sich schon länger mit dem Thema freies Formen beschäftigen, kennen vielleicht ein beliebtes Spiel unter Clickertrainern: Bei „101 Dinge, die man mit einer Box machen kann" präsentiert der Trainer dem Hund einen beliebigen Gegenstand und clickt jede wie auch immer geartete Interaktion des Hundes damit. Angenommen, es handelt sich um die namensgebende Box – etwa einen Schuhkarton –, können ein Anschauen der Box, ein Draufzugehen, eine Nasenberührung, ein Hineinsetzen von einer, zwei, drei oder vier Pfoten, ein Rundherumgehen, ein Hineinsetzen, ein Aufheben der Box, ein Apportieren ... geclickt werden. Der Phantasie des Hundes sind keine Grenzen gesetzt und alles ist erlaubt: Egal, was der Hund ausprobiert, solange er Interesse am Objekt zeigt, wird das Verhalten geclickt und belohnt!

Dieses Spiel können wir uns auch im Frühförderungsprogramm für ängstliche Welpen zunutze machen: „101 Dinge, die man mit einem unheimlichen Ding machen kann"! Doch bevor wir so weit sind, mit Dingen zu spielen, die unserem Hund Angst machen, sollten wir unsere Clicker-Fingerfertigkeit und das Selbstvertrauen unseres Trainingspartners mit neutralen Objekten steigern. Wählen Sie einen Gegenstand, von dem Sie wissen, dass Ihr Hund keine Angst davon hat – eine Decke, eine Schachtel, eine Schüssel, ein Spielzeug – und legen Sie los! Jede Interaktion ist einen Click wert, und sei es nur ein Ohrenzucken in Richtung des Gegenstandes. Wie immer ist unser Ziel, möglichst kleine Bewegungen einzufangen und möglichst oft, nicht möglichst selten zu clicken! Die talentiertesten Clickertrainer sind in der Regel die mit dem besten Beobachtungsvermögen und der höchsten Verstärkungsrate.

Haben Sie und Ihr Welpe Spaß an diesem Spiel? Dann sind Sie bereit, das Spiel auf vormals unheimliche Objekte anzuwenden. Dabei sollte allerdings stets im Auge behalten werden, dass wir unseren Welpen mit dem Zurückhalten des Clicks nicht so weit unter Druck setzen sollten, dass er sich näher an einen unheimlichen Gegenstand heranwagt, als ihm lieb ist. Schließlich soll das Spiel Spaß machen und keinen Leistungsdruck erzeugen. Daher ist es wichtig, ganz genau auf die Körpersprache Ihres Welpen zu achten und nicht erst dann zu clicken, wenn deutlich ist, dass er sich unwohl fühlt.

Um das soeben beschriebene Szenario zu vermeiden, empfehle ich, das 101-Dinge-Spiel in erster Linie im Rahmen der Maskenball-Methode light (siehe Kapitel Sozialisierung) anzuwenden, bis Sie Ihren Welpen gut einschätzen können und sicher sind, dass Sie den richtigen Click-Zeitpunkt an seiner Körpersprache ablesen können.

Sind Sie erst einmal gut darin, Ihren Welpen einzuschätzen, können Sie natürlich auch im Alltag und im Freien 101 Dinge spielen – immer dann, wenn Ihrem Welpen etwas unheimlich ist! Je mehr Sie Ihren Hund dafür clicken und verstärken, mit den unterschiedlichsten Objekten zu interagieren, desto größer die Wahrscheinlichkeit, dass er neue Gegenstände bald nicht mehr als potenzielle Monster, sondern als Leckerli-Automaten wahrnimmt!

Aussiemix Luna, die einen mehrere Wochen dauernden Resozialisierungsurlaub bei mir verbrachte, hatte ein gewaltiges Problem mit allem, was einem Gartenzwerg ähnelte. Leider wohnte ihre Familie ausgerechnet in einer Kleingartensiedlung, in der es von Gartenzwergen, steinernen Löwen, geschnitzten Rehen und sonstigen Ungeheuern nur so wimmelte. Als wäre das nicht schon unheimlich genug, hatte eines der Nachbarhäuser einen Bewegungsmelder installiert: Ging man abends am Gartenzaun vorbei, wurde die Zwergenschar plötzlich von unten mit Scheinwerfern angestrahlt. Die Augen reflektierten und die Figuren warfen riesige Schatten an die Hauswand: Lunas Alptraum. Drei Wochen Sozialisierungsurlaub in meiner (zwergenfreien) Nachbarschaft gepaart mit bewusst eingerichteten Begegnungen mit ausgewählten Gartenzwergen sowie fünf intensive Trainingsstunden mit ihrer Familie in der Kleingartensiedlung später war es so weit: Luna steuert heute tatsächlich jeden Gartenzwerg, jedes Plastikreh und jeden Garten-Deko-Weihnachtsmann schwanzwedelnd an, dem sie begegnet. Es hatte Geduld, Verständnis und viel Arbeit gekostet, doch aus dem Welpen mit Gartenzwergphobie war eine selbstbewusste Junghündin geworden!

Schnüffelspiele

Der Geruchssinn eines Hundes ist etwa 10.000 Mal besser als der des Menschen. Während wir gerade mal fünf Millionen Geruchsrezeptoren besitzen, haben Hunde je nach Rasse bis zu 220 Millionen (Schäferhund, Beagle). Und nicht nur das: Der prozentuale Anteil des Hundegehirns, der der Geruchsanalyse dient, ist vierzig Mal größer als die vergleichbare Hirnregion beim Menschen. Ebenfalls deutlich größer ist die Nasenschleimhaut der Hunde, die der Größe eines Blattes Papier entspricht – die des Menschen hingegen ist gerade mal so groß wie eine Briefmarke. Hunde haben sogar ein eigenes Geruchsorgan, das wir Menschen nicht besitzen: das Jacobson-Organ, das dem Wahrnehmen von Pheromonen dient. Es ist der Grund, dass Produkte wie DAP (Adaptil) hilfreich sein können (siehe Abschnitt *Rezeptfreie Hilfsmittel*).

Ganz schön beeindruckend, nicht wahr? Die olfaktorische Überlegenheit ermöglicht es unseren Hunden, in Stereo zu riechen – sie wissen genau, aus welcher Richtung ein Duft kommt. Auch sind sie in der Lage, selbst einzelne Geruchsmoleküle wahrzunehmen, egal, wie viele andere Geruchsmoleküle ebenfalls vorhanden sind. Während ein Parfum also für die menschliche Nase unangenehme Gerüche überdecken kann, lässt sich ein Hund davon nicht täuschen – er wird immer auch den Geruch wahrnehmen, den das Parfum verbergen soll. Unsere Hunde sind olfaktorische Spezialisten – sie werden mittlerweile nicht nur zum Aufspüren von Drogen, großen Geldbeträgen, geschmuggelten Lebensmitteln oder illegal eingeführten exotischen Tieren eingesetzt und sind in der Lage, der Spur eines Verdächtigen Stunden später und durch dicht besiedeltes Gebiet um zahlreiche Ecken zu folgen oder angeschossene Tiere im Dickicht aufzuspüren, sondern arbeiten auch als Diabetiker-Warnhunde und können sogar Krebszellen anzeigen – und dabei sind Sie unseren besten Messgeräten überlegen!

Die meisten Hunde setzen ihre Nase mit großer Begeisterung ein – sei es zum Studieren der Pinkelmarkierungen der Nachbarshunde an der Hausecke, zum Verfolgen einer Wildtierspur, zum Erschnüffeln eines Mauselochs oder zur Suche nach Brotkrümeln am Küchenfußboden. Schnüffeln und mithilfe der Nase zu Erfolgserlebnissen zu kommen macht Hunden nicht nur Spaß, sondern macht auch müde: Der Einsatz der Nase erfordert mehr Konzentration als der Einsatz von Augen oder Ohren. Aus diesem Grund eignen sich Schnüffelspiele hervorragend, um ängstliche Welpen, die nur in geringer Dosis mit der Welt konfrontiert werden können, auszulasten. Nachdem der Einsatz der Nase ein ruhiges und konzentriertes Arbeiten erfordert, macht Nasenarbeit müde, ohne aufzuputschen – und das ist ganz wichtig. Bei schnellen und wilden Spielen wie dem Nachlaufen von Bällen werden Stresshormone ausgeschüttet und der Hund wird in große Aufregung versetzt. Das ist überhaupt kein Problem für einen gesunden, ausgeglichenen Hund, kann aber einem ängstlichen Tier, dessen Körper im Alltag ohnehin ständig mit Stresshormonstößen geflutet wird, den letzten Nerv rauben. Statt nach einem energiegeladenen Apportierspiel zufrieden einzuschlafen, wie das bei einem ausgeglichenen Welpen der Fall wäre, neigen solche Hunde zu Hyperaktivität und tun sich schwer, zur Ruhe zu kommen. Daher empfehlen sich ruhige Aktivitäten wie Schnüffelspiele mehr als temporeiche Laufspiele. Mittels Nase ans Ziel zu gelangen hat zwei weitere Vorteile: Es führt zu einem gewaltigen Erfolgserlebnis des Hundes, wenn dieser beispielsweise beim Mantrailing eine verborgene Person aufspürt, und erhöht das hündische Selbstbewusstsein. Außerdem beruhigt der Einsatz der Nase den Hund durch die dabei angewandte Atemtechnik und die erforderliche Konzentration. Aufgekratzte, nervöse und überdrehte Welpen können etwa mit einer ruhigen Leckerlisuche wieder beruhigt werden.

Die Leckerlisuche

Ein einfaches Spiel ist die Leckerlisuche. Das Ziel: Der Hund nutzt die Nase, um sein Abendessen oder einfach nur eine Handvoll Kekse zu finden. Je nach Situation und Fortschritt des Hundes kann die Suche ganz einfach oder richtig schwierig gestaltet werden.

Bei *Click for Joy!* Hundetraining führen wir das Spiel ein, indem wir es erst verbal ankündigen („Kekse!") und dann eine Handvoll Leckerlis vor unserem Hund auf den Boden streuen, sodass diese auf einer Fläche von circa einem Quadratmeter verstreut sind. Sobald die Leckerlis fliegen, darf auch der Welpe losstarten und eines nach dem anderen finden und verspeisen! Anfangs darf das Spiel ruhig leicht sein – ein Teppich- oder Parkettboden, auf dem die Kekse farblich gut hervorstechen, ist ein guter erster Schritt. Bei manchen Welpen muss dieser Schritt mehrmals wiederholt werden, bevor es ihnen gelingt, alle Leckerlis zu finden, obwohl sich diese direkt vor ihnen befinden: Welpen, die in olfaktorisch deprivierten Umgebungen aufwachsen, brauchen manchmal ein wenig länger, um zu entdecken, dass sie eine funktionierende Nase haben! Manche Rassen, etwa Windhunde oder auch Border Collies, verlassen sich sehr stark auf die Augen und können daher anfangs auch etwas länger brauchen, um zu lernen, die Nase einzusetzen. Sobald sie es aber erst mal raus haben, haben auch sie jede Menge Spaß am Schnüffeln.

Klappt dieses Spiel gut, können Sie beginnen, es ein wenig zu erschweren: Streuen Sie die Leckerlis in eine Schnüffelmatte, einen Badezimmerteppich mit langen Fransen oder ins Gras! Lassen Sie Ihren Welpen nach wie vor zusehen und kündigen Sie das Spiel mit dem „Kekse!"-Signal an.

Gelingt auch das gut? Dann ist Ihr Welpe bereit für ein etwas schwierigeres Schnüffelspiel! Lassen Sie Ihren Welpen in der Box oder hinter einem Babygitter warten und zusehen, während Sie eine Handvoll Kekse (oder sein Abendessen) im Raum verstecken: Manche Stückchen liegen offensichtlich am Boden und sind leicht zu finden, andere schon etwas schwieriger hinter Tischbeinen, unter Sesseln und in dunklen Ecken versteckt. Mit dem Signal „Kekse!" öffnen Sie Box oder Babygitter und lassen Ihren Welpen losstarten!

Rush sucht nach im Gras verstreuten Keksen.

Findet er nicht alles, helfen Sie ihm nicht – das ist an dieser Stelle sehr wichtig. Wir wollen nämlich nicht, dass er lernt, schnell aufzugeben, um sich dann von Ihnen die Verstecke zeigen zu lassen, sondern dass er seine Nase einsetzt, um selbstständig fündig zu werden. Nur so steigern Sie sein Selbstbewusstsein!

Spielen Sie einmal täglich das Spiel auf diesem Schwierigkeitsgrad, bis Ihr Welpe problemlos alle Kekse findet. Dann können Sie den Schwierigkeitsgrad erneut steigern, indem Sie die Verstecke auf die ganze Wohnung ausdehnen, schwierigere Verstecke wählen oder den Welpen nicht mehr zusehen lassen, während Sie die Kekse auslegen. Nach wie vor sollten Sie die Suche allerdings mit einem Signal ankündigen.

Klappt auch das problemlos und Sie brauchen neue Ideen? Futtersuch-Spielzeuge lassen sich ganz einfach selbst basteln! Füllen Sie eine Wanne, Schachtel oder große flache Schüssel mit zusammengeknüllten Zeitungsblättern und streuen Sie eine Handvoll Kekse hinein! Legen Sie ein paar Kekse auf ein Handtuch und falten dieses über den Keksen um – nun muss der Welpe mit der Nase nach den Leckerbissen wühlen! Vergraben Sie eine Handvoll Kekse in einer Sandkiste im Garten und streuen zum Anreiz noch ein paar Leckerlis oben drauf – hier sollte der Welpe anfangs zusehen dürfen, da das Ausbuddeln der Leckerlis und das Erschnüffeln unterm Sand ganz schön schwierig sind! Verstecken Sie die Leckerlis zur Abwechslung nicht im Haus, sondern im Garten! Streuen Sie eine Handvoll Kekse in das Bällebad Ihrer Kinder. Füllen Sie eine große flache Schüssel mit Wasser und streuen Kekse hinein. Wagt Ihr Welpe, sich die schwimmenden Leckerlis zu schnappen? Gelingt es ihm auch, auf den Boden gesunkene Kekse hervorzutauchen? Ihrer Phantasie sind keine Grenzen gesetzt.

Besonders im Zusammenleben mit nervösen Hunden bietet es sich an, die Leckerlisuche auch auf Spaziergängen einzubauen. Das hat gleich drei Vorteile: Taucht unerwartet ein Trigger auf, dem Ihr Welpe nicht gewachsen ist, haben Sie die Möglichkeit, zur Seite zu gehen und Ihren Schützling mit einer angekündigten Leckerlisuche auf eine Aufgabe zu fokussieren, bevor dieser seinen „Feind" wahrgenommen hat. Hunde, die das Spiel kennen und lieben, sind mitunter so davon eingenommen, dass sie nichts um sich herum wahrnehmen – auch nicht den Nachbarshund, der an ihnen vorbeigeht! Dabei sollte allerdings nicht vergessen werden, dass es sich hierbei um eine reine Managementmaßnahme handelt, bei der Ihr Welpe nicht lernt, sich mit dem Trigger auseinanderzusetzen. Wie der Handtouch ersetzt auch die Leckerlisuche nicht die Sozialisierungsarbeit.

Ein weiterer Bonus der Leckerlisuche am Spaziergang ist es, dass Sie Ihren nervösen Welpen, der nach der dritten leicht unheimlichen Begegnung nicht mehr weiß, wo ihm der Kopf steht, mit in der Wiese ausgestreuten oder im Wald versteckten Leckerlis helfen können, die Welt kurz auszublenden und sich auf eine entspannende Aufgabe zu konzentrieren. Das hilft, die Stresshormone abzusenken und beruhigt, sodass Ihr Welpe die nächsten beiden unheimlichen Begegnungen, die ihm am Heimweg noch bevorstehen, ebenfalls erfolgreich meistert. Der Effekt des Schnüffelns für den Hund lässt sich mit dem Gefühl vergleichen, das wir Menschen verspüren, wenn wir bewusste Atemtechniken anwenden, um uns in einer stressigen Situation zu entspannen.

Auch in Pausen zwischen aufeinander folgenden Trainings- oder Sozialisierungsdurchgängen bietet die Leckerlisuche eine gute Möglichkeit, Ihren Welpen auf andere Gedanken zu bringen.

Das vierte ausgesprochen praktische Einsatzgebiet der Leckerlisuche in der „echten Welt" ist, dass die Fähigkeit Ihres Hundes, sich auf die Suche zu konzentrieren und der Welt den Rücken zuzuwenden, ein guter Parameter dafür ist, wie er sich fühlt: Stellen Sie sich vor, Sie beobachten gemeinsam mit Ihrem Welpen spielende Kinder oder Hunde in einiger Entfernung. Sind Sie weit genug von der Aufregung entfernt, dass Ihr Welpe sich wohl fühlt? Sind Sie nicht sicher, bieten Sie Ihrem Welpen ein Leckerlisuchspiel an. Gelingt es ihm leicht, den Blick vom Geschehen abzuwenden und sich auf die Suche zu begeben? Ausgezeichnet – alles im grünen Bereich! Kann er sich nicht auf die Leckerlis konzentrieren, sollten Sie den Abstand vergrößern.

Die Spielzeugsuche

Auch die Suche nach Gegenständen ist ein beliebtes Spiel und eignet sich besonders für Welpen, die ihr Spielzeug gerne im Maul tragen oder apportieren. Hat Ihr Welpe ein Lieblingsspielzeug? Dann beginnen Sie, diesem einen Namen zu geben: Sagen Sie zum Beispiel „Ball!" und greifen dann nach dem Ball, um mit Ihrem Hund zu spielen. Sobald Ihr Welpe allein beim Wort „Ball!" Vorfreude zeigt, sind Sie bereit für den nächsten Schritt. Spielen Sie erst ein wenig mit Ihrem Welpen und dem Spielzeug, und sicherzugehen, dass er wirklich weiß, dass es um den Ball geht. Dann lassen Sie ihn in der Box, hinter einem Babygitter oder, sollte er bereits das Bleib-Signal beherrschen, im selben Raum auf einer Decke warten, während Sie den Ball ein Stück wegtragen und gut sichtbar im Zimmer platzieren. Lassen Sie Ihren Welpen mit dem Such-Signal Ihrer Wahl (zum Beispiel „Such den Ball!") aus der Box beziehungsweise lösen damit das Bleib-Signal auf. Ihr Welpe wird zum Ball laufen. Sobald er diesen erreicht, clicken und belohnen Sie oder loben Ihr Hundekind ausführlich. Natürlich sollte ein fröhliches Ballspiel umgehend folgen! Steuert Ihr Welpe sein Spielzeug umgehend an, sobald Sie ihn losschicken, steigern Sie den Schwierigkeitsgrad kleinschrittig: Vergrößern Sie die Distanz, die der Welpe zum Ball laufen muss! Klappt auch das? Gut gemacht! Nun ist es Zeit, den Ball nicht mehr gut sichtbar auf den Boden zu legen, sondern um eine Ecke oder hinter ein Tischbein. Immer noch soll er leicht zu finden, aber nicht mehr direkt zu sehen sein. Manche Welpen brauchen etwas länger, um diese Schwierigkeitsstufe

Henry findet seinen Lieblingsball überall – sogar im Garten!

zu meistern. Das ist in Ordnung. Scheitert Ihr Welpe zwei Mal hintereinander, machen Sie das Spiel umgehend leichter, um seine Motivation aufrechtzuerhalten. Platzieren Sie den Ball wieder gut sichtbar im Raum, damit Ihr Welpe ein Erfolgserlebnis hat, und gönnen ihm dann eine Pause. In der nächsten Einheit spielen Sie erst dreimal mit gut sichtbarem Ball an jeweils unterschiedlichen Orten, bevor Sie den Ball wieder verstecken – diesmal aber so, dass er noch halb sichtbar ist und etwa hinter einem Kasten hervorleuchtet. Viel Spaß beim Suchen!

Klappt auch das? Wunderbar! Steigern Sie den Schwierigkeitsgrad kleinschrittig, indem Sie das Spielzeug immer besser verstecken – zum Beispiel in einem anderen Zimmer als dem, in dem sich Ihr Welpe befindet! Hat Ihr Welpe Spaß an der Suche und weiß, was er zu tun hat, können Sie auch beginnen, im Garten zu spielen. Klappt auch das ausgezeichnet, nehmen Sie den Ball auf einen Spaziergang mit und spielen unterwegs. Stellen Sie anfangs sicher, dass Ihr Welpe Sie mit dem Ball weggehen sieht, und machen Sie die Suche in einer neuen Umgebung – ganz gleich ob im eigenen Garten oder beim Spaziergang im Wald – anfangs wieder ganz einfach, indem Sie den Ball gut sichtbar platzieren. Im Freien gibt es zahlreiche Ablenkungen, und allein dadurch ist die Aufgabe Ihres Welpen hier wesentlich schwieriger! Wenn Sie alleine unterwegs sind und Ihr Welpe noch kein Bleib-Signal beherrscht, lassen Sie ihn am Anfang des Spaziergangs im Auto warten und zusehen, während Sie den Ball wenige Meter weiter gut sichtbar platzieren. Eine andere Möglichkeit ist es, eine leichte Faltbox mitzunehmen, in der der Welpe warten kann. Wenn Sie zu zweit unterwegs sind, kann Ihr Begleiter den Welpen halten, während Sie den Ball platzieren.

Eine weitere Möglichkeit, den Schwierigkeitsgrad zu steigern, ist es, den Welpen beim Verstecken nicht mehr zusehen zu lassen. Diese sollten Sie erst einführen, wenn Sie ganz sicher sind, dass Ihr Welpe das Signal „Such den Ball!“ versteht. Klappt es nicht, ärgern Sie sich nicht, sondern vereinfachen das Spiel einfach wieder um einen Schritt, indem Sie Ihrem Hundekind das Spielzeug zeigen, bevor Sie es verstecken. Das Ziel soll sein, die Selbstsicherheit Ihres Welpen zu steigern, indem er lernt, seiner Nase zu folgen. Wie schnell er dabei Fortschritte macht, ist nicht wichtig – der gemeinsame Spaß und die Erfolgserlebnisse sollten im Mittelpunkt stehen!

Wie die Leckerlisuche ist auch die Suche nach verstecktem Spielzeug eine hervorragende Möglichkeit, um ängstliche und sensible Welpen auszulasten, ohne ihren ohnehin schon hohen Stresshormonpegel durch aufregende Laufspiele wie das Werfen und Hetzen von Bällen noch weiter zu steigern. Ich selbst spiele sehr gern mit Bällen und meinen Hunden und mache das auch mit ängstlichen Welpen hin und wieder – aber der Fokus in der physischen und mentalen Auslastung sollte gerade bei ängstlichen, grundsätzlich schon sehr gestressten Tieren eher auf ruhigen, konzentrationsintensiven Aufgaben liegen. Natürlich kann zur Belohnung für eine erfolgreiche Suche trotzdem hin und wieder einmal der Ball geworfen oder gerollt werden.

Welpenparcours

Fuse lernt, die Pfoten auf den Steg zu setzen und erkundet den Tunnel!

Im letzten Kapitel ging es darum, die Nase unseres Welpen zu schulen und ihm Selbstbewusstsein zu vermitteln, indem er lernt, Suchspiele erfolgreich zu meistern. Jetzt wollen wir uns mit seinem Körpergefühl auseinandersetzen! Im Idealfall lernen Welpen bereits beim Züchter, über die unterschiedlichsten Oberflächen zu gehen und ihren Körper auf kreative Art und Weise einzusetzen, indem Sie auf der Welpenschaukel ihr Gleichgewicht schulen, auf einem Balancekissen balancieren, einen Tunnel erforschen und über Fliesen und Holzböden, Gras und Asphalt, Schotter, Erde, Gitterböden, knisternde, spiegelglatte und unwegsame Oberflächen turnen. Das trägt dazu bei, dass der Welpe später, wenn er ins neue Zuhause gezogen ist, sämtliche Oberflächen und Hindernisse selbstsicher überwindet. Das Gefühl unter den Pfoten macht ihm keine Angst, und er vertraut darauf, dass er physisch dazu in der Lage ist, alle Steine zu überwinden, die ihm das Leben in den Weg legt!

Hat Ihr Welpe in den ersten Lebenswochen keine oder ungenügende Erfahrungen mit Abenteuerspielplätzen und Co. gemacht, kann ein mangelndes Gespür für den eigenen Körper und dessen Grenzen und Möglichkeiten mit dazu beitragen, dass er im Alltag große Unsicherheit verspürt, bestimmte Bodenbeläge nicht betritt, keine Stufen steigen kann und nicht zu wissen scheint, wo sich seine Hinterpfoten befinden. Es gibt zahlreiche Möglichkeiten, wie Sie ihm dabei helfen können, seinen Körper besser einzuschätzen und Selbstvertrauen gegenüber ungewohnten Untergründen und Hindernissen zu entwickeln.

Eine besonders einfache Art und Weise, Gleichgewichtsgefühl und Körperbewusstsein zu entwickeln, ist es, Ihren Welpen auf kurze Ausflüge in den Wald mitzunehmen. Hier kann er entweder selbstständig oder mit Ihrer Hilfe über umgefallene Baumstämme balancieren, über Äste steigen, unebenes Gelände überwinden, auf einen großen Stein klettern und vielleicht sogar durch einen seichten Bach oder eine herrliche Schlammpfütze waten.

In diesem Fall sozialisieren wir nicht, sondern trainieren Körperbewusstsein. Sofern Ihr Welpe keine Angst davor hat, sich dem Baumstamm, dem Bach oder dem Felsen zu nähern, mit dem Sie arbeiten wollen, spricht daher nichts dagegen, ihn mit Keksen zu locken. Anders als bei der Arbeit an der Angst vor Menschen, Tieren oder Gegenständen locken wir ihn in diesem Fall nicht näher an ein vermeintliches Monster heran, als ihm recht ist, sondern unterstützen und motivieren ihn mit Keksen.

Halten Sie Ihr Versprechen: Wenn Sie einen Keks über einen Baumstamm halten, sollte ihr Welpe diesen auch tatsächlich bekommen, sobald er die Vorderpfoten auf den Baumstamm gesetzt und sich weit genug gestreckt hat, um es zu erreichen. Halten Sie besonders anfangs die Verstärkungsrate hoch und füttern und loben Sie großzügig. Ist das Selbstbewusstsein Ihres Welpen erst einmal gewachsen, können Sie auch Handtouches einsetzen, um ihn über ein Hindernis zu lotsen.

In unserem Einzeltraining setze ich für ängstliche Welpen auch gerne Agility-Equipment ein, um das Körpergefühl zu schulen. Die Welpen lernen, über Cavalettis zu laufen, die Hinterpfoten auf eine Schrägwand zu stellen, sich Leckerlis aus dem Tunnel zu holen oder auf Balancekissen zu klettern, wo sich die Fortgeschrittenen dann sogar mit Hilfe eines Leckerlis setzen, hinlegen oder im Kreis drehen.

Wer keinen Agilityplatz zur Verfügung hat, kann sich die nötigen Hindernisse ganz einfach selber basteln oder bei großen Möbelhändlern, die eine Kinderabteilung haben, günstig einen Kinderspieltunnel und Ähnliches erstehen. Ein niedriger Steg zum Balancieren lässt sich ganz einfach mit einem Balken oder je nach Größe des Welpen einem umgelegten Bücher- oder CD-Regal improvisieren. Wer kein Balancekissen hat, verwendet eine Luftmatratze oder ein Schwimmtier, und als Schrägwand, auf die der Welpe die Hinterpfoten setzen soll, dient ein breites raues Brett. Cavalettis, die zum Heben der Beine motivieren, lassen sich ganz einfach aus Besenstangen oder einer flach auf den Boden gelegten Leiter basteln. Auch sonst finden Sie sicher zahlreiche welpentaugliche Hindernisse am Dachboden oder in der Garage: alte Autoreifen zum Balancieren, Drüberklettern oder bei der Leckerlisuche reinsteigen, ein niedriges, zentimetertief mit Wasser gefülltes Planschbecken, eine alte Federmatratze, auf der der Welpe mithilfe eines Lock-Leckerlis sitzen, stehen, liegen und

Fuse schult sein Körpergefühl mit Cavalettis und turnt auf dem Balance-Kissen!

sich drehen üben kann, ein Bällebad, wie Kinder es gern haben, oder alternativ eine mit zahlreichen leeren Plastik-Getränkeflaschen gefüllte flache Wanne. Ein nasses Tuch aus dem Kühlschrank, das sich unter den Welpenpfoten kalt anfühlt, ein Gitterrost und ein Höhlen-Labyrinth aus großen alten Kartons. Ihrer Phantasie sind keine Grenzen gesetzt – bauen Sie sich Ihren eigenen Mini-Agility-Parcours und haben Sie Spaß mit Ihrem Welpen! Je besser sein Körpergefühl wird, desto leichter findet der kleine Angsthase sich im Alltag zurecht.

Alles ist erlaubt – solange es für Ihren Welpen zu schaffen und ungefährlich ist! Bauen Sie Ihren Parcours ausschließlich auf Untergründen auf, auf denen Ihr Welpe nicht ausrutschen kann – zum Beispiel im Gras, auf einem Teppichboden, auf ausgelegten Yogamatten oder Ähnlichem. Fliesen, Parkettböden und ähnliche glatte Oberflächen sind ungeeignet. Auch das Material der Hindernisse, über die Ihr Welpe gehen soll, sollte rau, nicht glatt sein, um ein Abrutschen zu verhindern. Unbehandeltes Holz eignet sich etwa besser als glattgeschliffenes. Sollten Sie einen Steg oder eine Schrägwand aus glattem Holz oder Kunststoff basteln, empfiehlt es sich, diese vor Gebrauch mit Teppich- oder Fußabstreifer-Stoff zu überziehen. Nageln Sie die rutschfesten Materialien einfach an oder verwenden Sie einen Spezialkleber.

Fertig gebastelt? Wunderbar! Nehmen Sie die Abendessens-Ration Ihres Welpen zur Hand und verfüttern diese am Parcours: Kann Ihr Welpe die Vorderpfoten auf den Steg setzen? Click und Keks! Kann er drüberbalancieren? Click und Keks! Traut er sich zu, die wackelige Luftmatratze zu betreten? Super, so ein mutiges Hundekind! Click und Kekse! Kann er sich auf der Matratze auch hinsetzen? Im Kreis drehen? Super! Damit hat er sich jede Menge Lob, einen Click und eine Belohnung verdient.

Verlangen Sie anfangs nicht zu viel; halten Sie die Verstärkungsrate möglichst hoch. Wir wollen nicht geizig sein, sondern die Turnübungen mit möglichst viel Spaß und Leckereien verknüpfen. Unser Ziel ist es schließlich, dass sich der Welpe wohlfühlt, seine Angst ablegt und sein Selbstbewusstsein wächst.

Gestalten Sie den Welpenparcours immer mal wieder neu und spielen in den ersten Wochen, in denen Ihr ungeschickter und ängstlicher Welpe bei Ihnen lebt, regelmäßig darauf. Sie werden sehen, wie sein Selbstvertrauen und seine Geschicklichkeit wachsen. Halten Sie auch beim Spaziergang stets die Augen offen und nutzen Gelegenheiten zum Hindernis-Training: Locken Sie Ihren Welpen auf einen Felsbrocken, lassen Sie ihn über Gitterroste und Glasböden gehen.

Achtung: Sprünge auf oder über Hindernisse sollten bei Welpen im Wachstum vermieden werden. Wichtiger als Höhe, Weite und Tempo zu steigern ist es, zu lernen, jede Pfote langsam und bewusst einzusetzen. Das ist die beste Art und Weise, um das Körpergefühl eines Welpen zu schulen.

Intelligenzspielzeug

Auch Intelligenzspielzeuge für Hunde – Futterspielzeuge, an denen der Hund einzelne Elemente oder das gesamte Objekt bewegen oder drehen muss, an denen Schubladen herausgezogen oder Deckel entfernt werden können – eignen sich hervorragend zum Aufbau von Selbstbewusstsein. Es empfiehlt sich, mit besonders einfachen Modellen zu beginnen oder etwa eine Schublade anfangs nur halb zuzumachen, um dem Welpen den Start zu erleichtern. Wichtig dabei ist, dem Welpen die Möglichkeit zu geben, das Problem selbst zu lösen, um an sein Futter zu kommen. Kleinschrittig erhöhen wir den Schwierigkeitsgrad, sodass etwa nach und nach eine Schublade weiter zugeschoben oder ein schwierigeres Modell gewählt wird.

Im Falle von Intelligenzspielzeugen helfe ich sensiblen, unsicheren Welpen nur ungern. Schließlich ist mein Ziel nicht, dass der Welpe den Eindruck bekommt, ich sei unglaublich gut im Lösen von Problemen, sondern dass er sich selbst als

Olive erhält ihre Mahlzeiten aus Intelligenzspielzeugen.

kompetenten Problemlöser erfährt. Mir geht es nicht darum, ihm beizubringen, sich bei Schwierigkeiten an mich zu wenden, sondern ihm zu vermitteln, dass er selbst in der Lage ist, einen Weg ans Ziel zu finden.

Abgesehen davon, dass sie Selbstvertrauen vermitteln, bieten sich Intelligenzspielzeuge ähnlich wie Schnüffelspiele auch dafür an, einen sensiblen Welpen, der mit der Welt nur in kleinen Dosen zurechtkommt, innerhalb der eigenen vier Wände zu beschäftigen und auszulasten, ohne ihn dabei aufzuputschen. Statt ihm Trockenfutter-Mahlzeiten aus dem Napf zu servieren, können diese in Intelligenzspielzeugen verborgen werden.

Mittlerweile bietet der Zoofachhandel eine große Auswahl an Intelligenzspielzeugen verschiedenster Schwierigkeitsgrade, Marken, Materialien und Preisklassen. Wählen Sie anfangs unbedingt die leichteste Schwierigkeitsstufe. Wenn Ihr Welpe das Prinzip erst einmal verstanden hat, können Sie nach und nach auch größere Herausforderungen einführen. Meiner Erfahrung nach sind Holzspielzeuge zwar mitunter teurer als Modelle aus Plastik, halten aber meist auch länger – vor allem, wenn Sie einen kaufreudigen Welpen haben, ist das wichtig.

Es macht Spaß, das eine oder andere ausgetüftelte Spielzeug für den eigenen Vierbeiner zu kaufen. Hat ein Hund aber erst mal herausgefunden, wie ein bestimmtes Modell funktioniert, löst er es beim nächsten Mal meist im Handumdrehen – den gewünschten Effekt, nämlich das Fördern der Problemlösekompetenz, haben wir also meist nur in den ersten paar Durchgängen. Nun haben wir die Möglichkeit, ein neues Modell nach dem anderen zu kaufen, oder die Intelligenzspielzeuge einfach selbst zu basteln. Zweiteres ist gar nicht so schwierig und lässt uns ein größeres Budget, um einen guten Trainer zur Unterstützung bei der Arbeit mit unserem Welpen zu konsultieren.

Alles, was für den Welpen ungefährlich ist (keine verschluckbaren Kleinteile, keine Splitter) und auch zerstört werden darf, lässt sich in ein Intelligenzspielzeug verwandeln – lassen Sie Ihrer Phantasie freien Lauf und halten Sie die Kamera bereit, wenn Sie Ihrem Welpen eine neue Kreation präsentieren – Sie werden herrliche Bilder erhalten! Hier eine kleine Auswahl an Dingen, die im Laufe der Jahre gut bei den Welpen, die ich aufgezogen oder betreut habe, angekommen sind:

- Leckerlis in einen geschlossenen Eierkarton legen, den der Welpe entweder aufmachen oder zerfetzen darf

- Leckerlis in eine kleine Schachtel (zum Beispiel Kartonverpackung von Kaffee-Kapseln) legen, Schachtel schließen – der Welpe darf die Schachtel öffnen oder zerstören

- Leckerlis in einem geschlossenen Schuhkarton verbergen (für größere Welpen oder Kauer)

- Leckerlis in zusammengeknülltem Zeitungspapier einwickeln

- Leckerlis in ein Muffinblech legen und mit Äpfeln oder Tennisbällen abdecken, die der Welpe entfernen muss, um an sein Futter zu kommen

- Leckerlis auf den Boden legen und mit einer umgestürzten kleinen Schüssel abdecken, die der Welpe über den Boden schieben muss, bis das Leckerli herausfällt (robuste Schüssel und Teppichboden verwenden). Experimentieren Sie mit unterschiedlichen Schüsseln, Tellern, Bechern und Gläsern – jedes Gefäß ist eine neue Herausforderung!

- Leckerlis in eine leere Plastik-Getränkeflasche ohne Deckel geben – der Welpe rollte diese über den Boden, bis die Kekse herausfallen

- Eine dünne Holz- oder Bambusstange auf Kopfhöhe des Welpen in einer Türöffnung befestigen, zwei einander gegenüberliegende Löcher ins obere Drittel einer leeren Plastikflasche bohren, die Flasche auf die Stange stecken und Kekse einfüllen. Der Welpe muss die Flasche auf der Stange drehen, damit es Kekse regnet (für Fortgeschrittene!)

- Eine leere Klopapier- oder Küchenrolle mit Leckerlis füllen und die Ecken umbiegen

- Leckerlis auf ein Handtuch streuen und dieses umschlagen – einmal für Anfänger, mehrmals für Fortgeschrittene

- Mehrere leckerligroße Löcher in eine robuste Karton- oder Plastikbox (zum Beispiel Speiseeisdose, die nicht splittert) schneiden beziehungsweise bohren, diese mit Leckerlis füllen und den Welpen das neue Spielzeug über den Boden rollen lassen, damit die Kekse herausfallen.

Sie sehen – Ihrer Phantasie sind keine Grenzen gesetzt! Ein gekauftes Futterspielzeug, das ich jedem Hundehaushalt empfehle, ist übrigens der Kong. Dieser Kegel aus Naturkautschuk hält selbst dem beißwütigsten Hund jahrelang stand. Er lässt sich anfangs mit Leckerlis füllen, die einfach herauskugeln, später, wenn der Welpe damit gut klarkommt, mit Nassfutter, das herausgeschleckt werden muss, und noch später, wenn der Welpe auch darin ein Experte ist, können Sie den Kong mit Nassfutter füllen und einfrieren – selbst meine erwachsenen Hunde brauchen mindestens zwanzig Minuten, um einen tiefgekühlten Kong leerzufressen. Das Kauen und Schlecken beruhigt und beschäftigt, zum Beispiel beim Alleinebleiben oder im Boxentraining. Ebenfalls eine große Herausforderung ist es, ein paar Käsewürfel in den Kong zu legen und diesen dann in die Mikrowelle zu geben. Der Käse schmilzt und klebt beim Abkühlen herrlich fest an der Innenwand des Spielzeugs. Auch daran hat der Welpe im wahrsten Sinne des Wortes ordentlich zu kauen! Ein Löffel voller zuckerfreier Erdnussbutter, mit einem Buttermesser in den Kong geschmiert, ist die Leibspeise mancher vierbeinigen Klienten. Praktischerweise kann der Kong ganz einfach im Geschirrspüler oder händisch mit einer Flaschenbürste gereinigt werden. Er lässt sich also sogar bei der Rohfütterung problemlos einsetzen, ohne unhygienisch zu sein.

Struktur und Vorhersehbarkeit

Im vorigen Kapitel und auch in den Sozialisierungsprotokollen haben wir uns mit den Themen Entscheidungsfreiheit und Selbstwirksamkeit auseinandergesetzt: Beim freien Formen hat Ihr Welpe die Erfahrung gemacht, dass er es ist, der den Click hervorruft, indem er mit Bewegungen experimentiert oder mit Objekten interagiert. Seine Entscheidungen haben einen Effekt auf seine Umgebung! Selbstwirksamkeit zu erfahren ist ein mächtiger Ego-Booster. Auch die Möglichkeit, in den Sozialisierungsprotokollen, die ohne Futter auskommen, selbstständig zu entscheiden, ob und wie nahe der Welpe unheimlichen Gegenständen, Menschen oder Artgenossen kommen will, haben sein Selbstvertrauen aufgebaut: Sie haben keinen Zwang auf Ihren Schützling ausgeübt, ihn auch nicht mit Keksen in Situationen gelockt, die ihn überfordern, sondern ihm die Möglichkeit gegeben, in seinem ganz eigenen Tempo die Welt zu erkunden. Das war möglich, weil Sie die Rahmenbedingungen so gestaltet haben, dass der Hund keine „falschen“ oder gefährlichen Entscheidungen treffen konnte. Er durfte sich frei bewegen, und es gab keinen Grund für ihn, sich zu erschrecken.

Gerade, wenn man mit Selbstwirksamkeit und Entscheidungsfreiheit sympathisiert und diese Philosophie konsequent zu Ende denkt, tappt man allerdings nur zu leicht in die Falle der „größtmöglichen Freiheit in jeder Lebenslage“ – und schadet einem ängstlichen Welpen damit mehr, als man ihm nutzt.

Die Philosophie der „größtmöglichen Freiheit in jeder Lebenslage“ mag im Labor funktionieren, wo wir sämtliche Rahmenbedingungen kontrollieren können. Das echte Leben hingegen ist chaotisch – ganz besonders aus der Perspektive eines Hundes. Wir leben in einer von Menschen und für Menschen gemachten Welt, nicht einer Welt, die auf die Bedürfnisse unserer Vierbeiner abgestimmt ist. Sich in einer solchen Welt zurechtzufinden und selbstständig Entscheidungen zu treffen, bedeutet eine gewaltige Verantwortung, der die wenigsten Hunde gewachsen sind – und ängstliche Welpen schon gar nicht.

Selbstwirksamkeit und Entscheidungsfreiheit sind eine Seite der Medaille, die für den Umgang mit einem ängstlichen Welpen wichtig ist. Ihr ebenso wichtiges Gegenstück heißt Struktur und Vorhersehbarkeit. Um die Lebensqualität eines ängstlichen Welpen zu maximieren, brauchen wir beide Elemente: Welpentraining ist ein Balanceakt zwischen dem Vermitteln einer verlässlichen Struktur und der Möglichkeit, Selbstwirksamkeit zu erfahren.

Während wir beim freien Formen und Sozialisierungstraining in geschützten Umgebungen, in denen Sie sämtliche Faktoren kontrollieren können, größten Wert auf die Entscheidungs- und Handlungsfreiheit des Welpen legen, ist in sozialen Begegnungssituationen im echten Leben Struktur und Vorhersehbarkeit das wichtigere Element im Zusammenleben mit dem ängstlichen Welpen. Hier vermitteln Sie Ihrem Schützling, dass Begegnungen immer auf dieselbe Art und Weise ablaufen, und dass Sie, der Mensch, eine zentrale Rolle im Umgang mit dem Fremden spielen: Sie nehmen Ihrem Hundekind die

Ich selbst habe mit meinem letzten Welpen mit „größtmöglicher Freiheit in jeder Lebenslage" experimentiert. Ich wollte wissen, was passiert, wenn ich Phoebe niemals einschränke, alles, was mir gefällt, positiv verstärke, und alles andere ignoriere – also einfach geschehen lasse. Dieses Experiment führte ich durch, bis Phoebe über ein Jahr alt war. Ich hielt sie nicht davon ab, neue Menschen zu begrüßen, ließ sie in unbekannten Umgebungen im Freilauf alles erforschen und schränkte sie so gut wie gar nicht ein. Das Resultat? Eine großartige persönliche Beziehung zu meinem Hund, aber auch ein Hund, der in sozialen Situationen sehr leicht nervös wurde! Ich hatte ihr keine Regeln, kein Schema mitgegeben, auf das sie sich bei Begegnungen verlassen konnte. Gerade gegenüber neuen Menschen wurde sie daher leicht überfordert, da wir Zweibeiner für Hunde oft völlig unvorhersehbar reagieren – und Phoebe musste wohl oder übel davon ausgehen, dass sie selbst diese Situation meistern musste, ohne dass ich ihr helfen würde.

Verantwortung ab, selbst auf jeden zwei- und vierbeinigen Passanten reagieren zu müssen. Das mindert den Druck und lässt Ihren Welpen durchatmen und selbstsicherer werden.

Aber, wendet vielleicht an dieser Stelle manch ein skeptischer Leser ein, soll der Hund nicht lernen, selbstständig mit der Welt zurechtzukommen? Ja und nein – in sicheren Situationen und Begegnungen mit Ihnen bekannten Menschen und Hunden in geschützten Umgebungen können Sie Ihrem Welpen gerne Freiheiten einräumen, denen er gewachsen ist. Im Alltag und im Umgang mit Fremden ist das Risiko, das mit einem Mangel an Struktur einhergeht, für einen ängstlichen Welpen jedoch größer als der potenzielle Nutzen. Stellen Sie sich vor, Ihre sechsjährige Tochter wäre eher introvertiert und beobachtet lieber erst eine Weile, bevor Sie Kontakt zu neuen Menschen aufnimmt. Würden Sie das Kind zwingen, mit jedem Fremden, der Ihnen auf der Straße begegnet, zu sprechen oder sich gar von Passanten umarmen zu lassen? Natürlich nicht! Vielleicht ermutigen Sie Ihr Kind, mit Freunden zu interagieren, die Sie häufig besuchen kommen, aber im Umgang mit Fremden haben Sie wahrscheinlich kein Problem damit, wenn sich Ihre Tochter hinter Ihnen versteckt und erst mal zusieht, während Sie ein Gespräch führen, oder wenn sie auf der den Passanten abgewandten Seite an Ihrer Hand durch ein turbulentes Einkaufszentrum läuft, wo sie sich sicher fühlt. Das hat zweierlei Effekt: Einerseits wächst das Vertrauen Ihrer Tochter in Sie (Mama regelt Begegnungen, das muss ich nicht selbst tun – Mama beschützt mich!), andererseits kann sie ruhig bleiben, beobachten und dabei lernen, dass von Fremden keine Gefahr ausgeht.

Mit Ihrem ängstlichen Welpen sollten Begegnungen ebenso vorhersehbar gestaltet werden. Zwingen Sie ihn nicht in eine Position, in der er mit Erstarren, Kampf oder Flucht reagieren müsste, weil er sich nicht anders zu helfen weiß! Wird Ihr Welpe in Begegnungssituationen immer wieder überfordert, lernt er, dass er sich nicht auf Sie verlassen kann und selbst mit seinen Angstauslösern fertig werden muss. Meist sind die Strategien, die er dazu wählt, unerwünscht: Bellen und in die Leine springen, um den vermeintlichen Feind im Sinne von „Angriff ist die este Verteidigung“ zu vertreiben, ist für die meisten Hunde naheliegend – und führt schnell zu einem Aggressionsproblem. Ihr Hund hat in der Regel Erfolg, da entweder Sie den Abstand zum „Feind“ verringern oder dieser Ihnen ausweicht. Somit wurde das Bellen, Knurren oder In-die-Leine-Springen effektiv negativ verstärkt und wird in Zukunft erneut oder sogar heftiger auftreten.

Um zu verhindern, dass Ihr Welpe meint, so reagieren zu müssen, empfiehlt es sich, Begegnungen nach einer bestimmten Struktur ablaufen zu lassen, auf die sich Ihr Welpe verlassen kann und die die Verantwortung auf den Menschen, nicht auf den Hund legt. Diese Rituale können Sie entweder von Anfang an einführen und so verhindern, dass Ihr ängstlicher Welpe sich unerwünschte Verhaltensweisen bei Begegnungen überhaupt erst angewöhnt, oder Sie können sie langsam aufbauen, um einem Welpen, der in der

Vergangenheit bereits mit Begegnungen überfordert wurde, zu vermitteln, dass er sich auf Sie verlassen kann, Sie die Situation regeln und er einfach neben Ihnen hergehen und abwarten kann. Im Folgenden finden Sie Rituale, die zu größerer Struktur und Vorhersehbarkeit führen und Ihrem Welpen helfen, sich Verhaltensprobleme bei Menschen- und Hundebegegnungen ab- oder gar nicht erst anzugewöhnen, und Ausweich- beziehungsweise Stopp-Manöver, die Sie immer dann einsetzen können, wenn Ihr Hund mit einer Begegnung massiv überfordert wäre. Schätzen Sie jede Begegnungssituation ein: Würden Sie fünfzig Euro darauf verwetten, dass Ihr Welpe die Situation meistert, solange er mit dem Passanten oder dessen Hund nicht direkt interagieren kann? Dann wählen Sie eines der unten beschriebenen Begegnungsrituale. Würden Sie keine fünzig Euro auf ein erfolgreiches Meistern der Situation setzen, wenden Sie eines der unten beschriebenen Stopp- und/oder Ausweichmanöver an.

Strukturierte Begegnungen: das „Guck mal da"-Spiel

Das „Guck mal da"-Spiel (englischer Originaltitel „Look at That!") geht auf die US-amerikanische Agility- und Verhaltenstrainerin Leslie McDevitt zurück. Im deutschsprachigen Raum sind weitere Varianten von „Guck mal da" („Look at That!" in der deutschen Übersetzung von Jeanette Ludwig) unter den Namen „Click für Blick" und „Zeigen und Benennen" im Umlauf und werden unterschiedlichen Trainern zugeordnet; meines Wissens wurde das Spiel jedoch als Erstes von Leslie McDevitt benannt und beschrieben, weshalb ihr die Lorbeeren dafür gebühren. Je nach dem Trainingsziel, den Wünschen und individuellen Besonderheiten des jeweiligen Hund-Mensch-Teams, mit dem ich arbeite, wende ich ganz unterschiedliche Protokolle fürs Begegnungstraining an. Ganz gleich, ob der Hund lernen soll, im Umgang mit Artgenossen zu entspannen und abzuschalten, in Gegenwart anderer Mensch-Hund-Teams mit der Konzentration bei seinem Menschen zu bleiben oder einfach nur in einigem Abstand an zwei- und vierbeinigen Passanten vorbeizugehen, ohne zu bellen und in die Leine zu springen – das „Guck mal da"-Spiel ist fast immer Teil unseres Trainingsplans. Sowohl Kundenhunde als auch von mir betreute Pflegehunde mit diversen Verhaltensbaustellen profitieren erfahrungsgemäß sehr davon.

Ablauf und Aufbau des Spiels

Ziel ist, dass Ihr Welpe ein Alternativverhalten lernt: Statt etwa beim Anblick eines Stressors zu bellen und in die Leine zu springen, zu flüchten oder sich flach auf den Boden zu pressen (unerwünschtes Verhalten), weist er Sie mittels einer Kopfbewegung auf den Stressor hin und kassiert dafür einen Click und ein Leckerli (erwünschtes Verhalten).

Zum Aufbau des Spieles empfiehlt es sich, mit einem ruhigen, kontrollierbaren Hund oder einem zweibeinigen Helfer – je nachdem, wovor Ihr Welpe Angst hat – zu üben. Während Ihr Welpe die Spielregeln lernt, sollte der Abstand so groß sein, dass er den Trigger in der Ferne wahrnimmt, aber noch entspannt und gut ansprechbar ist. Je nach Hund kann diese Distanz ganz unterschiedlich ausfallen: die andere Straßenseite, zwei Meter oder die Länge eines Fußballfeldes. Orientieren Sie sich an der Körpersprache Ihres Hundes und wiederholen im Zweifelsfall das Kapitel zur Eskalationsleiter.

Indem Sie Helfer und Hund instruieren, sich in diesem für Ihren Hund angenehmen Abstand aufzustellen, stellen Sie sicher, dass Ihr Hund nicht überreagiert und wissen auch, dass der fremde Hund nicht plötzlich auf Ihren Welpen losstürmt. Haben Sie keine Trainingsgehilfen

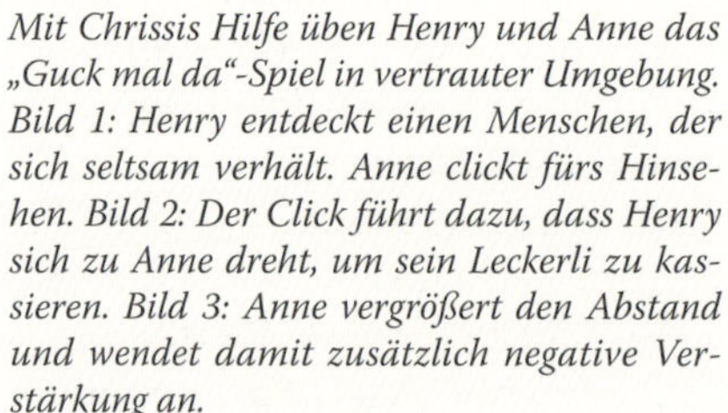

Mit Chrissis Hilfe üben Henry und Anne das „Guck mal da"-Spiel in vertrauter Umgebung. Bild 1: Henry entdeckt einen Menschen, der sich seltsam verhält. Anne clickt fürs Hinsehen. Bild 2: Der Click führt dazu, dass Henry sich zu Anne dreht, um sein Leckerli zu kassieren. Bild 3: Anne vergrößert den Abstand und wendet damit zusätzlich negative Verstärkung an.

mit ruhigen Hunden zur Hand, können Sie auch „heimlich" mit fremden Hunden spielen – achten Sie dabei einfach darauf, dass diese nicht näher kommen können, als für Ihren Welpen okay ist, indem Sie zum Beispiel ruhige Hunde hinter Gartenzäunen wählen.

Clicken Sie, sobald der Welpe den Kopf in Richtung Trigger dreht. Er sollte sich, sobald er den Click hört, zu Ihnen umdrehen, um sein Leckerli in Empfang zu nehmen. Achtung: Gelingt es dem Welpen nicht, den Blick vom Trigger abzuwenden, ist der Abstand zu gering! Vergrößern Sie ihn um einige Meter und versuchen es nochmal.

Bald wird Ihr Hund beginnen, Ihnen von sich aus seine Trigger mit einer Kopfbewegung zu zeigen, um Click und Leckerli zu kassieren. Sobald er einen fremden Menschen oder Hund ansieht, clicken Sie – es geht nicht darum, die Zeit auszudehnen, die er hinsieht, sondern ihn mehrmals hintereinander für kurze Blicke auf den Trigger zu belohnen. Langes Starren wünschen wir uns nicht – dabei steigt der Stresshormonpegel stetig an, was dazu führen kann, dass Ihr Welpe sich nicht mehr abwenden kann oder zu bellen beginnt. Indem wir die kurzen Blicke mit dem Click unterbrechen und den Welpen dann bei uns belohnen, hat er einerseits die Möglichkeit, mit jedem Blick Informationen über den vermeintlichen Feind einzuholen – er setzt sich in kurzen Intervallen damit auseinander und merkt, dass nichts Schlimmes passiert –, und wird andererseits jeweils dann bestätigt, wenn seine Aufmerksamkeit wieder bei uns ist. Die Platzierung des Verstärkers spielt eine große Rolle im Training. Indem Sie nahe an Ihrem Körper belohnen, lernt Ihr Hund, dass es sich auch in Gegenwart eines fremden Hundes oder Menschen auszahlt, Ihnen Aufmerksamkeit zu schenken.

Beim „Guck mal da"-Spiel verbinden wir klassische Gegenkonditionierung und operante Konditionierung: Wir verknüpfen den Trigger mit etwas Positivem, nämlich dem Leckerli (klassische Konditionierung) und lehren unseren Welpen zugleich, dass er Sie durch sein Verhalten (Blickkontakt und Kopfbewegung) zum Clicken und Füttern auffordern kann. Das Ergebnis ist größeres Selbstvertrauen und geringere Erregung bei Begegnungen mit dem Trigger. Sie erklären Ihrem Hund anhand dieses Spiels eine Strategie für den Umgang mit Begegnungen und können sich so im Alltag an Hundebegegnungen vorbeiclicken, indem Sie wiederholt die Kopfbewegungen Ihres Hundes clicken und verstärken, während Sie sich an einem Stressor vorbeibewegen. Achten Sie dabei auch im Alltag darauf, den Abstand groß genug zu halten, dass Ihr Welpe in der Lage ist, das erwünschte Verhalten – die Kopfbewegung – zu zeigen und vermeiden Sie es, dem Trigger so nahe zu kommen, dass Ihr Hundekind überreagieren muss, weil es nicht mehr klar denken kann. Jede erfolgreiche Wiederholung des Spiels führt dazu, dass sich der Wohlfühlabstand Ihres Hundes zum Trigger ein wenig verringert. Wenn Sie anfangs langsam und strategisch vorgehen, können viele Hunde bereits nach kurzer Zeit ruhig auf der gegenüberliegenden Straßenseite an Passanten und deren Hunden vorbeigehen. Dieses Spiel lässt sich übrigens nicht nur mit Menschen und Hunden, sondern mit allem spielen, was Ihrem Welpen Angst macht: Radfahrer, Skateboarder, Kinder, Reiter, ja sogar unheimliche Gegenstände!

Führt Ihr Welpe das gewünschte Verhalten verlässlich aus, wann immer er einen Trigger sieht, sind Sie bereit, ein Signalwort einzuführen – zum Beispiel „Schau!" oder „Guck mal!" –, das Sie immer dann aussprechen, bevor Ihr Hund auf seinen Trigger schaut. Das Signal hat zwei Vorteile: Damit können Sie das Verhalten unter Signalkontrolle bringen, indem Sie schließlich nur noch dann clicken und verstärken, nachdem Sie es gegeben haben. Außerdem gibt es Ihnen die Möglichkeit, Ihren Hund zum Ausschauhalten aufzufordern, wenn Sie einen Trigger vor ihm entdecken. So ist er gewarnt und erschreckt sich nicht, wenn ein Trigger plötzlich und unerwartet auftaucht.

Fühlt sich Ihr Welpe mit dem „Guck mal da"-Spiel schließlich so wohl, dass er selbst im Schlaf richtig reagieren könnte, sind Sie bereit für den letzten Schritt: Zögern Sie den Click hinaus. Nun sollte Ihr Hund erst den Trigger ansehen und, weil der erwartete Click nicht sogleich folgt, ungeduldig wieder zu Ihnen blicken. Nun gehen Sie dazu über, den Blick zurück zu Ihnen zu clicken, bevor Sie wie gehabt nah an Ihrem Körper füttern. Somit haben wir nicht nur die Belohnung, sondern auch den Click zu Ihnen verlagert – der Trigger an sich wird unwichtiger. Je nach Situation ist es auch in Ordnung, erst für das Ansehen eines Triggers und später dann für das Wieder-zu-Ihnen-Zurücksehen zu clicken.

Achtung: Um zu garantieren, dass das „Guck mal da"-Spiel einen sicheren Rahmen für Begegnungen bildet, ist es wichtig, dass diese immer gleich ablaufen. Sobald Sie ihn fürs Ansehen eines Stressors clicken, muss sich Ihr Welpe darauf verlassen können, dass er keinen direkten Kontakt dazu aufnehmen muss und Sie einfach nur daran vorbeigehen. Generell empfehle ich, Leinenkontakt mit fremden Artgenossen und Menschen zu vermeiden, solange Ihr Welpe ängstliche Verhaltensweisen zeigt. Wenn Sie manchmal von ihm erwarten, dass er sich streicheln oder beschnuppern lässt, geht die verlässliche Struktur verloren, die Sie ihm mit dem „Guck mal da"-Spiel bieten wollen. Begegnungen werden unvorhersehbar, und da Ihr Welpe genauso wenig wie Sie einschätzen kann, wie fremde Menschen und Hunde auf ihn reagieren, führt diese Unsicherheit leicht dazu, dass Ihr Welpe mit unerwünschtem Verhalten reagiert. Er muss sich darauf verlassen können, dass Sie ihn vor direktem Kontakt beschützen und die Situation für ihn regeln – seine Aufgabe ist es bloß, Ihnen mittels Kopfbewegungen zu zeigen, was er entdeckt hat!

Das „Guck mal da"-Spiel eignet sich ausgezeichnet, um sich an Triggern vorbeizuclickern, die sich in einem Abstand befinden, mit dem Ihr Welpe zurechtkommt. Was aber, wenn der Abstand zu gering ist oder ein unheimlich gekleideter Passant direkt auf Sie zukommt, ohne Ausweichmöglichkeit? Die beiden nächsten Abschnitte beschäftigen sich damit, wie Sie Passanten effektiv stoppen oder ihnen ausweichen können.

Passanten und deren Hunde stoppen

Es kann sehr frustrierend sein, mit einem ängstlichen Welpen in der echten Welt unterwegs zu sein, wenn dieser so süß aussieht, dass ihn einfach jeder anfassen möchte. Während unsere Gesellschaft es durchaus gruselig fände, wenn in der Stadt ein Fremder einfach auf Sie zukäme und das dreijährige Mädchen an Ihrer Hand zu streicheln oder zu umarmen begänne, wird dasselbe Verhalten als völlig normal wahrgenommen, wenn es sich nicht um ein Kind, sondern einen Welpen handelt. Viele Menschen gehen davon aus, jeden fremden Hund in der Öffentlichkeit bedrängen zu dürfen, weil sie selbst Hunde mögen. Das ist gar nicht so unverständlich: Wer bisher ausschließlich positive Erfahrungen mit Hunden gesammelt hat und vielleicht noch davon ausgeht, sich mit Hunden auszukennen, kann schnell dem Trugschluss unterliegen, dass ihn alle Hunde mögen müssen: Wir lernen aus Erfahrung, und wem bisher nur freundliche und soziale Welpen begegnet sind, der nimmt an, dass alle Welpen so auf ihn reagieren. Ebenso passiert es immer wieder, dass Passanten ihren eigenen Hund mit den Worten „Der tut nichts!" oder „Der will nur spielen!" auf einen ängstlichen Artgenossen zulaufen lassen, obwohl sie gebeten wurden, das nicht zu tun.

Pudelwelpen gehören zu den süßesten Hundekindern überhaupt – und das ist leider nicht nur mit Vorteilen verbunden. Als Phoebe bei mir einzog, unterrichtete ich einen Deutschkurs für Erwachsene im Zentrum Wiens. Phoebe begleitete mich zur Arbeit: Wir fuhren zur Stoßzeit mit der U-Bahn vom Praterstern zum Karlsplatz. Dicht an dicht drängten sich die Menschen an den Bahnsteigen und in den Waggons, und alle paar Meter wollte jemand das kleine, weiße, flauschige Pudeltier an meiner Seite küssen, streicheln, umarmen oder hochheben. Selbst dem bestsozialisierten Welpen wird das irgendwann zu viel, daher probierte ich zahlreiche Strategien aus, um meinem Schützling unerwünschte Hände vom Leib zu halten. Die erfolgreichste Variante, stellte sich heraus, war, zu sagen: „Finger weg – sie ist krank/ansteckend/hat Flöhe!" Noch heute erinnere ich mich an das verdutzte Gesicht eines jungen Mannes, als ich mich einmal versprach und sagte: „Finger weg – mein Hund ist giftig!"

Die gelbe Schleife an der Leine bedeutet, dass dieser Welpe Abstand braucht.

Ist Ihr Welpe einer von der besonders süßen Sorte, der Passanten an ein Stofftier erinnert und sie magnetisch anzieht? Folgende Tipps helfen:

- Die Gelbe-Hund-Kampagne: Knoten Sie eine gut sichtbare gelbe Schleife an Geschirr, Halsband oder Leine Ihres Welpen, um ihn als „gelben Hund" zu kennzeichnen. Die gelbe Schleife bedeutet, dass Ihr Hund – aus welchen Gründen auch immer – etwas mehr Abstand und Freiraum braucht als andere. Die gelbe Markierung erfreut sich wachsender Bekannt- und Beliebtheit; zahlreiche Hundetrainer, Tierärzte und Informationsbroschüren bemühen sich, die Bedeutung der gelben Schleife öffentlich bekannt zu machen. Ins Leben gerufen wurde dieses Symbol übrigens im Jahr 2012 von der Schwedin Eva Oliversson.

- Eine weitere Möglichkeit, Passanten darauf hinzuweisen, dass Ihr Welpe derzeit nicht berührt werden möchte, sind bedruckte oder bestickte Leinen, Halsbänder, Geschirre (für den Hund) oder T-Shirts (für Sie). Entsprechende Ausrüstungsgegenstände können im Internet bestellt oder selbst bedruckt werden. Auch viele kleine Firmen, die maßgeschneiderte Geschirre und Halsbänder anbieten, besticken diese auf Wunsch mit dem Schriftzug Ihrer Wahl. Da ich über mehrere Jahre hinweg regelmäßig Pflegehunde mit den unterschiedlichsten Vorgeschichten bei mir aufgenommen habe, hatte ich immer wieder das Problem, mit ängstlichen oder unverträglichen Hunden in der Öffentlichkeit trainieren zu wollen. Daher ließ ich mir Sicherheitsgeschirre (Geschirre mit zwei Bauchgurten, aus denen Angsthunde nicht ausbrechen können) mit dem Aufdruck „Don't touch!" anfertigen. In manchen Situationen funktioniert das ausgezeichnet, allerdings begegne ich auch immer wieder Menschen, die den Aufdruck nicht lesen und den Hund zu berühren versuchen.

- Die einfachste Variante, würde man annehmen, ist es, einem potenziellen Streichler zu sagen: „Bitte nicht berühren, mein Hund hat Angst!" Das hat sich allerdings sowohl für mich als auch für meine Kunden als nicht effektiv erwiesen. Nur allzu oft gehen Hundeliebhaber davon aus, dass Ihr Welpe vielleicht vor anderen Menschen Angst hat, aber sicher nicht vor ihnen. Dasselbe passiert, wenn Sie einen Passanten davon abhalten wollen, seinen freundlichen Hund zu nah an Ihren Welpen heranzulassen. Passanten neigen dazu, die Welt aus ihrer eigenen Perspektive oder der ihres Hundes zu sehen. Erfahrungsgemäß sind die meisten Menschen nicht besonders gut darin, sich spontan in Sie oder Ihren Hund hineinzuversetzen, wenn Sie sie bitten, nicht näherzukommen. Im besten Fall wird meist erreicht, dass der Hundeliebhaber jetzt erst recht das Gespräch sucht, stehen bleiben und Ihnen gute Tipps mit auf den Weg geben will. Das ist zwar gut gemeint, aber häufig nicht sonderlich zielführend, wenn Sie einfach nur schnell von A nach B gelangen oder Ihren ängstlichen Welpen außer Reichweite des über-freundlichen Labradors an der Leine Ihres Gegenüber bringen wollen. Ich empfehle, nicht zu erklären oder zu bitten, sondern kurz und prägnant zu sagen: „Finger weg!" oder „Nicht berühren!" Unterstreichen Sie die Aussage mit Ihrer Körpersprache, indem Sie den Arm mit der Handfläche in Richtung Gegenüber strecken wie ein Polizist, der ein Auto anhält. Da selbst das nicht immer wirksam ist, habe ich mir angewöhnt, meinen mit der Handgeste einhergehenden Stopp-Satz weiter auszubauen: „Nicht berühren – mein Hund ist ansteckend!", „Finger weg – mein Hund hat Flöhe!" oder „Finger weg – mein Hund ist krank!" sind die meiner Erfahrung nach effektivsten Methoden, um sich unerwünschte Passanten und deren Hunde vom Hals zu halten. Begleiten Sie die Aussage mit der Stopp-Geste und gehen umgehend weiter, statt stehen zu bleiben und sich in ein Gespräch verwickeln zu lassen. Sie sind niemandem eine Erklärung schuldig, und Ihre Aufgabe ist es nicht, das Streichel- und Redebedürfnis Ihrer Mitmenschen zu befriedigen, sondern sich für Ihren Hund einzusetzen. Er hat es sich nicht ausgesucht, an der Leine durch eine menschengemachte Welt zu spazieren, und er hat keine Möglichkeit, sich zurückzuziehen – immer ist es der Mensch, der den Alltag des Hundes bestimmt. Es ist Ihre Aufgabe, dafür zu sorgen, dass er sich an Ihrer Seite sicher und wohl fühlt.

Ausweichmanöver fürs echte Leben

Manchmal taucht plötzlich und völlig unerwartet in unmittelbarer Nähe etwas auf, was Ihren Welpen in Angst und Schrecken versetzen würde. Derartige Negativerfahrungen wollen wir nach Möglichkeit vermeiden, um Rückschläge im Training zu verhindern – bloß wie?

Die folgenden Management-Strategien, Ablenkungs- und Ausweichmanöver finden meine zwei- und vierbeinigen Klienten im Alltag ausgesprochen hilfreich. Dabei sollte aber immer im Auge behalten werden, dass diese nur eine Eskalation verhindern. Neues lernt Ihr Welpe dabei nicht – im Idealfall nimmt er nämlich gar nicht wahr, dass es einen Grund gäbe, sich zu fürchten.

Handtouch und Keks auf der Nase: fokussiertes Ausweichen

Die Targethand (siehe Kapitel *Shaping*) lässt sich einsetzen, um einen Welpen fokussiert von einem Trigger weg oder im Bogen rundherum zu führen, ohne dass er auf die Idee käme, in Richtung Trigger zu schauen. Präsentieren Sie Ihrem Welpen die Handfläche und geben das Touch-Signal, und gehen Sie in flotten Schritten im Bogen um den potenziellen Angstauslöser. Beherrscht Ihr Welpe das Touch-Signal noch nicht, pressen Sie wie in der Übung zu dessen Aufbau beschrieben ein Leckerli mit dem Daumen gegen die flache Hand, lassen den Welpen daran andocken und entfernen sich schnellstmöglich vom Angstauslöser. Sehen Sie in die Richtung, in die Sie sich bewegen, nicht nach hinten oder zu ihrem Welpen. Erst, wenn Sie und Ihr Welpe in Sicherheit sind, geben Sie ihm den Keks. Damit haben Sie Ihren Welpen erfolgreich abgelenkt und gleichzeitig das Handtarget geübt – zwei Fliegen mit einer Klappe!

Die Kehrtwende: fröhliche Flucht nach hinten!

Auch eine Kehrtwende eignet sich hervorragend zur Flucht vor einem vermeintlichen Monster: Stellen Sie sich vor, Sie und Ihr Schützling befinden sich in einer langen, engen Gasse ohne Ausweich- oder Abbiegemöglichkeit. Nun biegt eine Reiterin ins andere Ende der Gasse ein und kommt direkt auf Sie zu. Sie wissen: Damit kommt Ihr Welpe nicht zurecht. Noch ist das Hufgeklapper weit entfernt, doch Ihr Welpe spitzt bereits die Ohren und wird steif. Sie haben nur wenige Sekunden Zeit, um zu reagieren, bevor Ihr Welpe das tut – was machen Sie? Richtig – Sie machen am Absatz kehrt und laufen fröhlich mit Ihrem Welpen in die entgegengesetzte Richtung. Kann er Sie einholen? Loben, locken, rufen und lachen Sie, während Sie davonstürmen und Ihr Welpe Ihnen fröhlich hinterherspringt.

Es empfiehlt sich, die Kehrtwende in Situationen zu üben, in denen kein Monster lauert, und sie bereits hier unter Signal zu stellen. Dabei handelt es sich um ein ausgesprochen fröhliches Spiel, das nicht nur praktisch ist, sondern auch die Beziehung fördert und Ihren Welpen lehrt, auf Sie zu achten. Bauen Sie es in den ersten gemeinsamen Wochen mit Ihrem ängstlichen Welpen zumindest einmal in jeden Spaziergang ein!

Der erste Schritt ist, dem Welpen beizubringen, dass der durch eine gespannte Leine entstehende Druck an Geschirr oder Halsband ein Signal ist, sich nach Ihnen umzuwenden und zurückzukommen. Das machen Welpen nicht intuitiv – im Gegenteil: Die intuitive Reaktion ist der Oppositionsreflex. Zug auf der Leine führt dazu, dass der Welpe sich dagegenstemmt, also noch stärker in die andere Richtung zieht. Um ihm zu vermitteln, dass er sich bei Druck zu Ihnen umorientieren soll, beginnen Sie zuhause in einer ruhigen Umgebung. Ziehen Sie Ihrem Welpen Halsband oder Geschirr an und halten Clicker und Leckerchen bereit. Fassen Sie mit der Hand um den Gurt und ziehen leicht in Ihre Richtung, clicken, lassen dann sofort wieder los und füttern einen Keks. Warten Sie mindestens fünf Sekunden und wiederholen die Übung dann erneut. Trainieren Sie mehrmals täglich, aber niemals länger als drei Minuten am Stück.

Sobald sich Ihr Welpe, wenn er den Druck am Halsband oder Geschirr fühlt, erwartungsvoll nach seinem Leckerli umsieht, sind Sie bereit für den nächsten Schritt: Haken Sie die Leine ein, ziehen leicht in Ihre Richtung, clicken, lockern die Leine und füttern Ihren Welpen dann nah an Ihrem Körper, sodass er ein paar Schritte in Ihre Richtung gehen muss, um sein Leckerli zu erhalten. Anfangs können Sie ihn ruhig locken, doch schon bald sollte er ganz von selbst näherkommen, sobald sich die Leine strafft.

Haben Sie diesen Schritt erreicht? Wunderbar! Als nächstes straffen Sie die Leine, drehen sich dann von Ihrem Welpen weg, gehen drei Schritte in die andere Richtung, clicken und belohnen, sobald er Sie eingeholt hat.

Ist Ihr Welpe so weit, dass er fröhlich zu Ihnen läuft, sobald er Druck an der Leine verspürt, können Sie ein Signal einführen. Ich persönlich verwende gern ein fröhliches „Let's go!" oder ein „Schnell!" Geben Sie das neue verbale Signal („Schnell!"), straffen Sie die Leine und bewegen sich von Ihrem Welpen weg. Sobald er Sie eingeholt hat, gibt es einen Click und eine Leckerli- oder Spiel-Party.

Hat Ihr Welpe das Prinzip verstanden, können Sie das Spiel mit nach draußen nehmen und enthusiastischer gestalten: Spazieren Sie gemütlich an der lockeren Leine einen Weg entlang, rufen plötzlich „Schnell!", drehen sich um, straffen die Leine und laufen davon! Ihr Welpe wird Ihnen begeistert hinterherstürmen. Sobald er Sie eingeholt hat, regnet es Kekse oder Sie belohnen ihn mit einem kurzen fröhlichen Spiel.

Sobald Ihr Welpe ausgesprochen positive Konnotationen zur Kehrtwende entwickelt hat, können Sie diese auch in

Gefahrensituationen einsetzen, um zu verhindern, dass Ihr Welpe einen direkt auf Sie zukommenden Trigger wahrnimmt oder überreagiert. Erst kommt das verbale Signal, dann folgt der Zug an der Leine, der diesem noch mehr Nachdruck verleiht. Mit Hilfe des verbalen Signals können Sie das Spiel auch im Freilauf einsetzen. Wichtig dabei ist, beim Weglaufen nicht zu zögern und nicht in Richtung Ihres Welpen, sondern in die Richtung zu schauen, aus der Sie gerade gekommen sind. Welpen orientieren sich an der Blickrichtung Ihres Menschen – wenn dieser in ihre Richtung sieht, ist nicht klar, wohin sie laufen sollen! Nutzen Sie eindeutige Körpersprache zu Ihrem Vorteil und vertrauen Sie darauf, dass Ihr Welpe Ihnen folgen wird, auch wenn er zögert. Stürmen Sie selbstsicher in die andere Richtung davon – und vergessen Sie nicht, sich riesig zu freuen und ihn zu feiern, sobald er Sie einholt!

Eine angenehme Nebenwirkung der fröhlichen Flucht nach hinten ist, dass Ihr Welpe lernt, sich bei Straffen der Leine nach Ihnen umzuorientieren. Das erleichtert ganz nebenbei das Leinentraining und unterbricht Ziehen im Ansatz.

Tracy und Rush üben die fröhliche Flucht nach hinten im Freilauf.

Übrigens können Sie den Handtouch, den magnetischen Keks an der Nase und auch die Kehrtwende nicht nur einsetzen, um sich außer Reichweite eines potenziellen Angstauslösers zu bringen, sondern auch, um Deckung hinter parkenden Autos und in Toreingängen zu suchen. Dort angekommen drehen Sie sich so, dass Ihr Hund Sie an- und vom Stressor wegschaut und füttern dann einen Keks nach dem anderen, bis der Trigger verschwunden ist. Dabei lernt Ihr Welpe zwar nicht, damit umzugehen, allerdings verhindern Sie negative Erfahrungen.

Das Kapitel zum Thema Struktur und Vorhersehbarkeit wäre nicht komplett, würden wir uns nicht mit zwei weiteren Problemverhalten befassen, die sich mithilfe eines strukturierten, immer gleich ablaufenden Schemas verhindern beziehungsweise lösen lassen. Hier geht es allerdings nicht um Begegnungen, sondern um Schwierigkeiten, die häufig im eigenen Zuhause auftreten.

Ressourcen verteidigen: das Tausch-Prinzip

Im Idealfall hat Ihr Welpe bereits beim Züchter gelernt, dass er nichts zu befürchten hat, wenn Hände in die Nähe seiner Futterschüssel oder nach einem geliebten Spielzeug greifen. Nach dem *Puppy-Culture*-Prinzip aufgezogene Welpen lernen im Alter zwischen sechs und acht Wochen, zu tauschen: Wird ein Spielzeug oder ein Knochen weggenommen, bedeutet das, dass sie gleich noch etwas viel Besseres bekommen. Wird das in diesem Alter geübt, ist es unwahrscheinlich, dass der Welpe später Ressourcen verteidigt.

Um das zu verstehen, müssen wir uns damit beschäftigen, warum Hunde Dinge, die ihnen wichtig sind – häufig Futter, Spielzeug oder verbotene Gegenstände wie Schuhe – vor ihren Menschen verteidigen. Verhalten wird von seinen Konsequenzen verstärkt – und wenn ein Hund warnend knurrt, wenn jemand nach seiner Futterschüssel greift, zieht der Mensch höchstwahrscheinlich die Hand zurück. Der Hund hat seine Ressource erfolgreich verteidigt und wird in Zukunft ebenso vorgehen, wenn er nicht möchte, dass ihm etwas weggenommen wird.

Früher ging man häufig davon aus, dass ein Hund sich von seinem Menschen jederzeit alles wegnehmen lassen müsse, ohne zu protestieren – eine Theorie, die mit der mittlerweile widerlegten „Alpha“-Hypothese zusammenhängt. Mittlerweile wissen wir, dass eine gesunde Mensch-Hund-Beziehung nichts mit „Alpha“-Status und totalitärer Herrschaft zu tun hat. Stattdessen haben wir gelernt, unsere Hunde als intelligente, fühlende Lebewesen zu respektieren und sie gerecht zu behandeln. Ist es also fair, einem Hund die Schüssel unter der Nase wegzuziehen, wenn er in Ruhe fressen möchte, oder ihm den Kauknochen zu entringen, mit dem er in seiner Box entspannt? Wie würden Sie sich fühlen, wenn Ihnen jemand mitten im Abendessen den halb vollen Spaghettiteller unter der Gabel wegziehen würde? Wie würden Sie sich fühlen, wenn Sie entspannt auf der Couch liegen und ein Buch lesen, das Ihnen mitten im Satz plötzlich entrissen wird? Vermutlich würden Sie nicht verstehen, was hier vor sich geht. Sollten Ihnen öfter ohne Ankündigung Dinge weggenommen werden, würden Sie eine Strategie finden, das zu verhindern – etwa indem Sie den Dieb, sobald dieser auf Sie zukäme, anschreien, oder indem Sie mitsamt Ihrem Buch weglaufen, sobald sich Ihnen jemand nähert.

Ihrem Hund geht es ebenso, und genau wie Sie ein Recht darauf haben, in Ruhe zu Abend zu essen oder zu lesen, hat auch Ihr Hund ein Recht darauf, sich in Ruhe mit seinem Spielzeug zu beschäftigen oder an einem Knochen zu nagen, ohne ständig auf der Hut sein zu müssen.

Ich lasse meine Hunde in der Regel ungestört fressen. Dennoch finde ich es wichtig, dass jeder von ihnen damit umgehen kann, wenn ihm doch einmal etwas weggenommen wird. Schließlich kann es durchaus vorkommen, dass ein Kind zu Besuch kommt und in einem unbeobachteten Moment das Hundespielzeug klaut oder in den Futternapf greift. Mir ist wichtig, dass meine Hunde in einer solchen Situation entspannt bleiben. Daher lernen schon Welpen, dass es nicht schlimm ist, wenn jemand nach einer Ressource greift, die ihnen wichtig ist: Ich bringe ihnen bei, dass das Näherkommen der Hand etwas Tolles ankündigt. Egal, ob ein Welpe bereits Ressourcenverteidigungsverhalten zeigt oder nicht – ich gehe in jedem Fall gleich vor.

Bei Welpen unter zwölf Wochen funktioniert der Aufbau positiver Assoziationen zur näherkommenden Hand meist sehr schnell. In diesem Fall nehme ich einfach den Gegenstand oder Futterartikel weg, füttere ein noch besseres Leckerli (Hotdog, Käse, Lachs ...) und gebe gleich darauf den Gegenstand wieder zurück. Wird das täglich dreimal geübt, hat der Welpe, ganz gleich, wie überrascht oder unwillig er beim ersten Mal reagiert hat, innerhalb weniger Tage eine positive Assoziation zu meiner diebischen Hand geschaffen.

Bei Welpen über zwölf Wochen oder Welpen, die bereits negative Erfahrungen mit dem Wegnehmen und Nicht-wieder-Zurückbekommen von Gegenständen gesammelt haben, gehe ich hingegen langsamer und strukturierter vor und wende jenes Desensibilisierungs- und Gegenkonditionierungs-Protokoll an, das ich auch für erwachsene Hunde einsetze. Einerseits ist es nicht mehr ungefährlich, einem älteren Welpen oder erwachsenen Hund etwas wegzunehmen – der Kiefer ist stärker und er könnte Sie verletzen, wenn er Sie beißt. Andererseits ist der Welpe nicht mehr so flexibel und braucht länger, um neue positive Assoziationen zu einem Stimulus (Hand) zu schaffen.

Folgendes Protokoll empfehle ich für Welpen über zwölf Wochen und erwachsene Hunde:

Anne geht vor dem fressenden Henry in die Hocke, clickt, wirft ein Stück Käse in den Napf und zieht sich wieder zurück.

Lernziel ist, dass der Hund Ihnen erlaubt, in seine Futterschüssel zu greifen oder einen Kauknochen oder ein Spielzeug gegen etwas Besseres zu tauschen. Üben Sie drei Mal täglich nach folgendem Trainingsprotokoll. Während ich die Vorgehensweise hier am Beispiel Futterschüssel erkläre, können Sie beim Spielzeug oder Knochen genauso vorgehen.

Füllen Sie einen Napf mit gewöhnlichem Trockenfutter, stellen diesen auf den Boden und lassen dann den Hund ins Zimmer. Gehen Sie in einem Bogen auf den fressenden Hund zu. Clicken Sie in zwei Metern Entfernung und werfen ihm einen viel besseren Leckerbissen in die Schüssel: ein Stück gekochtes Hühnerfleisch, Käse, Extrawurst ... Entfernen Sie sich dann in einem Bogen wieder. Wiederholen Sie diesen Vorgang, bis der Hund Ihr Näherkommen entspannt oder sogar freudig erwartet.

Im nächsten Durchgang gehen Sie in einem Bogen auf den fressenden Hund zu und clicken in 1,5 Metern Entfernung. Werfen Sie einen besonderen Leckerbissen in Richtung Futterschüssel und entfernen sich wieder. Wiederholen Sie die Übung so oft, bis der Hund Ihr Näherkommen entspannt oder sogar freudig erwartet.

Wiederholen Sie den Vorgang im nächsten Durchgang, nur dass Sie diesmal erst in einem Meter Entfernung clicken, verstärken und sich dann wieder entfernen.

Wiederholen Sie den Vorgang aus einem halben Meter Entfernung.

Wiederholen Sie den Vorgang, wobei Sie diesmal direkt vor der Futterschüssel aufrecht stehen, clicken und einen besonderen Leckerbissen hineinfallen lassen, bevor Sie sich umdrehen und weggehen.

Wichtig: Beugen Sie nicht den Oberkörper über den Hund und die Schüssel – das kann bedrohlich wirken.

Wiederholen Sie den Vorgang, beugen die Knie/hocken sich zur Futterschüssel hinunter, clicken und lassen das Leckerli aus geringem Abstand hineinfallen. Vermeiden Sie, sich von oben über Hund und Schüssel zu beugen! Danach stehen Sie umgehend auf und ziehen sich zurück. Wiederholen Sie die Übung so lange, bis Ihr Welpe Ihre Ankunft entspannt oder sogar freudig erwartet.

Im nächsten Durchgang treten Sie ganz an die Futterschüssel heran, gehen in die Knie oder in die Hocke, berühren den Rand der Schüssel mit der Hand, clicken im Moment der Berührung und legen einen Leckerbissen direkt in die Schüssel.

Greifen Sie nach der Futterschüssel und schieben diese einmal am Boden zwei Zentimeter vor und zurück. Clicken Sie und werfen einen besonderen Leckerbissen in den Napf.

Greifen Sie nach der Futterschüssel, heben diese fünf Zentimeter hoch, clicken, lassen einen besonderen Leckerbissen zwischen die Pfoten Ihres Welpen fallen, stellen die Futterschüssel wieder ab und entfernen sich.

Greifen Sie nach der Futterschüssel, heben diese 25 Zentimeter hoch, clicken, lassen einen besonderen Leckerbissen zwischen die Pfoten Ihres Hundes fallen, stellen die Schüssel wieder ab und entfernen sich.

Greifen Sie nach der Futterschüssel, heben diese fünfzig Zentimeter hoch, clicken, lassen einen besonderen Leckerbissen zwischen die Pfoten Ihres Welpen fallen, stellen die Schüssel wieder ab und entfernen sich.

Greifen Sie nach der Futterschüssel, heben diese hoch, bis Sie aufrecht stehen, clicken, lassen einen besonderen

Anne hebt die Futterschüssel an, clickt, gibt Henry ein Stück Käse und stellt die Schüssel wieder ab, bevor sie sich zurückzieht.

Leckerbissen zwischen die Pfoten Ihres Hundes fallen, stellen die Schüssel wieder ab und entfernen sich.

Gratuliere! Ihr Hund hat gelernt, dass es etwas Schönes ist, wenn Sie in die Nähe seiner Schüssel kommen, und verteidigt sein Abendessen nicht mehr! Stellen Sie sicher, auch in Zukunft hin und wieder auf den fressenden Hund zuzugehen und ihn mit einem besonderen Leckerli zu überraschen, um ihn daran zu erinnern, dass Hände in der Nähe seiner Schüssel etwas Schönes sind. Frisst Ihr Hund Nassfutter oder selbstgemachte Kost, spielen Sie als nächstes dasselbe Protokoll mit dem höherwertigen Futter durch. Mit Kauartikeln, Knochen und Spielzeug können Sie ebenso vorgehen – wichtig ist allerdings immer, dass Ihre Belohnung höherwertig ist als die Ressource Ihres Hundes.

Das Tausch-Prinzip generalisieren

Leben mehrere Personen in Ihrem Haushalt, ist es wichtig, dass jedes Familienmitglied und jeder Mitbewohner dieselbe Übung von Anfang bis Ende durchführen. Jeder beginnt beim ersten Schritt, clickt in zwei Metern Abstand vom Hund und arbeitet sich dann langsam nach oben vor. Hunde tun sich nämlich sehr schwer damit, zu generalisieren: Wenn Ihr Hund gelernt hat, dass es okay ist, wenn Sie seinen Knochen berühren, heißt das nicht automatisch, dass er weiß, dass dasselbe für Ihre Tochter gilt.

Spielen Sie das Näherkommen-und-Belohnen-Spiel mit zehn verschiedenen Menschen von Anfang bis Ende durch, so werden die meisten Hunde es tatsächlich generalisieren und auch bei neuen Menschen richtig reagieren. Gibt es Kinder in Ihrem Haushalt, lassen Sie auch diese das Spiel spielen – natürlich nur unter Aufsicht. So beugen Sie vor, dass Ihr Hund sich erschreckt und falsch reagiert, wenn irgendwann einmal ein Kind, das es nicht besser weiß, in einem unbeobachteten Moment nach seinem Knochen greift. Gleichzeitig sollten Sie Ihren Kindern natürlich vermitteln, dass Ihr Hund das Recht hat, ungestört zu fressen. Ausnahmen machen wir nur zum Üben.

Achtung: Die hier vorgestellten Schritte (Beginn in zwei Metern Entfernung, Entfernung um jeweils fünfzig Zentimeter verringern) sind ein Richtwert, der für die meisten Welpen mit mildem Ressourcenverteidigungsverhalten gut funktioniert. Ist Ihr Hund bereits erwachsen oder hat ein überdurchschnittlich starkes Ressourcenproblem, kann es sein, dass Sie in wesentlich größerer Entfernung beginnen und in viel kleineren Schritten vorgehen müssen. Bei wieder anderen Hunden ist es möglich, schneller vorzugehen und den einen oder anderen Zwischenschritt auszulassen. Orientieren Sie sich immer an der Körpersprache Ihres Hundes, um zu entscheiden, wie schnell Sie vorgehen sollten. Der Körper sollte entspannt sein, der Hund aufmerksam wirken, aber weiche Gesichtszüge zeigen. Wirkt Ihr Hund nervös oder angespannt oder reagiert mit Bellen oder Knurren, haben Sie ihn überfordert. Gönnen Sie ihm und sich eine Pause, atmen tief durch, trinken eine Tasse Tee und beginnen dann in größerem Abstand nochmal von vorne.

Trennungsangst

Ein Welpe, der unter Trennungsangst leidet, ist nicht etwa willkürlich „schlimm“, sondern macht sich Sorgen, die sich in kürzester Zeit zur Panik steigern können – und dabei fühlt er sich alles andere als wohl. Wenn Sie Ihrem Welpen helfen wollen, ist es wichtig, das zu verstehen. Zu schimpfen ist nämlich keine Lösung – Ihr Hund ist nicht „absichtlich“ oder „mutwillig“ laut, kratzt an der Tür oder zerstört Einrichtungsgegenstände. Er hat Angst, und diese Angst entlädt sich in Form von Bellen, Stubenunreinheit oder dem Bedürfnis, irgendwo reinzubeißen – ähnlich wie bei Menschen, die aus Nervosität an ihren Fingernägeln kauen.

Junge Säugetiere – nicht nur Welpen, sondern auch Menschenbabys! – schreien, wenn sie allein gelassen werden. Das ist ein Mechanismus, der das Überleben sichert: Wenn das Junge schreit, kann es von der Mutter schnell wiedergefunden werden. Ohne Mutter ist es hilflos, da es zu langsam ist, um vor Gefahren zu flüchten, und zu schwach, um sich zu verteidigen.

Wenn wir uns das vor Augen führen, wird uns erst bewusst, wie erstaunlich anpassungsfähig unsere vierbeinigen Gefährten sind: Hunde sind soziale Tiere, und die Tatsache, dass viele von ihnen bereits als Welpen und Junghunde stundenlang geduldig allein zu Hause warten, während ihre zweibeinige Familie arbeitet, ist erstaunlich!

Damit wird auch klar, dass kein Welpe als perfekter Alleinebleiber auf die Welt kommt: Den für ein Jungtier alles andere als natürlichen Zustand des Alleineseins entspannt zu empfinden muss gelernt werden. Das gilt auch für „ganz normale“, selbstbewusste Welpen ohne Sozialisierungsdefizite, aber ganz besonders für unsere ängstlichen Welpen: Häufig ist deren Stresslevel bereits durch die Konfrontation mit dem Alltag so hoch, dass selbst ein kurzes Verlassen des Raumes durch die Bezugsperson das Fass zum Überlaufen bringt – der Welpe bricht in Panik aus.

Welpenhalter machen oft den Fehler, den Welpen die ersten Tage oder sogar Wochen rund um die Uhr zu betreuen. Dann steht das Ende des Urlaubs an, und der kleine Vierbeiner soll innerhalb eines einzigen Wochenendes lernen, alleine zu Hause zu bleiben. Damit ist meist ein Desaster vorprogrammiert: Nicht nur, dass ein einziges Wochenende relativ kurz ist, um sich an mehrere Stunden Einsamkeit zu gewöhnen – durch die ständige Anwesenheit einer Bezugsperson in den Tagen oder Wochen zuvor hat sich der Welpe bereits an Gesellschaft als Normalzustand gewöhnt. Ändert sich der gewohnte Tagesablauf plötzlich, kann das den Welpen im besten Fall schwer verunsichern, im schlimmsten Fall Panikattacken auslösen. Daher empfehle ich allen Welpenbesitzern, spätestens am zweiten Tag, den der Neuzugang bei ihnen verbringt, mit dem Training des Alleinebleibens zu beginnen. Ihnen als Halter eines ängstlichen Welpen sei dies besonders ans Herz gelegt.

Beginnen Sie damit, auszutesten, wie der Welpe reagiert, wenn Sie den Raum verlassen. Stellen Sie eine Videokamera auf (die meisten modernen Fotoapparate haben diese Funktion; auch Smartphones und die in den meisten Laptops integrierten Kameras lassen sich dafür nutzen) und richten diese auf die Tür, durch die Sie gleich verschwinden werden. Warten Sie, bis Ihr Welpe entspannt an seinem Platz liegt, aber nicht schläft, und verlassen dann den Raum, um ins Nebenzimmer (etwa aufs WC) zu gehen und die Tür hinter sich zu schließen. Beachten Sie ihn nicht, wenn Sie den Raum verlassen – das ist ein ganz normaler Alltagsvorgang, kein Drama. Warten Sie dreißig Sekunden und gehen dann wieder zurück zu Ihrem Welpen. Sehen Sie die Videoaufnahme an. Ist Ihr Welpe entspannt liegen geblieben? Wurde er unruhig und ist Ihnen zur Tür gefolgt? Hat er gebellt, gewinselt, gejault oder an der Tür gekratzt? Hat er sich bei Ihrer Rückkunft verhalten, als hätte er Sie jahrelang nicht gesehen, oder sich gefreut, ohne aber aus dem Häuschen zu geraten? Je nachdem, wie das Baseline-Verhalten Ihres Welpen aussieht, lesen Sie bitte entweder im Abschnitt *Trennungsangst verhindern* oder im Abschnitt *Trennungsangst kurieren* weiter.

Trennungsangst verhindern

Ist Ihr Welpe entspannt liegen geblieben oder Ihnen neugierig zur Tür gefolgt, ohne aber daran zu kratzen oder mittels Bellen, Jaulen oder Winseln nach Ihnen zu rufen, und hat Sie entspannt wieder in Empfang genommen, ohne bei Ihrer Rückkunft völlig aus dem Häuschen zu geraten? Wunderbar! Er zeigt keine Anzeichen von Trennungsangst. Das heißt, dass das Training zügig vorangehen wird! Sie schaffen entspannte Emotionen zum Alleinebleiben, ohne erst bereits vorhandene negative Emotionen löschen zu müssen.

Beginnen Sie bereits am ersten oder zweiten Tag, immer die Tür hinter sich zu schließen, wenn Sie kurz in ein anderes Zimmer gehen, und erlauben Sie Ihrem Welpen nicht, Ihnen immer und überallhin zu folgen. „Kurz" bedeutet bis zu zwei Minuten, aber nicht länger – von einem neu eingezogenen Welpen mehr entspanntes Alleinebleiben zu verlangen, wäre nicht fair.

Parallel dazu empfiehlt es sich, mit dem Boxentraining zu beginnen. Manche Kollegen empfehlen, Welpen nicht in eine Box zu sperren, sondern selbst dann frei im Raum zu lassen, wenn Sie am Alleinebleiben arbeiten. Ich persönlich fühle mich sicherer, wenn ich weiß, dass mein Welpe, wenn ich ihm den Rücken zuwende, sicher verwahrt ist – in der Box kann ihm nichts passieren; er kann keine Kabel durchkauen, keine Blumentöpfe umwerfen und auch sonst nichts anstellen, was ihm oder der Wohnungseinrichtung schaden könnte. Gehen Sie vor, wie im Kapitel *Boxentraining* beschrieben: Mithilfe von freiem Formen lernt Ihr Welpe innerhalb kürzester Zeit, sich in der Box wohlzufühlen und dort zu entspannen. Sobald Sie die entspannte Verweildauer in der Box auf fünf Minuten ausgedehnt haben, während Sie im Raum sind, können Sie Boxentraining und Übungen im Alleinebleiben kombinieren.

Üben Sie zu einer Tageszeit, zu der Ihr Welpe ruhig und entspannt ist. Richten Sie Ihre Videokamera auf die Box, um später kontrollieren zu können, ob Ihr Welpe entspannt geblieben oder sich nach kurzer Unruhe schnell wieder entspannt hat. Schicken Sie ihn in die Box und servieren ihm dort einen Kaugegenstand (Fleischknochen, Kong, Nylabone oder getrocknete Kauartikel wie Schweineohren, Pansenstangen, Lammohren, Rinderkopfhaut oder Ähnliches). Verabschieden Sie sich mit einem Satz, mit dem Sie von nun an immer ankündigen, wenn Sie Ihren Welpen alleine lassen. Ich etwa sage meinen Hunden, bevor ich gehe: „Seid brav – ich bin gleich wieder da!" Verlassen Sie den Raum beziehungsweise Haus oder Wohnung, schließen die Tür hinter sich und stoppen die Zeit. Nach zwei Minuten kehren Sie zu Ihrem Welpen zurück. Zwei Minuten aus dem Raum zu treten ist keine große Sache, daher empfiehlt es sich, den Welpen beim Zurückkommen nicht groß zu beachten. Wenn Sie ihn begrüßen, als hätten Sie soeben entgegen aller Wahrscheinlichkeit eine Zombie-Apokalypse überlebt, vermitteln Sie Ihrem Welpen, dass es ein großes und potenziell besorgniserregendes Ereignis ist, wenn Sie ihn alleine lassen! Das wollen wir von Anfang an verhindern.

Holen Sie Ihren Welpen nicht sofort aus der Box, selbst wenn er nun daran kratzt, weil er Sie begrüßen will. Er kann bereits fünf Minuten alleine in der Box bleiben – das gilt auch, wenn Sie zwei Minuten davon weg waren. Nehmen Sie Ihre Kamera zur Hand und sehen, wie Ihr Welpe sich in Ihrer Abwesenheit verhalten hat, bevor Sie ganz nebenbei die Boxentür wieder öffnen. Zeigt Ihr Überwachungsvideo, dass Ihr Welpe sich nach kurzem Aufschauen oder Aufstehen wieder seinem Kau-Leckerbissen zugewandt hat, bis Sie wiedergekommen sind? Wunderbar, das ist unser Ziel! Sie können im nächsten Durchgang die Zeitdauer um eine Minute verlängern und Ihren Schützling drei Minuten alleine lassen. Hat er zwar nicht gebellt, gewinselt oder an der Box gekratzt, aber auch nicht weitergekaut, sondern zur Tür gestarrt, bis Sie wieder da waren? In diesem Fall bleiben wir auch im nächsten Durchgang beim aktuellen Schwierigkeitsgrad. Lassen Sie Ihren Welpen so lange nicht mehr als zwei Minuten alleine, bis Ihr Spionagevideo zeigt, dass er sich nach Verlassen des Raumes wieder mit seinem Kaugegenstand beschäftigt. Etwas zu fressen ist ein ausgezeichneter Indikator für einen entspannten Welpen: Nervöse Welpen fressen nicht. Erst, wenn Ihr Welpe am aktuellen Schwierigkeitsgrad entspannt bleibt, steigern Sie den Schwierigkeitsgrad, indem Sie die Zeit, die er alleine ist, weiter ausdehnen.

Sofern Ihr Welpe nach Ihrer Rückkunft noch weiter mit seinem Knochen beschäftigt ist und sich in der Box wohlzufühlen scheint, können Sie nach Kontrollieren der Kamera einen weiteren Durchgang anhängen: Verabschieden Sie sich in gewohnter Manier und gehen abermals für zwei beziehungsweise drei Minuten aus dem Raum. Nach Ihrer erneuten Rückkunft warten Sie wiederum, bis Ihr Welpe seine Wiedersehensfreude in den

Griff bekommen hat, sich entspannt und weiterkaut, kontrollieren die Kamera und lassen ihn dann, ohne ihn groß zu beachten, aus der Box. Wichtig: Sobald Sie den Welpen aus der Box lassen, sollten Sie den Kaugegenstand gegen ein Leckerli tauschen und wegnehmen. Wenn es Schweineohren, Fleischknochen oder Kongs nur in der Box gibt, tragen die Leckerbissen dazu bei, diese zu einem beliebten Ort zu machen.

Arbeiten Sie auch in den nächsten Übungseinheiten unbedingt mit Kamera. Nur so können Sie sicher sein, dass Ihr Welpe nicht nur still, sondern auch tatsächlich entspannt ist! Ich filme das Alleinebleib-Training für jeden Hund, der zu mir zieht, bis ich weiß, dass er drei Stunden lang problemlos alleine sein kann. Dabei sehe ich natürlich nicht die drei Stunden langen Filme an, sondern clicke mich am Computer im Schnelldurchlauf durchs Video, um zu sehen, ob alles in Ordnung ist.

Ich empfehle, das Alleinebleiben minutenweise zu steigern, bis Sie bei sechs Minuten angelangt sind. Dann gehe ich zum Steigern des Schwierigkeitsgrades in Zwei-Minuten-Schritten über; später werden die Schritte noch größer. Dieses System hat sich bisher bei allen Welpen, Pflegehunden und Urlaubsgästen bewährt.

Minuten-Schritte:
2 – 3 – 4 – 5 – 6.

Zwei-Minuten-Schritte:
8 – 10 – 12 – 14.

Drei-Minuten-Schritte: 17 – 20.

Fünf-Minuten-Schritte:
25 – 30 – 35 – 40.

Zehn-Minuten-Schritte: 50 – 60.

Fünfzehn-Minuten-Schritte:
1:15 – 1:30 – 1:45 – 2:00.

Zwanzig-Minuten-Schritte:
2:20 – 2:40 – 3:00.

Beim Steigern des Schwierigkeitsgrades gilt jeweils: Kontrollieren Sie erst Ihre Kamera, bevor Sie die Zeitdauer verlängern! Erst, wenn auf dem aktuellen Schwierigkeitsgrad keinerlei Probleme auftreten (kein Bellen, Jaulen, Winseln oder An-der-Box-Kratzen!) und Ihr Hund nicht nur still, sondern offensichtlich entspannt war und in Ihrer Abwesenheit entweder geschlafen oder gekaut hat, sollten Sie den Schwierigkeitsgrad steigern. Wann immer Sie bei Überprüfen Ihrer Welpen-Spionagevideos ein Problem entdecken, bleiben Sie am aktuellen Schwierigkeitsgrad, bis dieses verschwunden ist. Ist es nach der dritten Wiederholung noch immer nicht besser, gehen Sie zwei Schritte zurück und sehen, wie sich Ihr Welpe dabei fühlt. Zeigt er auch jetzt Anzeichen von großer Unruhe oder sogar Panik, empfehle ich, einen kompetenten Trainer zu kontaktieren, der Ihnen beim Training hilft.

Außerdem sollten Sie Ihren sensiblen Welpen in der Übungsphase keinesfalls überfordern. Wenn Sie erst drei Minuten am Alleinebleiben gearbeitet haben, aber für eine halbe Stunde zum Einkaufen in den Supermarkt müssen, finden Sie entweder eine Möglichkeit, Ihren Welpen mitzunehmen, oder einen Hundesitter. Kleine Welpen, die an eine Tasche gewöhnt wurden, können zum Einkaufen mitkommen und dabei getragen werden; manch andere öffentliche Einrichtung (Buchladen, Bank, Baumarkt) heißt auch größere Hunde willkommen. Ist es Ihnen nicht möglich, einen Hundesitter zu finden, und können Sie Ihren Welpen auch nicht mitnehmen, sollten Sie ihn dennoch nicht alleine lassen, bevor Sie die entsprechende Zeitdauer kleinschrittig aufgebaut haben! Indem Sie Ihren sensiblen Welpen nur ein einziges Mal überfordern, können Sie sich Tage oder Wochen fleißigen Trainings zunichtemachen und plötzlich einen Hund haben, der in Panik verfällt, sobald Sie die Hand auf die Türklinke legen. Glauben Sie mir: In den ersten Wochen in einen guten Hundesitter zu investieren, wann immer Sie unterwegs sind, erspart Ihnen viele Probleme. Ist all das unmöglich oder müssen Sie kurzfristig dringend weg, lassen Sie Ihren Welpen, sofern das Wetter weder kalt noch heiß ist, in einer Box im Auto alleine statt in Ihrer Wohnung. So machen Sie das Vertrauen, das Ihr Welpe in Ihre Rückkunft setzt, wenn Sie ihn in der eigenen Wohnung zurücklassen, nicht zunichte, und er baut höchstens negative Empfindungen zum Warten im Auto auf. Das ist zwar ebenfalls nicht ideal, aber immer noch besser, als in der Wohnung mit dem Training wieder bei null beginnen zu müssen.

Weiß ich erst einmal, dass meine Hunde problemlos drei Stunden alleine bleiben können, geht der Rest meist sehr schnell. Bis Ihr Welpe vier Monate alt ist, empfehle ich allerdings, ihn höchstens in Ausnahmefällen länger als drei Stunden alleine zu lassen. Für den Fall längerer Abwesenheiten sollten Sie sich bereits im Vorfeld nach einem guten Hundesitter umsehen und Ihren Welpen mit diesem vertraut machen. Sind Sie einmal vier Stunden unterwegs, kann Ihr Hundesitter nach zwei Stunden kommen, Ihren Welpen Gassi führen und ihn dann mit einem weiteren Kaugegenstand und dem vertrauten Abschiedsritual wieder in seine Box setzen, wo er zwei weitere Stunden wartet, bis Sie nach Hause kommen.

Trennungsangst kurieren

Hat Ihr Welpe beim Austesten seiner Baseline-Verhaltensweisen bereits Ansätze von Panik gezeigt, indem er Ihnen sofort zur Tür gefolgt ist und/oder daran gekratzt und gebellt, gewinselt oder gejault hat, bis Sie wieder da waren? Hat er Sie begrüßt, als hätte er nicht damit gerechnet, Sie jemals wiederzusehen, obwohl Sie nur zwei Minuten den Raum verlassen haben? Dann haben Sie bereits einen Welpen mit Trennungsangst. Gerade bei hochsensiblen oder nicht ausreichend sozialisierten Welpen mit unbekannter Vorgeschichte ist das häufig der Fall. Auch Welpen, die das Alleinebleiben nicht schrittweise gelernt haben, sondern bereits damit überfordert wurden, können so reagieren. Ihnen stellt sich daher nicht nur die Aufgabe, Ihrem Welpen das Alleinebleiben schmackhaft zu machen, sondern vor allem auch die Herausforderung, Ihren Welpen gegenüber sämtlichen Aufbruchsignalen, die ihn in Alarmbereitschaft versetzen, zu desensibilisieren. Parallel zur Desensibilisierungsphase empfehle ich, auch mit dem Boxentraining zu beginnen

– das werden Sie etwas später brauchen, wenn Sie Ihren Welpen tatsächlich alleine lassen. Gehen Sie dabei vor wie im Kapitel Boxentraining beschrieben.

Ein Aufbruchssignal ist etwas, das Ihrem Welpen kommuniziert, dass Sie kurz davor stehen, ihn zu verlassen. Je nachdem, wie Ihre Aufbruchsrituale aussehen, kann es sich dabei um das Anziehen der Schuhe oder des Mantels, um den Griff nach dem Autoschlüssel, den Griff nach der Türklinke oder das Bereitstellen Ihrer Handtasche an der Tür handeln. Um zu identifizieren, was für Ihren Welpen ein Aufbruchssignal darstellt, schalten Sie die Kamera ein und testen ihn aus: Gehen Sie vor wie üblich, wenn Sie das Haus verlassen. Statt sich dabei immer nach Ihrem Welpen umzudrehen, um zu sehen, was er macht – das könnte seine Reaktion verändern –, achten Sie erst auf sein Verhalten, wenn Sie das Video ansehen. In welchem Moment kommt Unruhe auf? Ab wann steht der Welpe auf, ab wann steht sein Körper sichtlich unter Spannung? Wann wird er nervös? Das Verhalten Ihrerseits, das direkt davor kommt, ist ein Aufbruchssignal.

Identifizieren Sie alle Aufbruchssignale Ihres Welpen, bevor Sie mit dem Desensibilisieren beginnen. Das machen Sie, indem Sie Ihr persönliches Aufbruchsritual durchführen – Sie müssen dabei nicht tatsächlich aus dem Zimmer gehen, sondern es maximal bis zum Öffnen der Türe durchspielen. So identifizieren Sie etwa erst das Einstecken des Jausenapfels als Aufbruchssignal. Beobachten Sie am Video ganz genau, wann Ihr Welpe reagiert: Ist es, wenn Sie den Apfel aus dem Obstkorb nehmen oder wenn Sie diesen in die Tasche stecken? Schreiben Sie das Signal auf eine Liste. Warten Sie, bis Ihr Welpe wieder entspannt auf seinem Platz liegt, und beginnen dann erneut mit dem Test. Diesmal überspringen Sie das bereits identifizierte Aufbruchssignal (in unserem Beispiel den Griff nach dem Apfel) und beginnen direkt danach, indem Sie zum Beispiel Ihre Schuhe anziehen. Reagiert Ihr Welpe auch darauf? Sie haben das nächste Signal identifiziert. Im nächsten Durchlauf überspringen Sie das Einstecken des Apfels und das Anziehen der Schuhe und beginnen mit dem nächsten Element Ihres Rituals – etwa dem Anziehen des Mantels. Führen Sie eine Liste wie diese meines ehemaligen Pflegehundes Pirate:

Pirates Aufbruchssignale	
Signal	**Reaktion**
Jausendose aus dem Kühlschrank nehmen	springt auf, läuft nervös durchs Zimmer
Rucksack zur Tür tragen	läuft nervös durchs Zimmer, hechelt

Pirates Aufbruchssignale	
Signal	**Reaktion**
Griff nach den Schuhen	bellt, springt umher
Schuhe anziehen	bellt, springt umher
Griff nach der Jacke	bellt, springt umher, winselt
Jacke anziehen	bellt, springt umher, schnappt nach dem Ärmel
Griff zur Türklinke	bellt, hechelt, jault
Öffnen der Tür	versucht, sich vor mir durch den Spalt zu zwängen

Nun beginnen Sie mit der eigentlichen Desensibilisierungsarbeit gegenüber den Aufbruchssignalen Ihres ängstlichen Welpen. Desensibilisieren bedeutet, dass wir den Signalen ihre Bedeutung nehmen: Statt unseren Welpen in höchste Aufregung zu versetzen, ist das Ziel, dass das Anziehen der Schuhe kein bisschen spannender oder bedeutender ist, als würden Sie den Lichtschalter betätigen oder sich in einen Sessel setzen.

Um schnelle Fortschritte zu machen, empfehle ich, über den Tag verteilt bis zu zehn Übungseinheiten durchzuführen – aber niemals zwei direkt hintereinander. Um den Aufbruchssignalen die Bedeutung zu nehmen, die sie für Ihren Hund haben, nehmen wir sie einzeln aus der Verhaltenskette Ihres Aufbruchsrituals heraus und trennen sie von ihrer üblichen Konsequenz (Verlassen des Hauses). Beginnen Sie etwa, indem Sie mehrmals täglich einen Apfel aus dem Obstkorb oder die Jausendose aus dem Kühlschrank nehmen und diesen in die Tasche stecken, dann aber mit Ihrem Alltag zuhause weitermachen, als wäre nichts geschehen: Das Aufbruchssignal bedeutet nicht mehr, dass Sie tatsächlich gleich das Haus verlassen! Ziehen Sie zum Kochen Ihre Stiefel an. Schlüpfen Sie in den Mantel und machen es sich auf der Couch gemütlich, um ein gutes Buch zu lesen. Greifen Sie im Laufe des Tages immer wieder nach der Türklinke, ohne den Raum tatsächlich zu verlassen; später öffnen Sie die Tür, um sie gleich darauf wieder zu schließen und dann staubzusaugen. Je nach Welpe kann es ein Wochenende oder mehrere Tage dauern, bis der Hund bei Auftreten eines früheren Aufbruchssignals komplett entspannt bleibt. Richten Sie sich ganz nach Ihrem Hund – üben Sie so lange immer wieder, bis ihn keines der Signale mehr beeindruckt. Sollten Sie an diesem Schritt scheitern und Ihr Welpe nach einer Woche täglichen Trainings immer noch keinerlei Fortschritte zeigen, empfehle ich Ihnen, sich an den Trainer Ihres Vertrauens zu wenden, um mit seiner Hilfe einen Übungsplan zu erstellen, mit dem auch Ihr Welpe Erfolg hat.

Die meisten Welpen werden allerdings innerhalb kurzer Zeit lernen, den Aufbruchssignalen keinerlei Beachtung zu schenken, wenn Sie vorgehen wie beschrieben. Gratuliere – Sie haben den ersten Schritt erfolgreich gemeistert! Bevor Sie weitermachen und auch während des Desensibilisierungsprozesses möchte ich Sie daran erinnern, Ihren ängstlichen Welpen nicht zu überfordern, indem Sie länger wegbleiben, als er gelernt hat, entspannt zu bleiben, oder ihn (während der Desensibilisierungsphase) überhaupt alleine lassen. Das kann bereits gemachte Lernfortschritte zerstören und das Vertrauen, das Ihr Welpe in Sie und Ihre Wohnung als sichere Umgebung aufgebaut hat, wieder zunichtemachen. Wenn Sie einen Welpen mit Trennungsangst haben, so ist es unumgänglich, einen Hundesitter zu kennen, der einspringen kann, wenn Sie ihn brauchen – oder Ihren Welpen immer mitzunehmen, wenn Sie unterwegs sind, bis er gelernt hat, alleine zu bleiben.

Haben Sie sämtlichen Aufbruchssignalen ihre Bedeutung genommen, so sind Sie bereit, mit dem eigentlichen Alleinebleib-Training zu beginnen. Ihr Welpe sollte bereits in der vorigen Phase gelernt haben, nicht zu reagieren, wenn Sie die Tür öffnen und wieder schließen, ohne den Raum zu verlassen. Außerdem sollten Sie parallel zur Desensibilisierung bereits am Boxentraining gearbeitet haben. Kann Ihr Welpe bereits fünf Minuten in der geschlossenen Box entspannen, während Sie im selben Raum sind? Wunderbar – dann sind Sie bereit, Alleinebleiben mit Boxentraining zu kombinieren. Auch hier empfehle ich, sämtliche Übungseinheiten zu filmen – zumindest in den ersten Tagen, am besten aber, bis Sie drei entspannte Stunden erreicht haben.

Anders als bei Welpen, die beim Baseline-Test keinerlei Trennungsangst gezeigt haben, beginnen wir in im Fall Ihres Trennungsangst-Welpen mit einer noch kürzeren Alleinebleib-Zeit als bei der Baseline.

Wählen Sie einen Zeitpunkt zum Üben, zu dem Ihr Welpe ruhig und entspannt ist, aber nicht schläft. Schalten Sie Ihre auf die Box gerichtete Videokamera ein. Schicken Sie Ihren Hund in die Box, geben ihm etwas zu kauen – rohe Fleischknochen, gefüllte Kongs oder getrocknete Kauartikel wie Rinderkopfhaut, Pansenstangen, Lunge oder Lamm-, Kaninchen- oder Schweineohren sind besonders beliebt – und verabschieden sich mit einem fröhlichen Satz, den Sie von nun an immer dann sagen, wenn Sie Ihren Welpen alleine lassen. Öffnen Sie die Tür, treten nach draußen, schließen die Tür hinter sich, öffnen Sie sofort erneut und kommen zurück. Hat Ihr Welpe nur aufgeschaut, um Ihnen interessiert hinterherzublicken? Wunderbar. Gönnen Sie ihm zwei Minuten Pause, während derer er sich weiter in der Box mit seinem Kauartikel beschäftigt, und wiederholen das Ganze dann: „Sei brav – ich bin gleich wieder da!", Tür auf, aus dem Raum treten, Tür zu, Tür auf, eintreten und mit dem Alltag weitermachen, als wäre nichts Besonderes vorgefallen. Wiederholen Sie diesen Schritt so lange, bis Ihr Welpe nicht mehr reagiert, wenn Sie nach draußen treten. Dann sind Sie bereit für den nächsten Schritt.

Verabschieden Sie sich, treten aus dem Raum, schließen die Tür hinter sich, zählen langsam bis fünf („Ein braver Welpe, zwei brave Welpen, drei brave Welpen, vier brave Welpen, fünf brave Welpen!") und kommen dann zurück. Zeigt sich der Welpe auf Ihrem Spionagevideo unbeeindruckt, erhöhen Sie den Schwierigkeitsgrad auf zehn brave Welpen. Starrt er Ihnen angespannt hinterher, bleiben Sie bei fünf braven Welpen, bis er sich beim Kauen nicht mehr unterbrechen lässt. Bei Hunden, die in der Baseline Trennungsangst zeigen, steigere ich den Schwierigkeitsgrad in folgenden Schritten:

Ein braver Welpe, zwei brave Welpen, drei brave Welpen, vier brave Welpen, fünf brave Welpen.

Ein braver Welpe, [...] zehn brave Welpen.

Ein braver Welpe, [...] fünfzehn brave Welpen.

Ein braver Welpe, [...] dreißig brave Welpen.

Spätestens an dieser Stelle nehme ich eine Stoppuhr zur Hand, da das Zählen all dieser braven Welpen anstrengend wird! Im nächsten Schritt warten wir 45 Sekunden und steigern weiter in 15-Sekunden-Schritten: 45 Sekunden – 1 Minute – 1:15 – 1:30 – 1:45 – 2:00.

30-Sekunden-Schritte: 2:30 – 3:00.

Minuten-Schritte: 4:00 – 5:00 – 6:00.

Ab hier geht es weiter wie im Kapitel *Trennungsangst verhindern* beschrieben! Nach dem kleinschrittigen Aufbau dieser Vertrauensgrundlage sollten Sie und Ihr Welpe bereit sein, den Schwierigkeitsgrad in größeren Schritten zu steigern!

Zwei-Minuten-Schritte: 8 – 10 – 12 – 14.

Drei-Minuten-Schritte: 17 – 20.

Fünf-Minuten-Schritte: 25 – 30 – 35 – 40.

Zehn-Minuten-Schritte: 50 – 60.

Fünfzehn-Minuten-Schritte: 1:15 – 1:30 – 1:45 – 2:00.

Zwanzig-Minuten-Schritte: 2:20 – 2:40 – 3:00.

Gratuliere – Sie haben einen Welpen, den Sie getrost mal ein wenig alleine lassen können, wenn Sie unterwegs sind. Ihre Mühen in den ersten gemeinsamen Wochen haben sich gelohnt: Mit einem Welpen, der entspannt das eine oder andere Stündchen in seiner Box alleine bleiben kann, lebt es sich angenehm zusammen. Außerdem wahrt ein Hund, der weder dauerhaft bellt noch an der Wand scharrt, den Frieden zu Ihren Nachbarn und Ihre Wohnungseinrichtung bleibt intakt. Ganz zu schweigen vom wichtigsten Element – Ihr Welpe fühlt sich wohl und leidet nicht unter Panik, wann immer Sie ihn alleine lassen.

Kompetente Trainer mit Verhaltensschwerpunkt finden

Gleich, ob Sie ein unerfahrener Hundehalter sind oder schon lange Hunde, aber zum ersten Mal mit deren Angstproblemen zu kämpfen haben – es kann hilfreich sein, einen kompetenten Trainer zu Rate zu ziehen. Vielleicht wissen Sie, obwohl Sie den Trainingsanleitungen in diesem Buch gefolgt sind, einfach nicht weiter, oder vielleicht fühlen Sie sich sicherer mit einem Experten an der Seite. In jedem Fall ist es eine gute Idee, bei Verhaltensthemen einen Trainer zu konsultieren – vorausgesetzt, Sie finden einen guten!

Hundetrainer gibt es wie Sand am Meer. Wie stellen Sie sicher, dass Sie jemanden konsultieren, der auf Basis wissenschaftlicher Erkenntnisse arbeitet, Ihre ethischen Vorstellungen von Hundeerziehung teilt und Erfahrung mit ängstlichen Welpen mitbringt?

Das ist schwieriger, als es auf den ersten Blick aussieht: In Österreich etwa ist Hundetraining kein reglementiertes Gewerbe, was bedeutet, dass jeder einen Gewerbeschein lösen und sich Hundetrainer nennen kann – ganz ohne Ausbildung und Erfahrung. Auch in der Schweiz gibt es keinerlei Voraussetzungen zum Eröffnen einer Hundeschule. Einzig in Deutschland ist zum Betreiben einer Hundeschule die Erlaubnis nach §11 Tierschutzgesetz zur gewerbsmäßigen Anleitung der Ausbildung von Hunden nötig. Die Veterinärämter sind dafür zuständig, wem die entsprechende Erlaubnis erteilt wird und wie beziehungsweise ob sie die Kompetenzen eines Trainers überprüfen wollen. Die Voraussetzungen können je nach Bundesland ganz unterschiedlich aussehen, weshalb auch der deutsche Sachkundenachweis kein Qualitätsgarant ist.

Ganz gleich, in welchem der deutschsprachigen Länder Sie zuhause sind – Mitgliedschaften in Verbänden oder Genehmigungen sagen leider wenig aus. Anstatt also den erstbesten Hundetrainer zu wählen, den die Suchmaschine ausspuckt, empfiehlt es sich, auf der Website der Trainer in Ihrer Umgebung nach deren Qualifikationen zu suchen. Kann der Trainer Fort- und Weiterbildungen im Bereich Verhalten und Verhaltensmodifikation vorweisen? Bei wem hat er sich fortgebildet? Googeln Sie die Namen der Lehrenden, um sich ein Bild von ihnen zu machen! „Jahrelange Erfahrung" sagt wenig aus, da Hundetraining weniger intuitiv ist als gemeinhin angenommen. Sind Sie Experte für Kinderpsychologie, wenn Sie drei eigene Kinder großgezogen und in Ihrer Studienzeit als Au-Pair und Babysitter gearbeitet haben? Eben. Vor allem die Arbeit mit Verhaltensproblemen – und überdurchschnittlich ängstliche Welpen fallen in diese Kategorie – erfordert nicht nur Erfahrung im Training, sondern vor allem auch Fachwissen.

In der Regel finden Sie auf Hundeschulwebsites auch Informationen zur Trainingsphilosophie und Arbeitsweise. Die Arbeitsweise einer guten Hundeschule orientiert sich an der ethischen Anwendung lerntheoretischer Prinzipien (klassische Konditionierung; positive Verstärkung, negative Strafe). Suchen Sie nach einer Hundeschule, die Wert darauf legt, den Hund zu richtigem Verhalten zu motivieren statt ihn für falsches zu bestrafen. Ebenfalls wichtig ist, dass auf jeden vierbeinigen Kunden eingegangen wird: Welche besonderen Bedürfnisse hat er aufgrund seiner rassetypischen und individuellen Eigenschaften und Erfahrungen? Auch im Umgang mit dem Menschen am anderen Ende der Leine sollten Respekt und Empathie spürbar sein – sowohl auf der Website als auch am Telefon oder während des persönlichen Gesprächs. Als Hundehalter nehmen Sie eine Dienstleistung in Anspruch, für die Sie bezahlen. Fühlen Sie sich unwohl oder haben das Gefühl, dass Ihr Welpe vom Trainer überfordert wird, sind Sie an der falschen Adresse.

Auch Fotos und Kundenfeedback, die auf vielen Websites oder geschäftlichen Facebookseiten eingebunden werden, helfen Ihnen, sich im Vorfeld ein Bild von Ihrem Trainer zu machen. Die Hunde auf den Fotos sollten fröhlich oder entspannt wirken und entweder ein Geschirr oder ein flaches Halsband tragen, und die abgebildeten Besitzer sollten mit Futter oder Spielzeug arbeiten. Achten Sie nicht nur auf die Körpersprache der Hunde, sondern auch auf die Gesichtsausdrücke der Halter und wählen Sie eine Schule, in der auch die Menschen aussehen, als würden sie sich wohlfühlen und gerne hier sein. Beinhaltet die Website Kundenfeedback, suchen Sie nach Aussagen, die darauf hinweisen, dass individuell auf Mensch-Hund-Teams eingegangen wird und diese auch in schwierigen Zeiten Respekt und Unterstützung seitens des Trainers erfahren.

Haben Sie eine Website gefunden, die Ihnen zusagt, rufen Sie an. Erzählen Sie ein wenig von Ihrem ängstlichen Welpen und bitten den Trainer, Ihnen etwas zu seiner Herangehensweise an Fälle wie den Ihren zu sagen. In einem zwei- oder dreiminütigen Telefonat bekommen Sie ein Gefühl für Ihr Gegenüber. Fühlen Sie sich wohl, machen Sie einen persönlichen Termin aus. Fühlen Sie sich unwohl, bedanken Sie sich höflich und suchen Sie weiter. Der richtige Trainer für Sie und Ihren Welpen freut sich auf Ihren Anruf – Sie müssen ihn nur finden. Und wenn Sie diesen Empfehlungen folgen, werden Sie das auch!

„Einen Hund zu lieben heißt,
in seinem besten Interesse zu handeln."

(Chrissi Schranz)

Die schwierige Entscheidung, den Welpen abzugeben

Seit Wochen bemühen Sie sich, Ihrem Welpen zu helfen. Sie haben Trainingsstunden genommen und begonnen, die in diesem Buch beschriebenen Sozialisierungsprotokolle umzusetzen. Sie haben Hundesitter engagiert und Intelligenzspielzeuge gekauft. Doch mit jedem Tag, der vergeht, wird Ihnen bewusst, dass noch ein weiter Weg vor Ihnen liegt – ein Weg, von dem Sie nicht wissen, ob Sie bereit sind, ihn zu gehen.

Im besten Interesse Ihres Welpen zu handeln heißt, dafür zu sorgen, dass seine Bedürfnisse befriedigt werden. Können oder wollen Sie das selbst nicht, kann die richtige Entscheidung durchaus sein, Ihrem Schützling ein neues Zuhause zu suchen. Selbst wenn Ihr Gewissen Ihnen weismachen möchte, dass Sie einen Hund nicht wieder abgeben dürfen, halte ich es für wichtig, sich ohne Selbstvorwürfe mit den eigenen Zweifeln auseinanderzusetzen. Welpen sind keine Menschenkinder – einen Hund abzugeben lässt sich nicht damit vergleichen, ein Kind zur Adoption freizugeben. Überfordert zu sein und jemanden zu finden, der Ihrem Schützling besser gerecht werden kann, macht Sie nicht zu einem schlechten Menschen.

Einen ängstlichen Welpen großzuziehen ist eine große Verantwortung. Bis zum Alter von zwölf bis sechzehn Wochen haben Sie die Möglichkeit, Versäumtes nachzuholen – danach schließt sich das sensible Entwicklungsfenster für immer. Anders als bei einem erwachsenen Hund mit Problemen haben Sie keine Zeit zu verlieren: Ihr

Welpe braucht Ihre Zeit und Aufmerksamkeit – und zwar jetzt, besser heute als morgen. Wenn Sie in den ersten drei bis vier Lebensmonaten intensiv und geduldig am Selbstbewusstsein Ihres Welpen arbeiten, kann er sein Potenzial trotz suboptimaler Voraussetzungen noch annähernd ausschöpfen. Haben Sie die Zeit, das Fingerspitzengefühl und die Ressourcen, einem ängstlichen Hundekind den bestmöglichen Start ins Leben zu ermöglichen? Wenn Sie damit gerechnet haben, ein unkompliziertes Hundekind bei sich aufzunehmen, und nun überfordert sind, ist das verständlich. Machen Sie sich eine Tasse Tee und setzen sich abends mit Ihrem Welpen aufs Sofa. Dann schreiben Sie eine Liste der Bedürfnisse Ihres Welpen. Seien Sie spezifisch: Wie viele Einheiten Sozialisierungsarbeit braucht er täglich? Wie lang sollten diese sein? Wie oft sollten Sie Trainerstunden nehmen? Wann brauchen Sie einen Hundesitter, damit die Trennungsangst Ihres Welpen nicht weiter wächst? Wie sieht der zeitliche und finanzielle Aufwand eines optimalen Programms für Ihren Schützling aus? Daneben machen Sie eine weitere Spalte – diese ist dafür, was Sie Ihrem Welpen realistischerweise tatsächlich bieten können: zeitlich (Sozialisierungseinheiten, Berührungsprotokoll, Autotraining, Spiele zur Förderung von Beziehung und Selbstbewusstsein ...) und finanziell (Hundesitter, Hundetrainer, Nahrungsergänzungsmittel, Thundershirt ...). Decken sich Ihre Ressourcen mit den Bedürfnissen Ihres Hundekindes? Wunderbar, dann brauchen Sie sich keine Sorgen zu machen. Tun sie dies nicht, nehmen Sie einen Taschenrechner zur Hand. Die optimale Spalte auf Ihrer Liste entspricht 100%. Wie viel Prozent davon können Sie Ihrem Welpen realistisch gesehen tatsächlich bieten? 80% oder mehr ist in Ordnung. Weniger ist kritisch, da sich das Sozialisierungsfenster zusehends schließt. Die Arbeit mit einem sensiblen Hundekind auf nächste Woche, nächstes Monat oder nächstes Jahr zu verschieben, ist nicht fair: Je länger Sie warten, desto weniger können Sie verändern.

Wenn Sie feststellen, dass Sie Ihrem Hundekind mit besonderen Bedürfnissen gerade mal die Hälfte dessen bieten können, was es brauchen würde, um möglichst große Chancen auf eine normale Entwicklung zu haben, ist es an der Zeit, darüber nachzudenken, ob Ihr Schützling in einem anderen Zuhause besser gefördert werden könnte.

Verantwortungsbewusste Hundehalter neigen dazu, die Abgabe eines Hundes als Eingeständnis ihres eigenen Scheiterns zu sehen oder haben das Gefühl, ihren Welpen im Stich zu lassen. Das kann aber nicht pauschal so gesehen werden. Einen Hund zu lieben heißt, in seinem besten Interesse zu handeln. Wir sprechen hier natürlich nicht davon, den Welpen ins Tierheim abzuschieben – das ist der letzte Ort, an dem ein ängstliches Hundekind gut aufgehoben wäre –, sondern davon, eine erfahrene Person zu finden, die Zeit hat und bereit ist, dem Welpen eine Pflegestelle oder ein neues Zuhause zu schenken. Auch Hundetrainer sind hin und wieder bereit, einen ihrer vierbeinigen Klienten aufzunehmen, wenn sie merken, dass der Besitzer überfordert ist. Sollte Ihr Trainer Ihnen in dieser Hinsicht nicht weiterhelfen können, so kann er Ihnen trotzdem gute Anlaufstellen zur Vermittlung empfehlen und hört sich gerne für Sie um. Haben Sie einen Rassehund, suchen Sie im Internet nach dem Zuchtverband. Viele Zuchtverbände helfen bei der Vermittlung der von ihnen betreuten Rassen, auch wenn Ihr Welpe keine Papiere hat, oder können Sie an die entsprechende Rasse-Hilfsorganisation weiterleiten.

Haben Sie einen höchst geräuschphobischen Welpen und leben mitten in der Stadt, kann ein ruhiges Zuhause am Land viel Training und Management ganz einfach unnötig machen – es gibt Fälle, in denen der Aufwand und der Stress, dem Welpe und Besitzer ausgesetzt wären, ganz einfach vermieden werden können, indem der Welpe aufs Land zieht. Ebenso könnte ein Welpe, der, sobald er alleine gelassen wird, in Panik verfällt und dessen vollzeitig berufstätige und allein lebende Besitzerin in der Übungsphase für neun Stunden täglich einen Hundesitter bezahlen müsste, bei einem pensionierten Ehepaar besser aufgehoben sein. Auch hier muss er lernen, im Ernstfall ein, zwei Stunden alleine zu bleiben, doch ist das wesentlich leichter umsetzbar und mit weniger finanziellem Aufwand verbunden als die neun Stunden bei der berufstätigen Erstbesitzerin.

Hat Ihr Welpe Angst vor Kindern, die sich durch Schnappen und Ankläffen Ihrer dreijährigen Zwillinge äußert? Wenn Familienmitglieder gefährdet werden könnten, empfehle ich, einen kompetenten Trainer zu Rate zu ziehen. Schätzen Sie mit seiner Hilfe ein, wie der Zeitaufwand zum Erreichen eines für alle sicheren Zusammenlebens aussieht und welche Managementmaßnahmen in der Übergangszeit nötig sind, um die Sicherheit aller zu gewährleisten. Entscheiden Sie dann – mit dem Kopf, nicht dem Herzen –, ob Sie bereit für diesen Aufwand sind. Wägen Sie Ihre Optionen ab und treffen Sie eine rationale Entscheidung, die sowohl im besten Interesse Ihres Welpen ist als auch Ihre eigenen Bedürfnisse und die Ihrer Familie berücksichtigt. Sind Sie unsicher, sprechen Sie mit einem guten Zuhörer oder dem Trainer oder Tierarzt Ihres Vertrauens darüber. Es gibt Situationen, in denen Liebe bedeutet, die schwere Entscheidung zu treffen, den Hund abzugeben, wenn wir ihm nicht gerecht werden können – und das ist okay.

Rezeptfreie Hilfsmittel und Psychopharmaka

Neben zahlreichen positiven Sozialisierungserfahrungen und dem Aufbau von Selbstbewusstsein mittels freiem Formen, der Schulung des Körpergefühls und der Nase gibt es einen dritten Ansatzpunkt, mit dessen Hilfe wir unserem ängstlichen Welpen beim Entspannen und Verarbeiten herausfordernder Situationen helfen können: Nicht nur Liebe, sondern auch Selbstbewusstsein geht durch den Magen – und über die Nase. Daher möchte ich Ihnen im folgenden Kapitel erprobte Ernährungstipps, Nahrungsergänzungsmittel sowie Pheromonprodukte speziell für ängstliche, nervöse und aggressive Hunde vorstellen.

Rezeptfreie Hilfsmittel

Ernährungstipps

Ernährung ist ein spannendes Thema: Was wir (und unsere Hunde) essen, wirkt sich auf unser physisches und psychisches Wohlbefinden aus.

Eines der Schlüsselelemente für psychische Ausgeglichenheit ist Serotonin. Serotonin ist auch jener Neurotransmitter, auf dessen Zur-Verfügung-Stehen sich SSRIs (eine gängige Art Antidepressiva) auswirken. Ein Mangel an Serotonin kann beim Menschen unter anderem zu Depression, beim Hund zu Angst, Aggression, Impulsivität oder Hyperaktivität führen. Darum werden sowohl Mensch als auch Hund mitunter mit SSRIs behandelt. Gibt es aber auch Möglichkeiten, den Serotoninspiegel in der Gewebsflüssigkeit des Gehirns über die Nahrung zu erhöhen?

Verhaltenswissenschaftler James O'Heare und eine wachsende Anzahl Hundetrainer und -halter, die auf Grundlage seiner Empfehlungen mit dem Futter ihres Hundes experimentieren, sagen Ja. Dabei können wir uns auf zwei Aminosäuren konzentrieren, die in der Nahrung vorhanden sind und im Körper in Neurotransmitter umgewandelt werden: Tryptophan (davon wollen wir viel, weil es sich dabei um die Vorstufe von Serotonin handelt) und Tyrosin (davon wollen wir wenig, weil es die Vorstufe von Dopamin und Noradrenalin – „Konkurrenten" von Serotonin und damit sogenannte Serotonin-Antagonisten – ist).

Aus der Nahrung kommen Tryptophan, Tyrosin und andere Aminosäuren erst einmal ins Blut, über das sie zur Blut-Hirn-Schranke transportiert werden. An der Blut-Hirn-Schranke streiten sich die Aminosäuren, denn es gibt nur eine begrenzte Anzahl von Einlassmöglichkeiten ins Gehirn. Ist viel Tyrosin vorhanden, gelangt wenig Tryptophan ins Gehirn. Ist viel Tryptophan und wenig konkurrierendes Tyrosin vorhanden, gelangt mehr Tryptophan ins Gehirn. Den letzteren

Zustand wollen wir erreichen, um unserem ängstlichen Welpen über die Nahrung zu mehr Selbstbewusstsein und innerer Ruhe zu verhelfen. Theoretisch ist das gar nicht so schwer, wenn wir folgende drei Faktoren beachten:

- Vermeiden Sie Mais im Hundefutter: Er enthält große Mengen Tyrosin und kleine Mengen Tryptophan. Mais ist häufig in Fertigfutter enthalten – lesen Sie die Zutatenliste genau und wählen ein maisfreies Futter.

- Hochwertige Proteinquellen (Fleisch, aber auch Tofu) enthalten mehr Tryptophan als Tyrosin. Stellen Sie sicher, dass das Futter Ihrer Wahl eine hochwertige Proteinquelle enthält. Sofern Ihr Welpe Tofu annimmt, können Sie kleine Stückchen davon als Belohnung einsetzen.

- Kohlenhydratreiches Futter (Reis, Kartoffeln, Hafer, Gerste – kein Mais!) enthält zwar weniger Tryptophan als Fleisch, allerdings ist das Verhältnis Tryptophan zu Tyrosin besonders günstig. Was noch wichtiger ist: Kohlenhydrate führen zur Ausschüttung von Insulin. Das Insulin wiederum zieht große Aminosäuren zu den Muskeln. Tryptophan ist anders gebaut als andere Aminosäuren und von dieser Umleitung weniger stark betroffen. Daher gibt es weniger Konkurrenz für das Tryptophan an der Blut-Gehirn-Schranke, und in Folge kann mehr Tryptophan ins Gehirn kommen und zu Serotonin umgewandelt werden. Gerade bei der Fütterung ängstlicher und nervöser Welpen kann es also durchaus hilfreich sein, ein Futter zu wählen, das nicht nur Fleisch und Gemüse, sondern auch Kohlenhydrate enthält.

- Wer kein Fertigfutter anbietet, sondern frisches Futter selbst zusammenstellt, kann außerdem versuchen, die Kohlenhydratration zwei bis drei Stunden nach der Proteinration zu füttern und dieser 1mg Vitamin B6 per Kilogramm Körpergewicht hinzuzufügen. Laut James O'Heare soll so der größtmögliche Erfolg erzielt werden können.

Nehmen Sie den Speiseplan Ihres Welpen genau unter die Lupe! Enthält dieser Mais oder keine Kohlenhydratquelle? Dann versuchen Sie's mit einer trainingsunterstützenden Futterumstellung: maisfrei, mit hochwertigen Proteinquellen und einer Kohlenhydratquelle. Der entsprechende Effekt lässt sich sowohl mit Fertigfutter wie auch mit selbst zubereiteten Mahlzeiten erreichen. Selbstverständlich ersetzt eine Futterumstellung weder Training noch Sozialisierung, doch kann sie durchaus unterstützend wirken. Wie sehr ein bestimmter Welpe tatsächlich darauf anspricht, ist individuell. Manche Halter beobachten keinen Unterschied, andere merkliche Veränderungen im Verhalten. Einen Versuch ist es auf jeden Fall wert.

Nahrungsergänzungsmittel

Wer den Speiseplan seines Hundes nicht umstellen möchte oder damit keinen Erfolg hat, kann diesem stattdessen ein rezeptfreies Nahrungsergänzungsmittel hinzufügen, das ebenfalls angstsenkend wirkt. Zwei gängige Produkte, die ich und meine Klienten mit unterschiedlichem Erfolg bereits angewendet haben, sind Alpha-Casozepin (im Handel als Zylkène erhältlich) und 5-HTP.

Alpha-Casozepin

Alpha-Casozepin wird durch Aufspaltung des Milcheiweißes Caseins durch das Enzym Trypsin gewonnen. Dabei handelt es sich um jenen Stoff, dem Wissenschaftler die beruhigende Wirkung von Muttermilch auf neugeborene Welpen zuschreiben: Er entsteht im Darm des neugeborenen Welpen selbst, wo das Casein der Mutterhündin ebenfalls in Alpha-Casozepin aufgespalten wird. Ausgewachsene Hunde sind nicht mehr in der Lage, Milcheiweiß in Alpha-Casozepin aufzuspalten, wodurch Milchprodukte auf erwachsene Hunde keine beruhigende Wirkung mehr haben. Der Wirkstoff Alpha-Casozepin hingegen hat denselben Effekt auf erwachsene Hunde wie auch Welpen – allerdings müssen wir ihn der Nahrung im bereits aufgespaltenen Zustand hinzufügen.

Alpha-Casozepin ist unter dem Produktnamen Zylkène im Handel erhältlich und wird in der Regel gut vertragen. Die Kapseln lassen sich leicht öffnen und das Pulver über das Futter streuen. Teilen Sie Ihr Leben mit einem ängstlichen Welpen, probieren Sie das Produkt aus – es hat keinerlei Nebenwirkungen und kann auch längerfristig verabreicht werden. Manche Klienten und Kollegen wenden Alpha-Casozepin erfolgreich an und beobachten eine positive Verhaltensveränderung ihres Hundes. Andere wiederum sehen keinerlei Unterschied. Probieren Sie das Produkt über zwei Wochen aus. Wenn es für Ihren Hund Wirksamkeit zeigt, sollte diese spätestens nach zwei Wochen sichtbar sein. Mehrere Studien zur Wirksamkeit von Alpha-Casozepin weisen darauf hin, dass das Mittel Nervosität bei Hunden leicht reduzieren kann. Wie bei allen natürlichen Ergänzungsmitteln gilt, dass es wirksam sein kann, aber nicht muss, und dass es weder Training und Sozialisierung ersetzt noch hochgradige Panik bekämpfen kann.

Tryptophan und 5-HTP

Im Kapitel zur Ernährung eines stressanfälligen Welpen ist uns die Aminosäure Tryptophan bereits begegnet. Wir haben uns damit beschäftigt, dass sie sich positiv auf das Nervenkostüm auswirken kann, wenn wir sicherstellen, dass die Anzahl von Tryptophan-Molekülen, die die Blut-Hirn-Schranke überwinden, maximiert wird – und wir wissen auch, dass das gar nicht so einfach ist, da Tryptophan mit anderen Aminosäuren um Einlass konkurriert. Die Zusammensetzung der Nahrung spielt dabei eine wichtige Rolle.

Nun gibt es auch die Möglichkeit, nicht nur den Speiseplan eines ängstlichen Welpen zu manipulieren, sondern Tryptophan oder 5-Hydroxytryptophan (5-HTP) zu supplementieren. Bei Tryptophan handelt es sich um eine Aminosäure. Diese wird erst zu 5-HTP und dann weiter in Serotonin umgewandelt. Serotonin ist ein Neurotransmitter, der Zufriedenheit und Glücksgefühle auslösen kann und das Stressempfinden dämpft. Sowohl Tryptophan als auch 5-HTP sind als rezeptfreie Nahrungsergänzungsmittel erhältlich. Die Kapseln können geöffnet und das Pulver übers Futter gestreut werden.

„Wenn ich erregt bin, gibt es nur ein Mittel, mich völlig zu beruhigen: Essen."

(Oscar Wilde)

Wenn wir Tryptophan supplementieren, ergibt sich dieselbe Schwierigkeit wie beim Versuch, tryptophanhaltige Futtermittel zu wählen: Die Aminosäure konkurriert mit anderen Aminosäuren an der Blut-Hirn-Schranke. Wenn wir der Nahrung hingegen 5-HTP, das sich bereits einen Schritt näher am Neurotransmitter Serotonin befindet, hinzufügen, kann die Blut-Hirn-Schranke problemlos überwunden werden. 5-HTP hat für Menschen eine Halbwertszeit von nur vier Stunden und erreicht seine maximale Konzentration in einer bis zwei Stunden. Weil es leicht und schnell in Serotonin umgewandelt werden kann, warnt Verhaltenstierärztin und Autorin Karen Overall vor dem Risiko, das Serotonin-Syndrom hervorzurufen.

Es wird vermutet, dass 5-HTP Depressionen bei Menschen und anderen Tieren lindern kann. Die bisherigen Studien, die an Nagern, Hunden und Menschen durchgeführt wurden, sind jedoch nicht aussagekräftig.

In Absprache mit einem Tierarzt kann der Versuch einer 5-HTP oder Tryptophan-Supplementation durchaus sinnvoll sein. Als ich mit Phoebe in die USA geflogen bin, habe ich ihr etwa eine Woche vor Abflug bis mehrere Tage nach dem Flug 5-HTP gegeben. Sie hat den langen Flug ganz ausgezeichnet überstanden, doch ob das am 5-HTP, an meinem langjährigen Boxentraining oder einer Kombination beider Faktoren liegt, kann ich nicht sagen.

Homöopathische Mittel

Wer mit Angst zu kämpfen hat – ganz gleich, ob Mensch oder Hund – wird früher oder später der Empfehlung begegnen, es mit Homöopathie zu versuchen. Ihrer Definition nach sind homöopathische Mittel so stark verdünnt, dass kein einziges Molekül der ursprünglichen Substanz darin nachgewiesen werden kann. Die entsprechenden Mittel erfreuen sich wachsender Beliebtheit, vor allem bei psychischen Problemen von Mensch und Tier. Erhältlich sind sie in Form von Keksen, Globuli und Tropfen. Zahlreiche wissenschaftliche Studien zu deren Wirksamkeit wurden durchgeführt; bisher gibt es keine im Peer-Review-Verfahren publizierten Forschungsergebnisse, die auf eine Wirksamkeit von Homöopathie hindeuten. Ich empfehle daher, es mit einem der anderen vorgestellten Produkte zu versuchen, wenn Ihr Welpe Furcht zeigt.

Pheromone

Neben Nahrungsergänzungsmitteln gibt es auch die Möglichkeit, ängstliche Welpen mittels Pheromonen zu unterstützen. Pheromone sind chemische Signale, über die Tiere miteinander kommunizieren können. Eines der Pheromone des Hundes wird als Dog Appeasing Pheromone (DAP) bezeichnet. Es wird von säugenden Mutterhündinnen verströmt, weist den Welpen den Weg zur Milch und hat einen beruhigenden Effekt.

Dieses beruhigende Pheromon kann chemisch nachgebaut werden und ist als Halsband, Spray und Verdampfer (wird in die Steckdose gesteckt wie ein Gelsenstecker) erhältlich. Das Halsband sieht aus wie ein Parasitenhalsband, wirkt laut Hersteller vier Wochen und wird eng an der Haut anliegend um den Hundehals gelegt. Die Körperwärme des Hundes aktiviert die Abgabe der beruhigenden Pheromone. Das Spray kann auf Hundebetten, Boxen, im Auto oder in einer neuen Umgebung (Innenraum) angewendet werden, und der Pheromonstecker kann zur dauerhaften Behandlung von Innenräumen eingesetzt werden. Alle drei Produkte sind unter dem Handelsnamen Adaptil im deutschsprachigen Raum erhältlich.

Einige Klienten und Kollegen berichten, dass sie mit dem Einsatz von synthetischen Pheromon-Produkten positive Verhaltensänderungen bei ihren Hunden beobachtet haben; andere beobachteten keinen Unterschied. Ich selbst habe ein Adaptil-Halsband für den ersten Monat im Zusammenleben mit meinem Tierschutz-Greyhound ausprobiert, hatte allerdings den Eindruck, dass seine Fortschritte am Training, nicht am Halsband lagen. Die Wirksamkeit natürlicher Pheromone ist bestätigt; das Problem mit synthetischen Produkten ist, dass deren chemische Struktur bisher nicht in der wissenschaftlichen Literatur dargelegt wurde. Die Vermutung liegt nahe, dass diese nicht mit der Struktur des beruhigenden Pheromons der Mutterhündin identisch ist, was die Wirksamkeit in Frage stellt. Es gibt bisher keine im Peer-Review-Verfahren publizierten Studien, die die Wirksamkeit nachweisen.

Thundershirt

Das Thundershirt ist ein eng am Körper anliegender Mantel für Hunde. Durch gleichmäßigen leichten Druck auf den Körper soll er zur Entspannung der Muskeln des ängstlichen Hundes führen. Derselbe Effekt wird Massagen, die auf gleichmäßigem Druck basieren, zugeschrieben. Mehrere unabhängige Experimente weisen darauf hin, dass das Thundershirt tatsächlich zur Stressreduktion bei nervösen Hunden führen kann. Allerdings wurden meinen Recherchen zufolge die Einschätzungen entweder von Besitzern vorgenommen (subjektiv), oder es gab keine Kontrollgruppe. Auch für das Thundershirt gibt es bisher keine aussagekräftige, im Peer-Review-Verfahren publizierte Studie. Falls Ihr Hund dazu neigt, sich auch unter Massagen mit sanftem Druck zu entspannen, könnte das Thundershirt aber durchaus einen Versuch wert sein. Meine Schwiegermama in spe schwört darauf, dass es die Lebensqualität ihres gegenüber Menschen nervösen und sturmphobischen Border Collies merklich verbessert habe.

Psychopharmakologische Unterstützung

Ein Welpe ist noch kein „fertiger" Hund, und nicht nur sein Körper, sondern auch sein Gehirn und Hormonhaushalt sind bis zum Erwachsenwerden ständig im Umbau begriffen. Mal sind die Dinge im Gleichgewicht, dann wieder nicht – ganz wie bei unseren eigenen Kindern und Jugendlichen. Medikamentös in den Neurotransmitter-Haushalt eines jungen Gehirns einzugreifen sollte daher nur dann in Erwägung gezogen werden, wenn Stress oder Angst des jungen Hundes in Alltagssituationen so groß sind, dass es ihm unmöglich ist, von einem gut durchdachten, kleinschrittigen Verhaltensmodifikations- oder Sozialisierungsprotokolls zu profitieren. Da das bei Welpen nur in Ausnahmefällen der Fall ist, bitte ich den Leser, erst einen kompetenten Trainer mit Verhaltensschwerpunkt zu Rate zu ziehen, bevor auf Medikamente zurückgegriffen wird.

Dennoch gibt es Extremfälle, in denen Medikamente notwendig sind, um den Welpen in einen aufnahmefähigen Zustand zu versetzen, der ihm erlaubt, positive Lernerfahrungen zu sammeln. Greift die Verhaltenstherapie allein nicht beziehungsweise spricht der Welpe auch unter erfahrener Anleitung nicht auf die Sozialisierungsprotokolle an, sollten Sie einen Tierarzt mit Verhaltensschwerpunkt aufsuchen. Im Idealfall schließen sich Trainer, Tierarzt und Halter kurz, um die optimale medikamentöse und trainingsbasierte Intervention für den individuellen Hund zu finden. Medikamente können helfen, den Stresshormonpegel auf ein Level zu senken, das dem Welpen erlaubt, positive Erfahrungen zu sammeln und im Langzeitgedächtnis abzuspeichern. Im Idealfall können die Medikamente, wenn der Welpe erst einmal wichtige Lernerfahrungen gemacht hat, wieder ausgeschlichen werden. Medikamente ersetzen weder Training noch Sozialisierung, können diesen aber den Weg ebnen.

Falls Sie in Absprache mit Trainer und Tierarzt entschieden haben, Ihren Welpen medikamentös zu unterstützen, werden Sie meist Antidepressiva oder Anxiolytika (Beruhigungsmittel) erhalten, die auch in der Humanmedizin eingesetzt werden. Je nach Medikament wirken diese Mittel auf den Serotonin-, Dopamin-, Noradrenalin- und/oder GABA-Haushalt, was zu größerer Entspannung und Stresstoleranz führt. Macht es Sie nervös, Ihrem Tier Psychopharmaka zu verabreichen, lassen Sie sich von Ihrem Tierarzt genau erklären, wie das entsprechende Mittel wirkt, und vereinbaren Sie einen Folgetermin, zu dem Sie wieder mit Tierarzt und Trainer zusammenkommen, um zu entscheiden, ob die Behandlung fortgesetzt werden soll oder Anpassungen an der Dosis vorgenommen werden müssen. Es kann auch helfen, mitzuschreiben, wie sich das Verhalten Ihres Hundes entwickelt. Das Mitschreiben stellt sicher, dass Ihnen selbst kleine positive Änderungen, an denen Sie sich freuen können, aber auch Änderungen im Energielevel, Appetit oder Charakter Ihres Welpen nicht entgehen. Achtung: Viele Antidepressiva brauchen mehrere Wochen, bevor eine Wirkung festgestellt werden kann.

Im Alter von dreieinhalb Monaten war klar, dass mein neuer Pflege-Hütehundmischling Balu ein Problem hatte: Sobald er Schatten oder Lichtreflexe auf dem Parkettboden entdeckte, versuchte er, diese zu fangen. Er scharrte am Boden, winselte und versuchte, in den Boden zu beißen – und das minutenlang, immer wieder, den ganzen Tag. Danach hechelte er stark und wirkte gestresst und erschöpft. Obwohl mir viele dazu rieten, die vermeintliche Zwangsstörung umgehend mit Medikamenten behandeln zu lassen, bevor diese schlimmer würde, wollte ich, da es sich um einen jungen Hund handelte, nicht gleich zur Chemiekeule greifen. Unter der Anleitung meiner auf diesem Gebiet erfahrenen Kollegin Nicole Pfaller-Sadovsky ging ich probehalber davon aus, dass es sich um ein operantes Verhalten handle, und manipulierte die Konsequenzen und Rahmenbedingungen auf unterschiedlichste Art. Mit einem zweiwöchigen Ortswechsel in Kombination mit nicht-kontingenter Verstärkung, das heißt in unserem Fall mit ständigem freien Zugang zu Verstärkern, hatten wir schließlich überraschend Erfolg: Balu ist mittlerweile fast zwei Jahre alt, und das vermeintliche Zwangsverhalten ist völlig verschwunden – ganz ohne Medikamente.

Ein Blick nach vorne

Die Welpenzeit vergeht wie im Flug – besonders, wenn man jede Menge Sozialisierungserfahrungen nachholen muss. Bald schon wird Ihr Welpe zum Junghund und dann zum erwachsenen Hund heranreifen. Gehirn und Verhalten sind nun bei Weitem nicht mehr so flexibel wie beim Welpen, und Verhaltensmodifikationen und das Ändern emotionaler Assoziationen sind mit größerem Zeitaufwand verbunden als bisher. Haben Sie Ihrem Welpen vor Vollenden des vierten Lebensmonats geholfen, sich mit fremden Menschen, Kindern, Hunden, Geräuschen und Berührungen wohlzufühlen? Ist Ihr viermonatiger Welpe ein unbeschwertes Hundekind geworden, das sich über jeden zwei- und vierbeinigen Besucher freut und gerne überall mit dabei ist? Gratuliere. Sie haben die vergangenen Wochen optimal genutzt. Mit Ihrer Hilfe hat Ihr Hundekind das in den ersten Lebenswochen Versäumte nachgeholt. Bald wird Sie die Jugendzeit vor neue Herausforderungen stellen, doch von dem Fundament an Vertrauen und Optimismus, das Sie gelegt haben, wird Ihr Hund ein Leben lang zehren.

„Das Entwicklungsfenster, das sich im Alter von drei Monaten schließt, kann nie wieder […] geöffnet werden."

(Gayle Watkins, Züchterin, *Avidog* International LLC)

Was aber, wenn Sie allen Protokollen gefolgt sind, mit einem kompetenten Trainer gearbeitet und viele, viele Stunden investiert haben – und doch ist Ihr Welpe mit vier Monaten immer noch ängstlich, schreckhaft, reaktiv? Versteckt sich vor Besuchern, verbellt Hunde auf der Straße, wirkt ständig nervös? Haben Sie versagt? Nein. Sie haben Ihr Bestes getan – und darauf kommt es an. Jede positive Erfahrung, die Sie Ihren Welpen in der kritischen Sozialisierungsphase machen lassen, hilft ein kleines bisschen. Selbst wenn Ihr Welpe immer noch nicht wie ein ausgeglichenes und selbstbewusstes Hundekind wirkt, fühlt er sich in seiner Haut mit großer Wahrscheinlichkeit wohler, als wenn Sie nicht mit ihm gearbeitet hätten. Doch tragen viele Faktoren dazu bei, wie sich ein hochsensibler Welpe entwickelt: seine Rasse und genetische Veranlagung, der Stress der Mutterhündin vor der Geburt, die Erfahrungen, die er, bevor Sie ihn bei sich aufgenommen haben, gemacht hat … Viele dieser Faktoren können Sie nicht beeinflussen, und ein Frühförderungsprogramm, das einen Welpen sämtliche Verhaltensdefizite aufholen lässt, hilft einem anderen zwar ein wenig, „kuriert" diesen aber nicht. Jeder Hund ist anders. Sie können immer nur ihr Bestes tun – und das haben Sie getan. Sie haben Ihre Sache gut gemacht.

Wenn Sie nun aber feststellen, dass Ihr Welpe vielleicht nie so unkompliziert und selbstsicher sein wird, wie Sie sich das gewünscht hätten, verzagen Sie nicht. Auch für erwachsene Hunde gibt es zahlreiche Protokolle, die ihnen dabei helfen können, sich besser in der Welt zurechtzufinden. Gezieltes Desensibilisieren und Gegenkonditionieren kann helfen, und es ist sogar möglich, Angstauslöser zu Signalen für wünschenswerte Verhaltensweisen zu machen, wie wir es bereits im „Guck mal da"-Spiel gemacht haben. Im Anhang finden Sie eine Liste von Büchern, die Sie dabei unterstützen, mit Ihrem erwachsenen Hund zu arbeiten. Näher auf diese Themen einzugehen würde den Rahmen dieses Buches sprengen, doch möchte ich Ihnen kurz aufzeigen, wie abwechslungsreich und interessant Ihre gemeinsame Zukunft aussehen kann – selbst mit einem reaktiven, ängstlichen oder hochsensiblen erwachsenen Hund. Schwierigkeiten, sich in der Welt zurechtzufinden, heißt nicht, dass Ihr Hund keinen Spaß haben kann – und selbst einer Hundesportkarriere muss nichts im Wege stehen. Ich selbst habe Freunde, die mit ihren „nicht ganz einfachen" Hunden sportlich aktiv und erfolgreich sind. Man muss nur wissen, wie!

Hundesport für Angsthasen

Viele Menschen entscheiden sich darum für einen Hund, weil sie auf der Suche nach neuen Hobbys sind: Sie möchten Hundesport ausprobieren oder wünschen sich einen vierbeinigen Freizeitpartner. Es kann ganz schön enttäuschend sein, wenn es aussieht, als würde Ihr neues Familienmitglied nie an einen Punkt kommen, an dem es sich in einem Gruppenkurs oder gar auf einem Turnier wohl fühlt.

Doch keine Sorge – es ist möglich, auch fern der Hektik mit Ihrem Hund zu trainieren, Neues zu lernen, Spaß zu haben und sogar sportliche Prüfungen abzulegen. Und nicht nur das: Manche Sportarten können sogar zur Entwicklung eines größeren Selbstbewusstseins Ihres Hundes beitragen! Erinnern Sie sich an die Übungen, die Sie im Welpentrainingskapitel kennengelernt haben? Manch eine dieser Empfehlungen hat bereits die Grundlage dafür gelegt, im Hundesport aktiv zu werden: Welpenparcours schulen das Körperbewusstsein und liefern die Grundlage für Agility. Schnüffelspiele lehren Ihren Welpen, die Nase einzusetzen, was eine spätere Mantrailing- oder Nasenarbeitskarriere erleichtert. Freies Formen liefert eine ideale Grundlage für Tricktraining – und nicht nur das: auch Begleithundesport- und Obedience-Übungen sowie Dog Dancing lassen sich mithilfe von freiem Formen lehren! Wenn Ihr Welpe erst einmal ausgewachsen ist, gibt es außerdem neue Möglichkeiten: Jetzt ist er auch für Ausdauersport bereit, was ebenfalls einen positiven Effekt auf sein Verhalten haben kann.

Alternativen zum Gruppenkurs

Wäre Ihr reaktiver Hund mit Gruppenkurs-Situationen überfordert, so finden Sie einen Trainer, der Einzelstunden anbietet. Ganz gleich, ob Sie Dog Dancing, Obedience, Agility oder Tricktraining ausprobieren wollen – die meisten Trainer, die Gruppenstunden anbieten, geben auch Einzelunterricht. Erklären Sie schon beim Buchen der ersten Stunde, dass Sie eine Zeit bevorzugen würden, zu der am Hundeplatz oder in der Halle wenig los ist, sodass Ihr Hund nicht von anderen Hunden überrascht wird.

Eine weitere Alternative zu Gruppenkursen ist Online-Unterricht. Im englischsprachigen Raum bereits sehr verbreitet ist es nur eine Frage der Zeit, bis auch deutschsprachiges Coaching übers Internet angeboten wird. Qualitativ hochwertigen Online-Unterricht mit individualisiertem Feedback und der Möglichkeit, Videos einzureichen, bieten folgende Institutionen:

- Fenzi Dog Sports Academy (www.fenzidogsportsacademy.com) – sechswöchige Kurse in Obedience, Agility, Rally Obedience, Nasenarbeit, Tracking, Shaping, Dog Frisbee, Dog Parkour, allgemeine Hundesportgrundlagen, spezielle Kurse für reaktive Hunde und vieles mehr.

- Karen Pryor Academy (https://www.karenpryoracademy.com) – Dog Dancing (Canine Freestyle), Intelligent belohnen (SMART Reinforcement), Hundesportgrundlagen.

- Susan Garrett (http://www.susangarrett.com) – Agility, Welpen, Grundlagen für eine gute Beziehung, Spaß und Hundesport.

- Lolabuland (http://www.lolabuland.com) – Agility, Tricks, Welpen.

- Do More With Your Dog (http://domorewithyourdog.com) – Tricktraining. Facebook-Gruppen mit Gratis-Coaching.

Wer Spaß am Sport mit dem Hund hat, aber keinen Punkt erreicht, an dem der Hund mit der hektischen Turnieratmosphäre im echten Leben klarkommen würde, hat auch die Möglichkeit, online Prüfungen abzulegen. Folgende Organisationen bieten die Möglichkeit, Videos einzureichen, um ein Zertifikat zu erhalten:

- Fenzi Team Titles (http://fenziteamtitles.com) – Obedience.

- The Virtual Agility League (http://teamworksdogtraining.org/VirtualAgilityLeague/VALOR_home.html) – Agility.

- International Dog Parkour Association (http://www.dogparkour.org) – Dog Parkour.

- Cyber Rally Obedience (http://www.cyberrally-o.com) – Rally Obedience, Dog Dancing.

- The Non Competitive Obedience Association (http://www.frontierrots.com/nco.htm) – Obedience.
- Do More With Your Dog (www.domorewithyourdog.com) – Trickprüfungen.

Sie sehen, es gibt zahlreiche Möglichkeiten, mit Ihrem Hund aktiv zu werden – selbst wenn ein herkömmlicher Gruppenkurs nicht das Richtige für ihn ist.

Hundesport für größere Selbstsicherheit

Zum Abschluss möchte ich Ihnen noch ein paar Hundesportarten vorstellen, die sich besonders gut für den Aufbau eines stärkeren Selbstbewusstseins eignen. Manche können schon im Welpenalter begonnen werden, andere erst, wenn der Hund körperlich ausgewachsen ist. Je nachdem, womit Ihr Hund Schwierigkeiten hat, eignen sich manche Sportarten besser als andere.

Dummytraining, Nasenarbeit, Sportfährte und Mantrailing

Aktivitäten, bei denen Ihr Hund seine Nase einsetzen muss, eignen sich in der Regel hervorragend, um Selbstvertrauen aufzubauen – Ihr Hund stellt fest, dass er Fähigkeiten hat, die Sie nicht besitzen! –, und machen herrlich müde, ohne aufzuputschen. Besonders für gestresste Hunde ist dieser letzte Faktor sehr wichtig. Anders als temporeiche Aktivitäten wie Agility steigern Aktivitäten, die den konzentrierten, wohlüberlegten Einsatz der Nase erfordern, den Stresshormonpegel nicht noch weiter und eignen sich daher besonders gut. Sie können sogar schon im Welpenalter damit beginnen.

Das Dummytraining kommt aus der Jagdhundeausbildung. Dabei hat der Hund die Aufgabe, eine zuvor versteckte Attrappe (diese steht für ein vom Jäger geschossenes Tier) zu finden und zu apportieren – ähnlich wie bei der Spielzeugsuche, die Sie bereits mit Ihrem Welpen gespielt haben. Dummyarbeit lässt sich ausgezeichnet in den täglichen Waldspaziergang einbauen und bietet nervösen oder hyperaktiven Hunden eine Möglichkeit, ihre übersprudelnde Energie auf eine konkrete Aufgabe zu konzentrieren.

Nasenarbeit erfreut sich in den USA bereits großer Beliebtheit. Die Sportart ist den Aufgaben von Drogenspürhunden nachempfunden – nur dass Ihr Hund dabei nicht lernt, Marihuana, sondern ätherische Öle zu finden und von anderen Gerüchen zu unterscheiden. Nasenarbeitsspiele lassen sich selbst im Haus mit wenig Aufwand und geringem Platzbedarf

Schon im Welpenalter kann mit Dummyarbeit begonnen werden!

umsetzen und erfordern keinen Helfer: Sie lassen Ihren Hund in einem anderen Raum, verstecken eine Metalldose mit einigen in ein ätherisches Öl getauchten Wattestäbchen in einem von mehreren Kartons oder an einem beliebigen Ort in Ihrer Wohnung – und schicken Ihren Hund dann auf die Suche! Wird er fündig, zeigt er Ihnen den Fund an wie ein Drogenspürhund dem Kommissar.

Auf der Sportfährte lernen Hunde wie der Golden Retriever auf dem Foto, mit der Nase dicht am Boden ganz genau einer Spur zu folgen und eine Reihe Gegenstände anzuzeigen, die der Fährtenleger unterwegs „verloren“ hat.

Beim Mantrailing hingegen sucht der Hund ähnlich wie in der Rettungs- oder Polizeihundearbeit eine versteckte Person. Diese geht in der Regel an jener Stelle weg, an der der Hund später angesetzt wird, biegt mehrmals um die Ecke und versteckt sich schließlich. Dem Hund wird ein nach der versteckten Person riechender Gegenstand gezeigt, und dann macht er sich auf die Suche und verfolgt die Spur

Einige Minuten konzentrierter Fährtenarbeit machen mindestens so müde wie ein langer Spaziergang!

des Menschen. Wird er fündig, bekommt er jede Menge Kekse vom „Vermissten"! Anders als auf der Sportfährte geht es im Mantrailing nicht darum, jedem Winkel mit der Nase am Boden genau zu folgen, sondern darum, die Zielperson zu finden. Für Hunde, die gegenüber Fremden unsicher sind, eignet sich diese Sportart ganz besonders: Der Hund lernt, dass das Aufspüren fremder Menschen, die hinter Autos oder Bäumen kauern, kein bisschen unheimlich ist, sondern großen Spaß macht – ein gewaltiger Booster für das Selbstvertrauen des Vierbeiners!

Sämtliche Nasen-Sportarten können bereits im Welpenalter begonnen werden, da Sie keine große körperliche Belastung darstellen.

Tricktraining, Begleithundesport und Obedience

Auch für Tricktraining gibt es keinerlei Altersbeschränkungen. Vielleicht haben Sie sogar schon mit Ihrem Welpen damit begonnen? Besonders, wenn Sie freies

Formen zum Training einsetzen, steigern Sie Kreativität und Selbstbewusstsein Ihres Vierbeiners: Er lernt, dass er selbst es ist, der den Click hervorruft, indem er Dinge ausprobiert! Auch fürs Tricktraining brauchen Sie weder viel Platz noch einen Helfer. Sie können in den eigenen vier Wänden üben und Ihren empfindlichen Vierbeiner, wenn Sie freies Formen einsetzen, um seine grauen Zellen in Schwung zu bringen, innerhalb kürzester Zeit müde machen, ohne ihn aufzuputschen. Dabei sind Ihrer Phantasie keine Grenzen gesetzt: Angefangen bei einfachen Tricks wie dem Beinslalom oder den Grundkommandos können Sie sich zu komplexen Verhaltensketten à la „Bring mir ein Bier aus dem Kühlschrank!" oder „Räum dein Spielzeug weg!" in die höchste Liga clickern!

Auch sämtliche Übungen aus Begleithundesport und Obedience lassen sich als Tricks aufbauen. Ich sehe im gemeinsamen Training mit meinen Vierbeinern Fußgehen, Vorsitzen und Apportieren ganz einfach als präzise Tricks. So stelle ich sicher, dass immer der gemeinsame Spaß an erster Stelle steht. Wenn etwas nicht so klappt, wie ich mir das wünsche, ist das kein Grund zum Ärgern, sondern ein Trainingsrätsel, das mich neue kreative Wege finden lässt, dem Hund seine Aufgabe zu erklären. Wenn wir Obedience-Übungen wie Tricks aufbauen, den Spaß im Auge behalten, Langeweile und zu viele Wiederholungen vermeiden und die Aufgaben mit Spiel und Spaß verbinden, bereiten sie Hund und Mensch große Freude und beeindrucken jeden Zuschauer: Mit Shapingtechniken, Motivation und Belohnungen aufgebautes Obedience ergibt das Bild eines herrlich motivierten Hundes an Ihrer Seite.

Anders als die bisherigen Tipps sollten die folgenden beiden sportlichen Aktivitäten erst mit körperlich ausgewachsenen Hunden und keinesfalls unter einem Jahr durchgeführt werden.

Ausdauer- und Zughundesport

Regelmäßige gleichmäßige Ausdauerbewegung kann einen ähnlichen Effekt auf das Gehirn haben wie trizyklische Antidepressiva: Ausdauersport führt zur Ausschüttung von Serotonin, Noradrenalin und Endorphinen – das beruhigt, entspannt und macht glücklich.

Wie viel tägliche Bewegung ideal ist, hängt von rassespezifischen Bedürfnissen und von der körperlichen Verfassung Ihres Hundes ab. Ein Husky oder Hütehund braucht natürlich wesentlich mehr Bewegung als eine Englische Bulldogge. Wie beim Menschen gilt, dass ein neues Trainingsprogramm nicht von null auf hundert begonnen, sondern langsam und kleinschrittig gesteigert werden sollte. Langes Laufen sollte nur mit ausgewachsenen Hunden durchgeführt werden. Kleine und mittelgroße Rassen können im Alter von etwa einem Jahr damit beginnen, große und sehr große Rassen erst später.

Auch im Ausdauersport gibt es mittlerweile zahlreiche Möglichkeiten: Sie können gemeinsam lange Wanderungen durchführen oder regelmäßig mit Ihrem Hund Laufen oder Radfahren gehen. Auch Zughundesport erfreut sich wachsender Beliebtheit: Beim Canicross trägt der Hund ein spezielles Zuggeschirr und ist über einen flexiblen Hüftgurt mit seinem laufenden Besitzer verbunden. So bewegt sich das Team mit bis zu dreißig Stundenkilometern durchs Gelände. Im deutschsprachigen Raum gibt es mittlerweile einige Gruppen und Vereine, die sich zum gemeinsamen Training treffen und auch Wettkämpfe organisieren. Auch beim Bikejöring und Skooterjöring trägt der Hund ein spezielles Zuggeschirr. Dieses ist allerdings nicht direkt mit dem Menschen, sondern mit dessen Fahrrad oder Skooter verbunden, die vom Hund gezogen werden. Auch diese beiden Sportarten erfreuen sich in Europa wachsender Beliebtheit und werden im Gelände, über Stock und Stein betrieben. Es ist auch möglich, zwei Hunde vor ein Fahrrad oder einen Hundeskooter zu spannen.

Agility

Auch die beliebte Hundesportart Agility lässt sich mit etwas Phantasie für Hunde adaptieren, die nicht mit Artgenossen und Trubel auskommen: Statt Gruppenunterricht können Einzelstunden genommen oder Online-Kurse belegt werden, und vielleicht lässt sich sogar das eine oder andere Gerät für den eigenen Garten erwerben. Wie die im Spiele-Kapitel vorgestellten Welpenparcours steigert auch Agility Körpergefühl und Selbstvertrauen, indem der Hund lernt, Hindernisse

Agility schult das Körpergefühl und kann Mensch und Hund großen Spaß machen.

zu überwinden, durch dunkle Tunnel zu laufen, über den Steg zu balancieren und mit sich bewegenden Untergründen wie der Wippe zurechtzukommen. Hund und Halter lernen, selbst in hoher Geschwindigkeit aufeinander zu achten und miteinander zu kommunizieren, was nicht nur großen Spaß macht, sondern auch die Beziehung stärkt.

Anders als die bisher vorgestellten Sportarten putscht Agility stark auf – es wird nicht ausdauernd gelaufen oder konzentriert nachgedacht, sondern kurz und schnell viel Energie verbraucht, häufig gefolgt von einem wilden Zerrspiel zur Belohnung. Im Gegensatz zu Ausdauersport können kurzzeitige Sprints in Maximalgeschwindigkeit, wie sie beim Jagen von Bällen oder Agility vorkommen, eine körperliche Reaktion hervorrufen, die jener bei Distress (negativem Stress) entspricht: Hier wird zum Beispiel die Noradrenalinausschüttung gehemmt. Dabei sollten wir allerdings nicht pauschalisieren. Temporeiche, aufregende Aktivitäten sind nicht automatisch schlecht. Was sich auf ein Individuum, gleich ob Mensch oder Hund, als Distress auswirkt, hängt von zahlreichen Faktoren wie der genetischen Veranlagung und davon ab, wie das Individuum eine Situation wahrnimmt: als herrliche Herausforderung oder als Leistungsdruck? Probieren Sie einfach aus, wie Ihr Hund auf regelmäßiges Agilitytraining reagiert, und entscheiden dann, ob diese Sportart die richtige für Ihr Team sein könnte.

Nachwort: Eine neue Herausforderung auf vier Beinen

Auch bei mir steht der Einzug eines neuen Welpen kurz bevor: Ein Welpe, in den ich Hoffnungen und Erwartungen setze, mit dem gemeinsam ich Neues ausprobieren, wachsen, lernen und sportliche Erfolge feiern möchte.

Die Entscheidung, welche Rasse es diesmal sein sollte, ist mir alles andere als leicht gefallen: Ich wollte einen Welpen, der nicht nur ungefähr, sondern möglichst genau so aufwächst wie Cordulas „Kalalassie's"! Doch wollte ich keinen Kurzhaarcollie, sondern einen intensiveren Sporthund; keinen Allrounder, sondern einen Experten; einen Hund, den ich eher bremsen als motivieren würde müssen. So ist dann die Entscheidung für meine Malinois-Hündin Grit gefallen, die Anfang November 2016 bei mir einziehen wird – wenn dieses Buch veröffentlicht wird, haben Grit und ich vermutlich schon einiges miteinander erlebt, uns gegenseitig regelmäßig den letzten Nerv geraubt und dann wieder versöhnt. Malinois sind keine einfachen Hunde, und genau das ist ein Teil des Reizes, den sie auf mich ausüben. Ich mag herausfordernde Vierbeiner – mein Leben dreht sich um sie.

Grits Welpenstube ist gut, wenn sie sich auch nicht mit meinen Idealvorstellungen deckt. Mir ist kein einziger Malinois-Züchter bekannt, der dem völlig entsprechen würde, doch Grits Züchter gehört zu den besten und erfahrensten seiner Rasse.

Anders als Phoebe und Fanta wird Grit in der niederösterreichischen Pampa in unserem neuen Haus mit Garten groß werden, ohne U-Bahn-Fahrten und Wiener Tumult. Trotzdem wünsche ich mir einen nervenstarken Hund, der sich auch unter großer Ablenkung, so etwa später auf Seminaren und Turnieren, auf mich konzentrieren kann.

Danke, Heini, dass Du mir meine kleine Rabaukin anvertraust! Ich verspreche Dir, ihr ein gutes und arbeitsreiches Zuhause zu bieten.

Literaturempfehlungen und nützliche Ressourcen

Facebook

Nur Mut! Lese- und Arbeitsgruppe. Community für Menschen mit schwierigen Welpen, moderiert von Chrissi Schranz: www.facebook.com/groups/391176941269928

Verhalten und Verhaltensmodifikation

Clix Noises & Sounds CD. For the Treatment and Prevention of Sound Phobias in Dogs. CD.

Larlham, Emily. Reactivity: A Program for Rehabilitation. DVD. Tawzer Dog, 2016.

McConnell, Patricia B.: *Das andere Ende der Leine.* Kynos, 2009.

McDevitt, Leslie: *Stressfrei über alle Hürden: Leistungsbereite Hunde durch Aufmerksamkeitstraining.* Kynos, 2012.

Welpen allgemein

Dunbar, Ian: *Before and After Getting Your Puppy: The Positive Approach to Raising a Happy, Healthy, and Well-Behaved Dog.* James & Kenneth, 2004.

McDevitt, Leslie: *Stressfrei durchs Hundeleben: Das Welpenprogramm.* Kynos, 2016.

Smith, Amy. Sound Proof Puppy Training. App, erhältlich für iPhone und Android. 2013.

Yin, Sophia: *Perfect Puppy in 7 Days: How to Start Your Puppy off Right.* Cattle Dog Publishing, 2011.

Zulch, Helen und Mills, Daniel: *Fit for Life: Was Welpen wirklich lernen müssen.* Kynos, 2013.

Medizin, Psychologie, Psychiatrie

Braitman, Laurie: *Animal Madness: Inside their Minds.* Simon & Schuster, 2015.

O'Heare, James: *Die Neuropsychologie des Hundes.* Animal Learn, 2009.

Overall, Karen: *Manual of Clinical Behavioral Medicine for Dogs and Cats.* Elsevier, 2013.

Zucht

Battaglia, Carmen L. Early Neurological Stimulation. Artikel frei verfügbar unter http://www.breedingbetterdogs.com/article/early-neurological-stimulation

Ruiz Fadel, Fernanda: Differences in Trait Impulsivity Indicate Diversification of Dog Breeds into Working and Show Lines. Artikel, 2016. http://www.nature.com/articles/srep22162#ref20

Killion, Jane: *Puppy Culture.* DVD & Video on Demand: www.puppyculture.com

Watkins, Gale; Pratt, Lise; Burke, Marcy: *Avidog* University. Kurse für Züchter und Welpenhalter. www.*Avidog*.com

Bestellmöglichkeiten für Leinen, Halsbänder und Geschirre mit Aufdruck beziehungsweise Wunschbestickung

www.friendlydogcollars.com

www.phebee.at

http://www.sientas.de

Index

Symbole

A

B

C

D

E

F

G

H

I

J

K

L

M

N

O

P

R

S

T

U

V

W

Z

Leslie McDevitt

Stressfei ins Hundeleben

Das Welpenprogramm

Die meisten Welpen-Erziehungsratgeber konzentrieren sich darauf, wie man dem Kleinen welche Kommandos beibringt. Dieses Buch verfolgt einen ganz anderen Ansatz: Das Hauptaugenmerk liegt hier auf den Basiskompetenzen Aufmerksamkeit, Konzentration, Entspannung und Stressresistenz als Grundstein für einen Hund, der im Erwachsenenalter auch in turbulenten Situationen Ruhe und Selbstkontrolle behält.

Flexicover, 280 Seiten,
durchgehend farbig
ISBN 978-3-95464-090-4
24,95 € 25,70 €(A)

Leslie McDevitt

Stressfrei über alle Hürden

Leistungsbereite Hunde durch Aufmerksamkeitstraining

Sporthunde, besonders im Agility, sind in Training und Wettkampf sehr aufregenden und ablenkungsreichen Situationen ausgesetzt. Die daraus entstehende Spannung resultiert sehr oft in einem Mangel an Konzentration und Kontrollierbarkeit, der sich in Fehlern niederschlägt. Das Stressfrei-Programm hilft mit gezielten Übungen, dem Hund zu mehr Impulskontrolle, Fokus und Ruhe zu verhelfen, auch, wenn es um ihn herum sehr turbulent wird. Das Ergebnis sind jederzeit aufmerksame, in sich ruhende und auch ohne Leine steuerbare Hunde - etwas, das sich jeder Hundehalter nicht nur im Sport, sondern auch im Alltag wünscht!

Flexicover, 240 Seiten,
durchgehend farbig
ISBN 978-3-942335-59-1
24,95 € 25,70 €(A)

Nicole Wilde

Der ängstliche Hund

Stress, Unsicherheit und Angst wirkungsvoll begegnen

Wovor auch immer Ihr Hund sich fürchtet: Hier finden er und Sie Hilfe! Verkriecht er sich zitternd, wenn es donnert, hat er Angst vor fremden Menschen, spielt er nicht mit anderen Hunden oder zuckt er zusammen, wenn er ins Auto einsteigen soll? Die Autorin beleuchtet die Ursachen, Entstehung und Auswirkungen angstbedingten Verhaltens ausführlich und macht Trainingsvorschläge, die nachvollziehbar in die Tat umzusetzen sind. Dabei kommen ausschließlich positive und gewaltfreie Methoden zum Einsatz.

Hardcover, 400 Seiten,
s/w-Fotos
ISBN 978-3-938071-56-4
29,95 € 30,80 €(A)

Helen Zulch & Daniel Mills

Fit for Life

Was Welpen wirklich lernen müssen

Jedes Jahr finden Millionen von Hundewelpen zu neuen Besitzern - und viele von ihnen landen nach einigen Monaten wegen Verhaltensproblemen in Tierheimen oder beim Tierarzt. Dabei kann der Entstehung typischer Verhaltensprobleme - allen voran angstbedingte Aggression - niemals so gut vorgebeugt werden wie im Welpenalter. Diese einzigartige Buch konzentriert sich erstmals nicht auf das Trainieren üblicher Gehorsamskommandos, sondern fasst in zehn Schlüssellektionen zusammen, was aus Welpen vertrauensvolle, höfliche und in sich ruhende Hunde macht

Flexicover, 120 Seiten,
durchgehend farbig
ISBN 978-3-942335-96-6
16,95 € 17,50 €(A)

Fordern Sie jetzt unseren Katalog mit rund 300 weiteren Hundebüchern an unter: